全国高等职业教育机电类专业规划教材

S7-200 PLC 项目化实践教程

孙康岭　主　编

辛太宇　苟岩岩　于　翔　副主编

电子工业出版社

Publishing House of Electronics Industry

北京·BEIJING

内 容 简 介

本书以西门子 S7-200 PLC 为主要机型，将 PLC 应用中的典型工作任务提炼为 19 个教学项目，以项目为载体，以工作过程为导向，遵循"从完成简单工作任务到完成复杂工作任务"的能力形成规律，注重过程性知识讲解，适度介绍概念和原理，通过一系列项目的学习与训练，使学员逐步掌握 S7-200 PLC 的基础知识、基本应用、典型应用和拓展应用，增强团队协作意识，强化职业素养，培养对 PLC 的实际动手能力和实践创新能力。

本书注重实际，强调应用，是一本工程性较强的应用类教程，可作为高职高专院校机电类专业、电子技术专业、电气自动化专业及其他相关专业的教材，也可供工程技术人员参考或作为培训教材使用。

未经许可，不得以任何方式复制或抄袭本书之部分或全部内容。
版权所有，侵权必究。

图书在版编目（CIP）数据

S7-200 PLC 项目化实践教程 / 孙康岭主编. —北京：电子工业出版社，2014.8
全国高等职业教育机电类专业规划教材
ISBN 978-7-121-23993-9

Ⅰ.①S… Ⅱ.①孙… Ⅲ.①plc 技术—高等职业教育—教材 Ⅳ.①TM571.6

中国版本图书馆 CIP 数据核字（2014）第 179507 号

策划编辑：王昭松
责任编辑：靳　平
印　　刷：北京七彩京通数码快印有限公司
装　　订：北京七彩京通数码快印有限公司
出版发行：电子工业出版社
　　　　　北京市海淀区万寿路 173 信箱　邮编 100036
开　　本：787×1 092　1/16　印张：18　字数：473 千字
版　　次：2014 年 8 月第 1 版
印　　次：2021 年 8 月第 8 次印刷
定　　价：37.00 元

凡所购买电子工业出版社图书有缺损问题，请向购买书店调换。若书店售缺，请与本社发行部联系，联系及邮购电话：（010）88254888，88258888。
质量投诉请发邮件至 zlts@phei.com.cn，盗版侵权举报请发邮件至 dbqq@phei.com.cn。
本书咨询联系方式：（010）88254015　wangzs@phei.com.cn　QQ：83169290。

编写人员名单

主　编　　孙康岭

副主编　　辛太宇　苟岩岩　于　翔

参　编　　刘永海　耿国卿　杨兆伟　张海鹏

　　　　　　李　琦　裴桂玲　孙　滨　张　晔

　　　　　　牛化武　赵春娥　冯晓霞　侯加阳

FOREWORD 前言

可编程序控制器（PLC）是综合了计算机技术、自动控制技术和通信技术的一种新型的、通用的自动控制装置。它具有功能强、可靠性高、操作灵活、编程简便及适合于工业环境等一系列优点，广泛应用于工业自动化、机电一体化、传统产业技术改造等方面，已成为现代工业控制的三大支柱之一。因此，社会对 PLC 应用人才的需求越来越大，越来越多的人加入到 PLC 应用技术的学习中。

在新形势下，传统学科式职业教育所培养的人才已经远远不能满足国家产业结构调整、经济体制转型对技能人才在规格、质量等方面的需要，教育部出台了若干文件大力推进职业教育的改革，明确指出"课程建设与改革是提高教学质量的核心，也是教学改革的重点和难点。高等职业院校要积极与行业企业合作开发课程，根据技术领域和职业岗位（群）的任职要求，参照相关的职业资格标准，改革课程体系和教学内容"。根据这种要求，我们以职业能力培养为重点，在校企合作的基础上，进行了基于工作过程的课程开发与设计，并编写了本教材。

本教材的内容有以下特点。

（1）以普遍应用的西门子 S7-200 PLC 为主要机型，以应用能力的培养为目标，打破以结构原理、指令系统、编程方法和系统设计为架构的 PLC 学科体系，以工程应用项目为载体，将知识学习和技能培训融于项目实施过程。

（2）采用基于工作过程的学习领域课程开发方法，根据对相关工作岗位典型工作任务的分析，参照"维修电工国家职业标准"相关内容，确定学习领域和学习情境，将 PLC 应用中的典型工作任务提炼为 19 个教学项目。每一个项目通过项目目标、学习目标、相关知识、项目分析、项目实施、评定激励、思考与练习等环节，使学生完成资讯、计划、决策、实施、检查、评价等工作过程的学习。

（3）按照由简单到复杂、由单一到综合、由一般功能到特殊功能的循序渐进的原则，注重过程性知识讲解，适度介绍概念和原理，通过一系列项目的学习与训练，达到逐步掌握 PLC 的基础知识、基本应用、典型应用和拓展应用的目的，增强团队协作意识，强化职业素养，注重培养学生的实际动手能力和实践创新能力。

（4）遵循"从完成简单工作任务到完成复杂工作任务"的能力形成规律组织教学内容，从基本应用到综合应用有机串联，分层次有序推进。第一单元是基础知识，包含 5 个项目：项目一要求理解常用低压电器的原理、掌握常用低压电器的选用方法；项目二要求掌握电气控制系统识图方法、基本电气控制电路的用法；项目三要求了解 PLC 的软硬件组成、理解 PLC 的工作原理，项目四要求了解 S7-200 PLC 的软、硬件构成，掌握其 I/O 地址分配与 I/O 接线方法；项目五要求了解 STEP7-Micro/WIN32 的基本功能，以及如何应用编程软件进行编程、调试和运行监控等内容。第二单元是 PLC 的基本应用，通过三相异步电动机的单向点动与自锁混合控制、三相异步电动机 Y/△降压启动的控制，以及三相异步电动机的正、反转运行控制和三相步进电动机的运行控制 4 个项目的学习，掌握位逻辑指令、定时器指令、继电器控制电路转换为梯形图法、用经验设计法建立 PLC 控制系统的方法、运用 STEP7-Micro/WIN32 软件对控制系统进行联机调试，以及利用 PLC 仿真软件进行 PLC 程序仿真调试的方法。第三单元是 PLC 的典型应用，通过交通信号灯的控制、停车场管理、剪板机的运行控制、彩灯的循环控制 4 个项目的学习，了解 PLC 控制系统设计的基本原则与步骤，掌握 PLC 程序的顺序控制设计法，掌握顺序控制梯形图的画法，掌握三种顺序控制梯形图的编程方法（以启保停电路的编程方式编制梯形图程序的方法、以转换为中心的编程方式编制梯形图程序的方法、使用 SCR 指令编制梯形图程序的方法），掌握计数器的用法，掌握中断指令的用法。第四单元是 PLC 的拓展应用，通过简单电梯的控制、电梯控制的 MCGS 组态应用、水位控制的 MCGS 组态应用、基于高速脉冲输出指令的步进电动机控制、锅炉的温度控制、西门子 PLC 的网络通信 6 个项目的学习，掌握子程序的用法，掌握应用 MCGS 组态软件通过动画制作、数据采集、设备控制与输出、工程报表、数据曲线、流程控制等组态操作建立高效的监控系统的方法，掌握高速脉冲输出指令及 EM235 的用法，掌握利用 S7-200 PLC 的 PID 回路指令建立闭环控制系统的方法，理解西门子 PPI 通信协议，掌握利用 PPI 网络读写指令建立 PLC 通信系统的方法。

（5）本教材的实施建议在实训器具和多媒体教学设备配置齐全的专业教室进行，分组学习、讨论，教学做一体化。通过多元化考评促进学习目标的实现，通过思考与练习提升实践创新能力。

（6）本教材精选的 19 个项目涵盖了 S7-200 PLC 的主要知识点，难度适中，同时增加了 MCGS 组态软件的内容来组建高效的微机监控系统，具有典型、实用、紧贴实际工程需求的特点，非常便于组织教学和工程技术人员自学，并对学生考取国家职业资格证书及参加技能大赛有指导作用。

本书可作为高职高专院校机电类专业、电子技术专业、电气自动化专业及其他相关专业的教材，也可供工程技术人员参考或作为培训教材使用。

由于作者水平有限，书中错误和不妥之处在所难免，恳请读者批评指正。

编　者

CONTENTS 目录

第一单元　基础知识

项目一　常用低压电器的认识 ··· 1
项目二　基本电气控制电路 ·· 25
项目三　PLC 的认识 ·· 36
项目四　S7-200 PLC 的认识 ·· 50
项目五　STEP7-Micro/WIN32 编程软件使用 ·· 66

第二单元　PLC 的基本应用

项目六　三相异步电动机的单向点动与自锁混合控制 ·· 86
项目七　三相异步电动机 Y/△降压启动的控制 ·· 105
项目八　三相异步电动机的正、反转运行控制 ··· 113
项目九　三相步进电动机的运行控制 ·· 122

第三单元　PLC 的典型应用

项目十　交通信号灯的控制 ··· 135
项目十一　停车场管理 ··· 153
项目十二　剪板机的运行控制 ·· 165
项目十三　彩灯的循环控制 ··· 174

第四单元　PLC 的拓展应用

项目十四　简单电梯的控制 ··· 185
项目十五　电梯控制的 MCGS 组态应用 ·· 193
项目十六　水位控制的 MCGS 组态应用 ·· 207
项目十七　基于高速脉冲输出指令的步进电动机控制 ··· 233
项目十八　锅炉的温度控制 ··· 243
项目十九　西门子 PLC 的网络通信 ··· 265
附录 A　S7-200 的特殊存储器（SM）标志位 ··· 276
参考文献 ··· 279

第一单元　基础知识

常用低压电器的认识

■【项目目标】

可编程序控制器（PLC）是计算机技术与继电器、接触器控制技术相结合的产物。以 PLC 为控制核心的电气控制技术应用广泛，其输入、输出多采用低压电器。本项目主要是学习常用低压电器的理论知识，了解常用低压电器的功能、技术参数、图形文字符号，掌握其选用方法。

■【学习目标】

（1）了解常用低压电器的作用与分类。
（2）理解常用低压电器的原理，了解其技术参数。
（3）熟练掌握常用低压电器的图形符号和文字符号。
（4）掌握常用低压电器的选用方法。

■【相关知识】

电器是根据外界特定的信号和要求，自动或手动接通或断开电路，断续或连续改变电路参数，实现对电路或非电对象的接通、切断、保护、控制、调节等作用的设备。

一、电器的分类

电器的用途广泛、功能多样、种类繁多、结构各异，有以下四种常用的电器分类方法。

1. 按工作电压等级分类

（1）高压电器：是指用于交流电压 1200V、直流电压 1500V 及以上电路中的电器，如高压断路器、高压隔离开关、高压熔断器等。

（2）低压电器：是指用于交流（50Hz 或 60Hz）额定电压 1200V 以下；直流额定电压 1500V 及以下的电路中的电器，如接触器、继电器等。

2. 按动作原理分类

（1）手动电器：是指用手或依靠机械力进行操作的电器，如手动开关、控制按钮、行程开关等主令电器。

（2）自动电器：借助于电磁力或某个物理量的变化自动进行操作的电器，如接触器、各种类型的继电器、电磁阀等。

3．按用途分类

（1）控制电器：是指用于各种控制电路和控制系统的电器，如接触器、继电器、电动机启动器等。

（2）主令电器：是指用于自动控制系统中发送动作指令的电器，如按钮、行程开关、万能转换开关等。

（3）保护电器：是指用于保护电路及用电设备的电器，如熔断器、热继电器、各种保护继电器、避雷器等。

（4）执行电器：是指用于完成某种动作或传动功能的电器，如电磁铁、电磁离合器等。

（5）配电电器：是指用于电能的输送和分配的电器，如高压断路器、隔离开关、刀开关、自动空气开关等。

此种分类方式说法不一，也有人把主令电器、执行电器归入控制电器。

4．按工作原理分类

（1）电磁式电器：是指依据电磁感应原理来工作的电器，如接触器、各种类型的电磁式继电器等。

（2）非电量控制电器：是指依靠外力或某种非电物理量的变化而动作的电器，如刀开关、行程开关、按钮、速度继电器、温度继电器等。

二、电器的作用

低压电器能够依据操作信号或外界现场信号的要求，自动或手动地改变电路的状态、参数，实现对电路或被控对象的控制、保护、测量、指示、调节等。低压电器的作用如下。

（1）控制作用：如电梯的上下移动、快慢速自动切换与自动停层等。

（2）保护作用：能根据设备的特点，对设备、环境及人身实行自动保护，如电动机的过热保护、电网的短路保护、漏电保护等。

（3）测量作用：利用仪表及与之相适应的电器，对设备、电网的参数进行测量，如对电流、电压、功率、转速、温度、湿度等参数的测量。

（4）调节作用：低压电器可对一些电量和非电量进行调整，以满足用户的要求，如柴油机油门的调整、房间温湿度的调节、照度的自动调节等。

（5）指示作用：利用低压电器的控制、保护等功能，检测出设备运行状况与电气电路工作情况，如绝缘监测、保护吊牌指示等。

（6）转换作用：能实现用电设备之间转换或对低压电器、控制电路分时投入运行，从而实现功能切换，如励磁装置手动与自动的转换、供电的市电与自备电的切换等。

当然，低压电器作用远不止这些，随着科学技术的发展，新功能、新设备会不断出现。常用低压电器的用途如表1-1所示。

对低压配电电器要求是灭弧能力、分断能力强、热稳定性能好，限流准确等。对低压控制电器，则要求其动作可靠、操作频率高、寿命长并具有一定的负载能力。

表 1-1 常见低压电器的用途

序号	类别	主要品种	用途
1	断路器	塑料外壳式断路器	主要用于电路的过负荷保护、短路保护、欠电压保护、漏电压保护，也可用于不频繁接通和断开电路
		框架式断路器	
		限流式断路器	
		漏电保护式断路器	
		直流快速断路器	
2	刀开关	开关板用刀开关	主要用于电路的隔离，有时也能分断负荷
		负荷开关	
		熔断器式刀开关	
3	转换开关	组合开关	主要用于电源切换，也可用于负荷通断或电路的切换
		换向开关	
4	主令电器	按钮	主要用于发布命令或程序控制
		限位开关	
		微动开关	
		接近开关	
		万能转换开关	
5	接触器	交流接触器	主要用于远距离频繁控制负荷，切断带负荷电路
		直流接触器	
6	启动器	磁力启动器	主要用于电动机的启动
		Y/△启动器	
		自耦降压启动器	
7	控制器	凸轮控制器	主要用于控制回路的切换
		平面控制器	
8	继电器	电流继电器	主要用于控制电路，将被控量转换成控制电路所需的电量或开关信号
		电压继电器	
		时间继电器	
		中间继电器	
		温度继电器	
		热继电器	
9	熔断器	有填料熔断器	主要用于电路短路保护，也用于电路的过载保护
		无填料熔断器	
		半封闭插入式熔断器	
		快速熔断器	
		自复熔断器	
10	电磁铁	制动电磁铁	主要用于起重、牵引、制动等地方
		起重电磁铁	
		牵引电磁铁	

三、接触器

接触器是一种用来自动接通或断开大电流电路的电器。它可以频繁地接通或分断交、直流电路,并可实现远距离控制。其主要控制对象是电动机,也可用于电热设备、电焊机、电容器组等其他负载。它还具有低电压释放保护功能。接触器具有控制容量大、过载能力强、寿命长、设备简单经济等特点,是电力拖动自动控制线路中使用最广泛的元器件。

按照所控制电路的种类,接触器可分为交流接触器和直流接触器两大类。

1. 交流接触器

1) 结构

交流接触器的结构分为三部分,如图 1-1 所示。

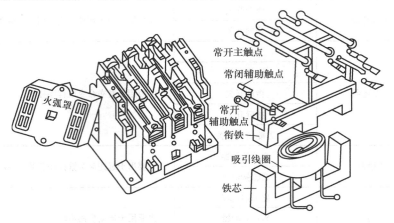

图 1-1 交流接触器的结构

(1) 电磁系统:包括动、静铁芯,吸引线圈和反作用弹簧,其作用是将电磁能转换成机械能,产生电磁吸力带动触点动作。

(2) 触点系统:包括主触点和辅助触点。主触点用于通断主电路,通常为三对常开触点(动合触点);辅助触点用于控制电路,起连锁、逻辑运算作用,故又称为连锁触点,一般常开触点、常闭触点(动断触点)都有。

(3) 灭弧装置:容量在 10A 以上的接触器都有灭弧装置,对于小容量的接触器,常采用双断口触点灭弧、电动力灭弧、相间弧板隔弧及陶土灭弧罩灭弧。对于大容量的接触器,采用纵缝灭弧罩及栅片灭弧。

2) 工作原理

电磁式接触器的工作原理:线圈通电后,在铁芯中产生磁通及电磁吸力。此电磁吸力克服弹簧反力使得衔铁吸合,带动触点机构动作,常闭触点打开,常开触点闭合,互锁或接通线路。线圈失电或线圈两端电压显著降低时,电磁吸力小于弹簧反力,使得衔铁释放,触点机构复位,断开线路或解除互锁。

3) 分类

交流接触器的种类很多,其分类方法也不尽相同。按照一般的分类方法,大致有以下几种。

(1) 按主触点极数分,可分为单极、双极、三极、四极和五极接触器。单极接触器主要用于单相负荷,如照明负荷、焊机等,在电动机能耗制动中也可采用;双极接触器用于绕线转子异步电动机的转子回路中，启动时用于短接启动绕组；三极接触器用于三相负荷，如在电动机的控制及其他场合使用最为广泛；四极接触器主要用于三相四线制的照明线路，也可用来控制双回路电动机负载；五极交流接触器用来组成自耦补偿启动器或控制双笼型电动机，以变换绕组接法。

（2）按灭弧介质分，可分为空气式接触器、真空式接触器等。依靠空气绝缘的接触器用于一般负载，而采用真空绝缘的接触器常用在煤矿、石油、化工企业及电压在660V和1140V等一些特殊的场合。

（3）按有无触点分，可分为有触点接触器和无触点接触器。常见的接触器多为有触点接触器，而无触点接触器属于电子技术应用的产物，一般采用晶闸管作为回路的通断元件。由于晶闸管导通时所需的触发电压很小，而且回路通断时无火花产生，因而可用于高操作频率的设备和易燃、易爆、无噪声的场合。

4）基本参数

（1）额定电压：指主触点额定工作电压，它应等于负载的额定电压。一只接触器常规定几个额定电压，同时列出相应的额定电流或控制功率。通常，最大工作电压即为额定电压。常用的额定电压值为220V、380V、660V等。

（2）额定电流：接触器触点在额定工作条件下的电流值。380V三相电动机控制电路中，额定工作电流可近似等于控制功率的两倍。常用额定电流等级为5A、10A、20A、40A、60A、100A、150A、250A、400A、600A。

（3）通断能力：可分为最大接通电流和最大分断电流。最大接通电流是指触点闭合时不会造成触点熔焊时的最大电流值；最大分断电流是指触点断开时能可靠灭弧的最大电流。一般通断能力是额定电流的5~10倍。当然，这一数值与通断电路的电压等级有关，电压越高，通断能力越小。

（4）动作值：可分为吸合电压和释放电压。吸合电压是指接触器吸合前，缓慢增加吸合线圈两端的电压，接触器可以吸合时的最小电压。释放电压是指接触器吸合后，缓慢降低吸合线圈的电压，接触器释放时的最大电压。一般规定，吸合电压不低于线圈额定电压的85%，释放电压不高于线圈额定电压的70%。

（5）吸引线圈额定电压：接触器正常工作时，吸引线圈上所加的电压值。一般该电压数值及线圈的匝数、线径等数据均标于线包上，而不是标于接触器外壳铭牌上，使用时应加以注意。

（6）操作频率：接触器在吸合瞬间，吸引线圈需消耗比额定电流大5~7倍的电流，如果操作频率过高，则会使线圈严重发热，直接影响接触器的正常使用。为此，规定了接触器的允许操作频率，一般为每小时允许操作次数的最大值。

（7）寿命：包括电气寿命和机械寿命。目前接触器的机械寿命已达一千万次以上，电气寿命是机械寿命的5%~20%。

2．直流接触器

直流接触器的结构和工作原理基本上与交流接触器相同，在结构上也是由电磁机构、触点系统和灭弧装置等部分组成。由于直流电弧比交流电弧难以熄灭，直流接触器常采用磁吹式灭弧装置灭弧。

3．接触器的符号与型号说明

1）接触器的符号

接触器的图形符号如图1-2所示，文字符号为KM。

图 1-2　接触器的图形符号

2）接触器的型号说明

图 1-3 是交流接触器的型号组成，图 1-4 是直流接触器的型号组成。

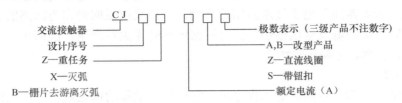

图 1-3　交流接触器的型号组成

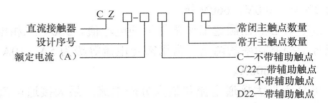

图 1-4　直流接触器的型号组成

例如，CJ10Z-40/3 为交流接触器，设计序号为 10，重任务型，额定电流为 40A，主触点为三极。CJ12T-250/3 为改型后的交流接触器，设计序号为 12，额定电流为 250A，3 个主触点。

我国生产的交流接触器常用的有 CJ10、CJ12、CJX1、CJ20 等系列及其派生系列产品，CJ0 系列及其改型产品已逐步被 CJ20、CJX 系列产品取代。上述系列产品一般具有三对常开主触点，常开、常闭辅助触点各两对。直流接触器常用的有 CZ0 系列，分单极和双极两大类，常开、常闭辅助触点各不超过两对。

除以上常用系列外，我国近年来还引进了一些生产线，生产了一些满足 IEC 标准的交流接触器，下面进行简单介绍。

CJ12B-S 系列锁扣接触器用于交流（50Hz）电压 380V 及以下、电流 600A 及以下的配电电路中，供远距离接通和分断电路使用，并适于不频繁启动和停止交流电动机，具有正常工作时吸引线圈不通电、无噪声等特点。其锁扣机构位于电磁系统的下方，锁扣机构靠吸引线圈通电，吸引线圈断电后靠锁扣机构保持在锁住位置。由于线圈不通电，不仅无电力损耗，而且消除了磁噪声。

由德国引进的西门子公司的 3TB 系列、BBC 公司的 B 系列交流接触器等具有 20 世纪 80 年代初水平。它们主要供远距离接通和分断电路，并适于频繁启动及控制交流电动机。3TB 系列产品具有结构紧凑、机械寿命和电气寿命长、安装方便、可靠性高等特点。额定电压为 220～660V，额定电流为 9～630A。

4．接触器的选用

接触器的选用应根据负荷的类型和工作参数合理选用，具体分为以下步骤。

1）选择接触器的类型

根据电路中负载电流的种类选择接触器的类型。交流接触器按负荷种类一般分为一类、二类、三类和四类，分别记为 AC1、AC2、AC3 和 AC4。一类交流接触器对应的控制对象是无感或微感负荷，如白炽灯、电阻炉等；二类交流接触器用于绕线转子异步电动机的启动和停止；三类交流接触器的典型用途是实现笼型异步电动机的运转和停止；四类交流接触器用于笼型异步电动机的启动、反接制动、反转和点动。启动接触器的电源是直流供电时，就必须用直流接触器。

2）选择接触器的额定参数

根据被控对象和工作参数（如电压、电流、功率、频率及工作制等）确定接触器的额定参数。

（1）接触器的额定电压应大于或等于负载回路的额定电压，吸引线圈的额定电压应与所接控制电路的额定电压等级一致。接触器的线圈额定电压，一般应选低一些的为好，这样对接触器的绝缘要求可以降低，使用时也较安全。但为了方便和减少设备，常按实际电网电压选取。

（2）电动机的操作频率不高，如压缩机、水泵、风机、空调、冲床等，接触器额定电流大于负荷额定电流即可。此时接触器类型可选用 CJ10、CJ20 等。

（3）对重任务型电动机，如机床主电动机、升降设备、绞盘、破碎机等，其平均操作频率超过 100 次/min。运行于启动、点动、正反向制动、反接制动等状态，可选用 CJ10Z、CJ12 型的接触器。为了保证电气寿命，可使接触器降容使用。选用时，接触器额定电流大于电动机额定电流。

（4）对特重任务电动机，如印刷机、镗床等，操作频率很高，可达 600～12000 次/h，经常运行于启动、反接制动、反向等状态，接触器大致可按电气寿命及启动电流选用，其型号常选为 CJ10Z、CJ12 等。

（5）交流回路中的电容器投入电网或从电网中切除时，接触器选择应考虑电容器的合闸冲击电流。一般地，接触器的额定电流可按电容器的额定电流的 1.5 倍选取，型号选为 CJ10、CJ20 等。

（6）用接触器对变压器进行控制时，应考虑浪涌电流的大小。例如，交流电弧焊机、电阻焊机等，一般可按变压器额定电流的 2 倍选取接触器，其型号常选为 CJ10、CJ20 等。

（7）对于电热设备，如电阻炉、电热器等，负荷的冷态电阻较小，因此启动电流相应要大一些。选用接触器时可不用考虑启动电流，直接按负荷额定电流选取，其型号可选为 CJ10、CJ20 等。

（8）由于气体放电灯启动电流大、启动时间长，对于照明设备的控制，可按额定电流 1.1～1.4 倍选取交流接触器，其型号可选为 CJ10、CJ20 等。

（9）接触器额定电流是指接触器在长期工作下的最大允许电流，持续时间≤8h，且安装于敞开的控制板上，接触器额定电流应大于或等于被控主回路的额定电流。如果冷却条件较差（如接触器安装在箱柜内），选用接触器时，接触器的额定电流按负荷额定电流的 110%～120% 选取。对于长时间工作的电动机，由于其氧化膜没有机会得到清除，使接触电阻增大，导致触点发热超过允许温升。实际选用时，可将接触器的额定电流减小 30% 使用。

（10）参考电工标准。

四、继电器

继电器是根据某种输入信号的变化，接通或断开控制电路，实现自动控制和保护功能的自动电器。在控制与保护电路中，继电器用于信号的转换。继电器具有输入电路（感应元件）和输出电路（执行元件），当感应元件中的输入量（如电流、电压、温度、压力等）变化到某一定值时继电器动作，执行元件便接通和断开控制回路。继电器用于控制电路，流过触点的电流小，一般不需要灭弧装置。

继电器的种类很多，按输入信号的性质可分为电压继电器、电流继电器、时间继电器、温度继电器、速度继电器、压力继电器等；按工作原理可分为电磁式继电器、感应式继电器、电动式继电器、热继电器和电子式继电器等；按输出形式可分为有触点继电器和无触点继电器；按用途可分为控制用继电器与保护用继电器等。

1．电磁式继电器

1）电磁式继电器的结构与工作原理

电磁式继电器是应用得最早、最多的一种形式。其结构及工作原理与接触器大体相同，由电磁系统、触点系统和释放弹簧等组成。由于继电器用于控制电路，流过触点的电流比较小（一般 5A 以下），故不需要灭弧装置。

常用的电磁式继电器有电压继电器、中间继电器和电流继电器。电磁式继电器的图形、文字符号如图 1-5 所示。

2）电磁式继电器的特性

继电器的主要特性是输入—输出特性，又称为继电特性。继电特性曲线如图 1-6 所示。当继电器输入量 X 由零增至 X_2 以前，继电器输出量 Y 为零。当输入量 X 增加到 X_2 时，继电器吸合，输出量为 Y_1；若 X 继续增大，Y 保持不变。当 X 减小到 X_1 时，继电器释放，输出量由 Y_1 变为零，若 X 继续减小，Y 值均为零。

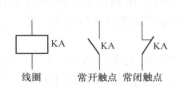

图 1-5　电磁式继电器图形、文字符号

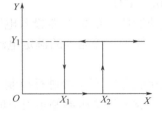

图 1-6　继电特性曲线

图 1-6 中，X_2 称为继电器吸合值，欲使继电器吸合，输入量必须大于或等于 X_2；X_1 称为继电器释放值，欲使继电器释放，输入量必须小于或等于 X_1。

$K_f = X_1/X_2$ 称为继电器的返回系数，它是继电器重要参数之一。K_f 值是可以调节的。例如，一般继电器要求低的返回系数，K_f 值应在 0.1～0.4 之间，这样当继电器吸合后，输入量波动较大时不致引起误动作；欠电压继电器则要求高的返回系数，K_f 值在 0.6 以上。设某继电器 $K_f=0.6$，吸合电压为额定电压的 90%，则电压低于额定电压的 50%时，继电器释放，起到欠电压保护作用。

另一个重要参数是吸合时间和释放时间。吸合时间是指从线圈接受电信号到衔铁完全吸合所需的时间；释放时间是指从线圈失电到衔铁完全释放所需的时间。一般继电器的吸合时间与释放时间为 0.05～0.15s，快速继电器为 0.005～0.05s，它的大小影响继电器的操作频率。

3）电压继电器、中间继电器

电压继电器用于电力拖动系统的电压保护和控制。其线圈并联接入主电路，感测主电路的线路电压；触点接于控制电路，为执行元件。

按吸合电压的大小，电压继电器可分为过电压继电器和欠电压继电器。

过电压继电器（FV）用于线路的过电压保护，其吸合整定值为被保护线路额定电压的 1.05~1.2 倍。当被保护线路电压正常时，衔铁不动作；当被保护线路的电压高于额定值，达到过电压继电器的整定值时，衔铁吸合，触点机构动作，控制电路失电，控制接触器及时分断被保护电路。

欠电压继电器（KV）用于线路的欠电压保护，其释放整定值为线路额定电压的 0.1~0.6 倍。当被保护线路电压正常时，衔铁可靠吸合；当被保护线路电压降至欠电压继电器的释放整定值时，衔铁释放，触点机构复位，控制接触器及时分断被保护电路。

零电压继电器是当电路电压降低到 5%~25%U_N 时释放，对电路实现零电压保护。它用于线路的失压保护。

中间继电器实质上是一种电压继电器。它的特点是触点数目较多，电流容量可增大，起到中间放大（触点数目和电流容量）的作用。

4）电流继电器

电流继电器用于电力拖动系统的电流保护和控制。其线圈串联接入主电路，用来感测主电路的线路电流；触点接于控制电路，为执行元件。电流继电器反映的是电流信号。常用的电流继电器有欠电流继电器和过电流继电器两种。

欠电流继电器（KA）用于电路欠电流保护，吸引电流为线圈额定电流 30%~65%，释放电流为额定电流 10%~20%，因此，在电路正常工作时，衔铁是吸合的，只有当电流降低到某一整定值时，继电器释放，控制电路失电，从而控制接触器及时分断电路。

过电流继电器（FA）在电路正常工作时不动作，整定范围通常为额定电流 1.1~4 倍。当被保护线路的电流高于额定值，达到过电流继电器的整定值时，衔铁吸合，触点机构动作，控制电路失电，从而控制接触器及时分断电路，对电路起过流保护作用。

JT4 系列交流电磁继电器适合在交流 50Hz、380V 及以下的自动控制回路中，作为零电压继电器、过电压继电器、过电流继电器和中间继电器使用。过电流继电器也适用于 60Hz 交流电路。

通用电磁式继电器有 JT3 系列直流电磁式和 JT4 系列交流电磁式继电器，均为老产品。新产品有 JT9、JT10、JL12、JL14、JZ7 等系列，其中，JL14 系列为交、直流电流继电器，JZ7 系列为交流中间继电器。

2．时间继电器

时间继电器是一种利用电磁原理或机械动作原理实现触点延时接通或断开的自动控制电器，其种类很多，常用的有直流电磁式、空气阻尼式、电子式等时间继电器。

时间继电器图形符号及文字符号如图 1-7 所示。

1）直流电磁式时间继电器

在直流电磁式电压继电器的铁芯上增加一个阻尼铜套，即可构成时间继电器。它是利用电磁阻尼原理产生延时的，由电磁感应定律可知，在继电器线圈通断电过程中铜套内将产生感应电动势，并流过感应电流，此电流产生的磁通总是反对原磁通变化。

电器通电时，由于衔铁处于释放位置，气隙大，磁

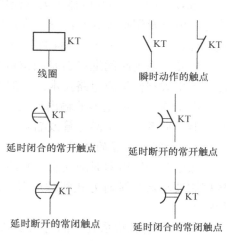

图 1-7　时间继电器图形符号及文字符号

阻大，磁通小，铜套阻尼作用相对也小，因此衔铁吸合时延时不显著（一般忽略不计）。

而当继电器断电时，磁通变化量大，铜套阻尼作用也大，使衔铁延时释放而起到延时作用。因此，这种继电器仅用于断电延时。

直流电磁式时间继电器延时较短，JT3 系列最长不超过 5s，而且准确度较低，一般只用于要求不高的场合。

2）空气阻尼式时间继电器

空气阻尼式时间继电器是利用空气阻尼原理获得延时的。它由电磁系统、延时机构和触点三部分组成，电磁机构为直动式双 E 型，触点系统是借用 LX5 型微动开关，延时机构采用气囊式阻尼器。

空气阻尼式时间继电器，既具有由空气室中的气动机构带动的延时触点，也具有由电磁机构直接带动的瞬动触点，可以做成通电延时型，也可做成断电延时型。电磁机构可以是直流供电，也可以是交流供电。

3）电子式时间继电器

电子式时间继电器在时间继电器中已成为主流产品，电子式时间继电器是采用晶体管或集成电路和电子元件等构成。目前，已有采用单片机控制的时间继电器。电子式时间继电器具有延时范围广、精度高、体积小、耐冲击和耐震动、调节方便及寿命长等优点，所以发展很快，应用广泛。

近年来，随着微电子技术的发展，采用集成电路、功率电路和单片机等电子元件构成的新型时间继电器大量面市。例如，DHC6 多制式单片机控制时间继电器，J5S17、J3320、JSZ13 等系列大规模集成电路数字时间继电器，J5145 等系列电子式数显时间继电器，J5G1 等系列固态时间继电器等。

DHC6 多制式单片机控制时间继电器是为适应工业自动化控制水平越来越高的要求而生产的。它可使用户根据需要选择最合适的制式，使用简便方法就可达到以往需要较复杂接线才能达到的控制功能。这样既节省了中间控制环节，又大大提高了电气控制的可靠性。

DHC6 多制式时间继电器采用单片机控制、LCD 显示，具有九种工作制式，正计时、倒计时任意设定，八种延时时段，延时范围从 0.01s～999.9h 任意通过键盘设定，设定完成之后可以锁定按键，防止误操作。它可按要求任意选择控制模式，使控制线路最简单可靠。

J5S17 系列时间继电器由大规模集成电路、稳压电源、拨动开关、四位 LED 数码显示器、执行继电器及塑料外壳几部分组成。采用 32kHz 石英晶体振荡器，安装方式有面板式和装置式两种。装置式插座可用 M4 螺钉固定在安装板上，也可以安装在标准 35mm 安装卡轨上。

J5S20 系列时间继电器是四位数字显示小型时间继电器，它采用晶体振荡器作为时基基准。采用大规模集成电路技术，不但可以实现长达 9999h 的长延时，还可保证其延时精度。

电子式时间继电器的输出形式包括有触点式和无触点式，前者是用晶体管驱动小型磁式继电器，后者是采用晶体管或晶闸管输出。

4）时间继电器的选用

选用时间继电器时应注意：其线圈（或电源）的电流种类和电压等级应与控制电路相同；按控制要求选择延时方式和触点形式；校核触点数量和容量，若不够时，可用中间继电器进行扩展。

时间继电器新系列产品有 JS14A 系列、JS20 系列半导体时间继电器、JS14P 系列数字式半导体继电器等。它们具有体积小、延时精度高、寿命长、工作稳定可靠、安装方便、触点输出容量大和产品规格全等优点，被广泛应用于电力拖动、顺序控制及各种生产过程的自动控制中。

3．其他非电磁类继电器

非电磁类继电器的感测元件接受非电量信号（如温度、转速、位移及机械力等）。常用的非电磁类继电器有热继电器、速度继电器、干簧继电器、可编程通用逻辑控制继电器等。

1）热继电器

热继电器（FR）主要用于电力拖动系统中电动机负载的过载保护，而且只能用于过载保护，不能用于短路保护。

电动机在实际运行中，常会遇到过载情况，但只要过载不严重、时间短，绕组不超过允许的温升，这种过载是允许的。但如果过载情况严重、时间长，则会加速电动机绝缘的老化，缩短电动机的使用年限，甚至烧毁电动机，因此必须对电动机进行过载保护。

（1）热继电器结构与工作原理。

热继电器主要由热元件、双金属片和触点组成，如图 1-8 所示。热元件由发热电阻丝做成，双金属片由两种热膨胀系数不同的金属碾压而成，当双金属片受热时，会出现弯曲变形。使用时，把热元件串接于电动机的主电路中，而常闭触点串接于电动机的控制电路中。

当电动机正常运行时，热元件产生的热量虽能使双金属片弯曲，但还不足以使热继电器的触点动作。当电动机过载时，双金属片弯曲，位移增大，推动导板使常闭触点断开，从而切断电动机控制电路以起保护作用。热继电器动作后一般不能自动复位，要等双金属片冷却后按下复位按钮复位。热继电器动作电流的调节可以借助旋转凸轮位于不同位置来实现。

（2）热继电器的型号及选用。

我国目前生产的热继电器主要有 JR0、JR1、JR2、JR9、R10、JR15、JR16 等系列，JR1、JR2 系列热继电器采用间接受热方式，其主要缺点是双金属片靠发热元件间接加热，热偶合较差；双金属片的弯曲程度受环境温度影响较大，不能正确反映负载的过流情况。

JR15、JR16 等系列热继电器采用复合加热方式并采用了温度补偿元件，因此能正确反映负载的工作情况。

JR1、JR2、JR0 和 JR15 系列的热继电器均为两相结构，是双热元件的热继电器，可以用于三相异步电动机的均衡过载保护和星形连接定子绕组的三相异步电动机的断相保护，但不能用于定子绕组为三角形连接的三相异步电动机的断相保护。

JR16 和 JR20 系列热继电器均有带有断相保护的热继电器，具有差动式断相保护机构。热继电器的选择主要根据电动机定子绕组的连接方式来确定热继电器的型号。在三相异步电动机电路中，对星形连接的电动机可选两相或三相结构的热继电器，一般采用两相结构的热继电器，即在两相主电路中串接热元件。对于三相感应电动机，定子绕组为三角形连接的电动机必须采用带断相保护的热继电器。热继电器的图形及文字符号如图 1-9 所示。

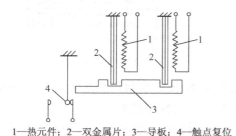

1—热元件；2—双金属片；3—导板；4—触点复位

图 1-8　热继电器原理示意图

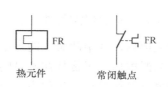

图 1-9　热继电器的图形及文字符号

2）速度继电器

速度继电器又称为反接制动继电器。它主要用于笼型异步电动机的反接制动控制。感应式速度继电器的结构如图 1-10 所示。它是靠电磁感应原理实现触点动作的。

从结构上看，与交流电动机相类似，速度继电器主要由定子、转子和触点三部分组成。定子的结构与笼型异步电动机相似，是一个笼型空心圆环，由硅钢片冲压而成，并装有笼型绕组。转子是一个圆柱形永久磁铁。

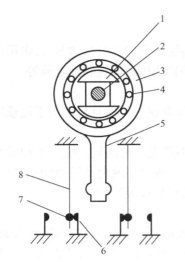

1—转子；2—电动机轴；3—定子；4—绕组；
5—定子柄；6—静触点；7—动触点；8—簧片

图 1-10 感应式速度继电器的结构

速度继电器的轴与电动机的轴相连接。转子固定在轴上，定子与轴同心。当电动机转动时，速度继电器的转子随之转动，绕组切割磁场产生感应电动势和电流，此电流和永久磁铁的磁场作用产生转矩，使定子向轴的转动方向偏摆，通过定子柄拨动触点，使常闭触点断开、常开触点闭合。当电动机转速下降到接近零时，转矩减小，定子柄在弹簧力的作用下恢复原位，触点也复原。速度继电器根据电动机的额定转速进行选择。速度继电器的图形及文字符号如图 1-11 所示。

常用的感应式速度继电器有 JY1 和 JFZ0 系列。JY1 系列能在 3000r/min 的转速下可靠工作。JFZ0 型触点动作速度不受定子柄偏转快慢的影响，触点改用微动开关。JFZ0 系列中 JFZ0-1 型适用于 300～1000r/min，JFZ0-2 型适用于 1000～3000r/min。速度继电器有两对常开、常闭触点，分别对应于被控电动机的正、反转运行。一般情况下，速度继电器的触点在转速达 120r/min 时能动作，在转速达 100r/min 左右时能恢复正常位置。

3）干簧继电器

干簧继电器是一种具有密封触点的电磁式断电器。干簧继电器可以反映电压、电流、功率及电流极性等信号，在检测、自动控制、计算机控制技术等领域中应用广泛。干簧继电器主要由干式舌簧片与励磁线圈组成。干式舌簧片（触点）是密封的，由铁镍合金做成，舌片的接触部分通常镀有贵重金属（如金、铑、钯等），接触良好，具有优良的导电性能。触点密封在充有氮气等惰性气体的玻璃管中，因而有效地防止了尘埃的污染，减少了触点的腐蚀，提高了工作可靠性。干簧继电器的结构如图 1-12 所示。

图 1-11 速度继电器的图形及文字符号

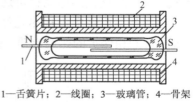

1—舌簧片；2—线圈；3—玻璃管；4—骨架

图 1-12 干簧继电器的结构

当线圈通电后，管中两簧片的自由端分别被磁化成 N 极和 S 极而相互吸引，因而接通被控电路。线圈断电后，干簧片在本身的弹力作用下分开，将线路切断。

干簧继电器结构简单，体积小，吸合功率小，灵敏度高；一般吸合与释放时间均在 0.5～2ms 以内；触点密封，不受尘埃、潮气及有害气体污染；动片质量小，动程小，触点电寿命长，一般可达 10^7 次左右。

干簧继电器还可以用永磁体来驱动，反映非电信号，用于限位及行程控制、非电量检测等。它的主要部件为干簧继电器的干簧水位信号器，适用于工业与民用建筑中的水箱、水塔及水池等开口容器的水位控制和水位报警。

4）可编程通用逻辑控制继电器

可编程通用逻辑控制继电器是近几年发展应用的一种新型通用逻辑控制继电器，也称为通用逻辑控制模块。它将控制程序预先存储在内部存储器中，用户程序采用梯形图或功能图语言编程，形象直观，简单易懂，由按钮、开关等输入开关量信号。通过执行程序对输入信号进行逻辑运算、模拟量比较、计时、计数等，以及还有显示参数、通信、仿真运行等功能，其内部软件功能和编程软件可替代传统逻辑控制器件及继电器电路，并具有很强的抗干扰抑制能力。另外，其硬件是标准化的，要改变控制功能只需改变程序即可，因此在继电逻辑控制系统中，可以"以软代硬"替代其中的时间继电器、中间继电器、计数器等，以简化线路设计，并能完成较复杂的逻辑控制，甚至可以完成传统继电逻辑控制方式无法实现的功能。它在工业自动化控制系统、小型机械和装置、建筑电器等被广泛应用，在智能建筑中适用于照明系统、取暖通风系统、门、窗、栅栏和出入口等的控制。

可编程通用逻辑控制继电器的常用产品主要有德国金钟—默勒公司的 Easy、西门子公司的 LOGO、日本松下公司的可选模式控制器——控制存储式继电器等。

五、开关

开关是最普通、使用最早的电器，其作用是分合电路、开断电流。常用的有刀开关、隔离开关、负荷开关、转换开关（组合开关）、自动空气开关（空气断路器）等。

开关有有载运行操作、无载运行操作、选择性运行操作之分；有正面操作、侧面操作、背面操作之分；有不带灭弧装置和带灭弧装置之分；还有低压隔离器和低压断路器之分。开关的刀口有面接触和线接触两种形式。其中，线接触形式的开关，刀片容易插入，接触电阻小，制造方便。开关常采用弹簧片以保证接触良好。

1．低压隔离器

1）刀开关

刀开关是手动电器中结构最简单的一种，主要作为电源隔离开关，也可用来非频繁地接通和分断容量较小的低压配电线路。接线时应将电源线接在上端，负载接在下端，这样拉闸后刀片与电源隔离，可防止意外事故发生。

刀开关的文字符号为 QK，采用手动推进的操作方式，如图 1-13 所示。

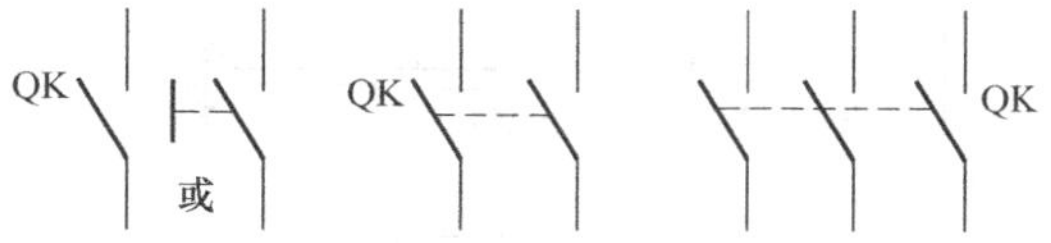

图 1-13 刀开关

刀开关的主要类型有：大电流刀开关、负荷开关、熔断器式刀开关。常用的产品：HD11～HD14 和 HS11～HS13 系列刀开关。

刀开关选择时应考虑以下两个方面。

（1）刀开关结构形式的选择：应根据刀开关的作用来选择是否带灭弧装置。若分断负载电流时，应选择带灭弧装置的刀开关。根据装置的安装形式来选择正面、背面或者侧面操作形式，是直接操作还是杠杆传动，是板前接线还是板后接线的结构形式。

（2）刀开关的额定电流的选择：一般应等于或大于所分断电路中各个负载额定电流的总和。对于电动机负载，应考虑其启动电流，所以应选用额定电流大一级的刀开关。若再考虑电路出现的短路电流，还应选用额定电流更大一级的刀开关。

QA 系列、QF 系列、QSA（HH15）系列隔离开关用在低压配电中，HY122 带有明显断口的数模化隔离开关，广泛用于楼层配电、计量箱、终端组器中。

HR3 熔断器式刀开关具有刀开关和熔断器的双重功能，采用这种组合开关电器可以简化配电装置结构，经济实用，越来越广泛地用在低压配电屏上。

HK1、HK2 系列开启式负荷开关（胶壳刀开关），用来作为电源开关和小容量电动机非频繁启动的操作开关。

HH3、HH4 系列封闭式负荷开关（铁壳开关）的操作机构具有速断弹簧与机械连锁，用于非频繁启动、28kW 以下的三相异步电动机。

2）转换开关

转换开关又称为组合开关，它的动、静触点分别叠装于数层绝缘壳内，当转动手柄时，每层的动触点随方形转轴一起转动，使动、静触点接通。

转换开关主要用来作为小容量电源开关或非频繁操作的电动机起动、停止开关。

转换开关的文字符号为 SC，采用手动旋转的操作方式，如图 1-14 所示。

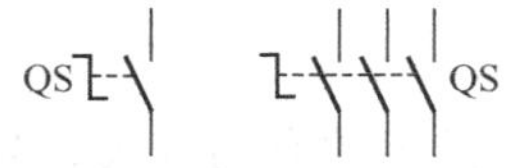

图 1-14 转换开关

2. 低压断路器

低压断路器也称为自动空气开关，可用来接通和分断负载电路，也可用来控制不频繁启动的电动机。它具有刀开关、过电流继电器、失压继电器、热继电器及漏电保护器等电器部分或全部的功能总和，是低压配电网中一种重要的保护电器。

低压断路器具有多种保护功能（过载保护、短路保护、欠电压保护等）、动作值可调、分断能力高、操作方便、安全等优点，所以目前被广泛应用。

1）低压断路器的结构

低压断路器由操作机构、触点、保护装置（各种脱扣器）、灭弧系统等组成。低压断路器工作原理如图 1-15 所示。

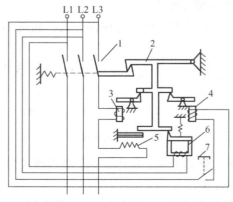

1—主触点；2—自由脱扣机构；3—过电流脱扣器；4—分励脱扣器；5—热脱扣器；6—欠电压脱扣器；7—停止按钮

图 1-15 低压断路器工作原理

低压断路器的主触点是靠手动操作或电动合闸的。主触点闭合后，自由脱扣机构将主触点锁在合闸位置上。过电流脱扣器的线圈和热脱扣器的热元件与主电路串联，欠电压脱扣器的线圈和电源并联。当电路发生短路或严重过载时，过电流脱扣器的衔铁吸合，使自由脱扣机构动作，主触点断开主电路。当电路过载时，热脱扣器的热元件发热使双金属片上弯曲，推动自由脱扣机构动作。当电路欠电压时，欠电压脱扣器的衔铁释放，也使自由脱扣机构动作。分励脱扣器则作为远距离控制用，在正常工作时，其线圈是断电的，在需要距离控制时，按下启动按钮，使线圈通电，衔铁带动自由脱扣机构动作，使主触点断开。

2）低压断路器典型产品

低压断路器主要分类方法是以结构形式分类，即有开启式和装置式两种。开启式又称为框架式或万能式，装置式又称为塑料壳式。

（1）装置式断路器。

装置式断路器有绝缘塑料外壳，内装触点系统、灭弧室及脱扣器等，可手动或电动（对大容量断路器而言）合闸。它有较高的分断能力和动稳定性，有较完善的选择性保护功能，广泛用于配电线路。

目前，常用的装置式断路器有DZ15、DZ20、DZX19和C45N（目前已升级为C65N）等系列产品。其中，C45N（C65N）断路器具有体积小，分断能力高，限流性能好，操作轻便，型号规格齐全，可以方便地在单极结构基础上组合成二极、三极、四极断路器的优点，广泛使用在60A及以下的民用照明支干线及支路中（多用于住宅用户的进线开关及商场照明支路开关）。

（2）框架式低压断路器。

框架式断路器一般容量较大，具有较高的短路分断能力和较高的动稳定性，适于在交流50Hz、额定电流380V的配电网络中作为配电干线的主保护。

框架式断路器主要由触点系统、操作机构、过电流脱扣器、分励脱扣器、欠压脱扣器、附件及框架等部分组成，全部组件进行绝缘后装于框架结构底座中。

目前，我国常用的框架式低压断路器有DW15、ME、AE、AH等系列。DW15系列断路器是我国自行研制生产的，全系列具有1000A、1500A、2500A和4000A等几个型号。

ME、AE、AH等系列断路器是利用引进技术生产的。它们的规格型号较为齐全（ME开关电流等级从630A～5000A共13个等级），额定分断能力较DW15更强，常用于低压配电干线的主保护。

（3）智能化断路器。

目前，国内生产的智能化断路器有框架式和塑料外壳式两种。框架式智能化断路器主要用于智能化自动配电系统中的主断路器，塑料外壳式智能化断路器主要用在配电网络中分配电能和作为线路及电源设备的控制与保护，也可用于三相笼型异步电动机的控制。智能化断路器的特征是采用了以微处理器或单片机为核心的智能控制器（智能脱扣器），它不仅具备普通断路器的各种保护功能，同时还具备实时显示电路中的各种电气参数（电流、电压、功率、功率因数等），具有对电路进行在线监视、自行调节、测量、试验、自诊断、可通信等功能，能够对各种保护功能的动作参数进行显示、设定和修改，保护电路动作时的故障参数能够存储在非易失存储器中，以便查询。国内DW45、DW40、DW914（AH）、DW18（AE-S）、DW48、DW19（3WE）、DW17（ME）等智能化框架断路器和智能化塑壳断路器，都配有ST系列智能控制器及配套附件。ST系列智能控制器是国家机械部"八五"至"九五"期间的重点项目，产品性能指标达到国际20世纪90年代水平。它采用积木式配套方案，可直接安装于断路器本体中，无须重复二次接线，并可多种方案任意组合。

3）低压断路器的选用原则

（1）根据线路对保护的要求确定低压断路器的类型和保护形式，即确定选用框架式、装置式或限流式等。

（2）低压断路器的额定电压 U_N 应等于或大于被保护线路的额定电压。

（3）低压断路器欠压脱扣器额定电压应等于被保护线路的额定电压。

（4）低压断路器的额定电流及过流脱扣器的额定电流应大于或等于被保护线路的计算电流。

（5）低压断路器的极限分断能力应大于线路的最大短路电流的有效值。

（6）配电线路中的上、下级低压断路器的保护特性应协调配合，下级的保护特性应位于上级保护特性的下方且不相交。

（7）低压断路器的长延时脱扣电流应小于导线允许的持续电流。

六、熔断器

熔断器是一种结构简单、价格低廉、使用极为普遍的保护电器。它是根据电流的热效应原理工作的。使用时串接在被保护线路中，当线路发生过载或短路时，熔体产生的热量使自身熔化而切断电路。

熔断器主要由熔体和绝缘底座组成。熔体为丝状或片状。熔体材料通常有两种：一种由铅锡合金和锌等低熔点金属制成，多用于小电流电路；另一种由银、铜等高熔点金属制成，多用于大电流电路。

1．常用的熔断器

1）插入式熔断器

如图 1-16 所示，它常用于 380V 及以下电压等级的线路末端，作为配电支线或电气设备的短路保护用。

2）螺旋式熔断器

如图 1-17 所示，熔体上的上端盖有一熔断指示器，一旦熔体熔断，指示器马上弹出，可透过瓷帽上的玻璃孔观察到，它常用于机床电气控制设备中。螺旋式熔断器分断电流较大，可用于电压等级 500V 及其以下、电流等级 200A 以下的电路中进行短路保护。

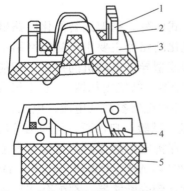

1—动触点；2—熔体；3—瓷插件；4—静触点；5—瓷座

图 1-16　插入式熔断器

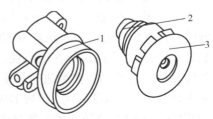

1—底座；2—熔体；3—瓷帽

图 1-17　螺旋式熔断器

3）封闭式熔断器

封闭式熔断器分为无填料封闭式熔断器和有填料封闭式熔断器两种，如图1-18和图1-19所示。无填料封闭式熔断器将熔体装入密闭的圆筒中，分断能力稍小，用于500V以下电力网或配电设备中。有填料封闭式熔断器一般用方形瓷管，内装石英砂及熔体，分断能力强，用于电压等级500V以下、电流等级1kA以下的电路中。

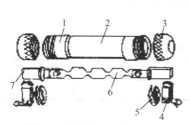

1—铜圈；2—熔断管；3—管帽；4—插座；
5—特殊垫圈；6—熔体；7—熔片

图1-18 无填料封闭式熔断器

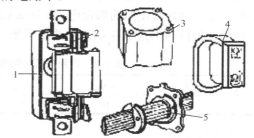

1—瓷底座；2—弹簧片；3—管体；4—绝缘手柄；5—熔体

图1-19 有填料封闭式熔断器

4）快速熔断器

快速熔断器主要用于半导体整流元件或整流装置的短路保护。由于半导体元件的过载能力很低，只能在极短时间内承受较大的过载电流，因此要求短路保护具有快速熔断的能力。快速熔断器的结构和有填料封闭式熔断器基本相同，但熔体材料和形状不同，熔体是以银片冲制的有V形深槽的变截面熔体。

5）自复熔断器

自复熔断器采用金属钠作为熔体，在常温下具有高电导率。当电路发生短路故障时，短路电流产生高温使钠迅速汽化，汽态钠呈现高阻态，从而限制了短路电流。当短路电流消失后，温度下降，金属钠恢复原来的良好导电性能。自复熔断器只能限制短路电流，不能真正分断电路。其优点是不必更换熔体，能重复使用。

2．熔断器型号

熔断器型号的含义如图1-20所示。

3．熔断器的选择

1）熔断器的安秒特性

熔断器的主要特性为保护特性或安秒特性，即电流越大，熔断越快。熔断器的动作是靠熔体的熔断来实现的，当电流较大时，熔体熔断所需的时间就较短；而电流较小时，熔体熔断所需用的时间就较长，甚至不会熔断。因此对熔体来说，其动作电流和动作时间特性即熔断器的安秒特性为反时限特性，如图1-21所示。

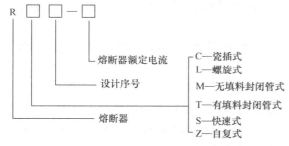

图1-20 熔断器型号的含义

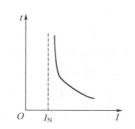

图1-21 熔断器的安秒特性

每一熔体都有一最小熔化电流。相应于不同的温度，最小熔化电流也不同。虽然该电流受外界环境的影响，但在实际应用中可以不加考虑。一般定义熔体的最小熔断电流与熔体的额定电流之比为最小熔化系数，常用熔体的熔化系数大于 1.25，也就是说额定电流为 10A 的熔体在电流 12.5A 以下时不会熔断。熔断电流与熔断时间之间的关系如表 1-2 所示。

从这里可以看出，熔断器只能起到短路保护作用，不能起过载保护作用。如确需在过载保护中使用，必须降低其使用的额定电流，如 8A 的熔体用于 10A 的电路中，作为短路保护兼过载保护使用，但此时的过载保护特性并不理想。

表 1-2 熔断电流与熔断时间之间的关系

熔断电流	$1.25\sim1.3I_N$	$1.6I_N$	$2I_N$	$2.5I_N$	$3I_N$	$4I_N$
熔断时间	∞	1h	40s	8s	4.5s	2.5s

2）熔断器的选择

主要依据负载的保护特性和短路电流的大小选择熔断器的类型。根据被保护电路的需要，先选择熔体的规格，再根据熔体去确定熔断器的型号。熔断器熔体的额定电流不得超过熔断器的额定电流。

对于容量小的电动机和照明支线，常采用熔断器作为过载及短路保护，因而希望熔体的熔化系数适当小些，通常选用铅锡合金熔体的 RQA 系列熔断器；对于较大容量的电动机和照明干线，则应着重考虑短路保护和分断能力，通常选用具有较高分断能力的 RM10 和 RL1 系列的熔断器；当短路电流很大时，宜采用具有限流作用的 RT0 和 RT12 系列的熔断器。

熔体的额定电流可按以下方法选择。

（1）保护无启动过程的平稳负载。例如，保护照明线路、电阻、电炉等时，熔体额定电流略大于或等于负荷电路中的额定电流。

（2）保护单台长期工作的电动机，熔体电流可按最大启动电流选取，也可按下式选取：

$$I_{RN} \geq (1.5\sim2.5)I_N$$

式中　I_{RN}——熔体额定电流；

　　　I_N——电动机额定电流。

如果电动机频繁启动，式中系数可适当加大至 3～3.5，具体应根据实际情况而定。

（3）保护多台长期工作的电动机（供电干线），熔体电流按下式选取：

$$I_{RN} \geq (1.5\sim2.5)I_{N\,max} + \Sigma I_N$$

式中　$I_{N\,max}$——容量最大单台电动机的额定电流；

　　　ΣI_N——其余电动机额定电流之和。

3）熔断器的级间配合

为防止发生越级熔断、扩大事故范围，上、下级（即供电干、支线）线路的熔断器间应有良好配合。选用时，应使上级（供电干线）熔断器的熔体额定电流比下级（供电支线）的大 1～2 个级差。

常用的熔断器有管式熔断器 R1 系列、螺旋式熔断器 RL1 系列、填料封闭式熔断器 RT0 系列及快速熔断器 RS0、RS3 系列等。

4．熔断器的维护、安装和使用

使用 RL 螺旋式熔断器时，其底座的中心触点接电源，螺旋部分接负载。使用 RC 瓷插式熔断器裸露安装时，底座连接的导线其绝缘部分一定要插到瓷座里，导体部分不许外露。在配电柜内使用时，应避免震动，以防插盖脱落造成断相事故。

熔体熔断后，应分析原因，排除故障后，再更换新的熔体。不允许用熔断熔体的方法查找故障原因。除了有专用的绝缘手柄，如 RTO 型熔断器，在停负荷后，可带电更换熔体外，其他形式的熔断器都应在停电以后更换熔体。更换熔体时，不能轻易改变熔体的规格，不得使用不明规格的熔体，更不准随意使用铜丝或铁丝代替熔体。

七、主令电器

主令电器是在自动控制系统中发出指令或信号的电器，用来控制接触器、继电器或其他电器线圈，使电路接通或分断，从而达到控制生产机械的目的。它常用来控制电力拖动系统中电动机的启动、停车、调速及制动等。

常用的主令电器有：控制按钮、行程开关、接近开关、万能转换开关、主令控制器、脚踏开关、倒顺开关、紧急开关、钮子开关等。本节仅介绍几种常用的主令电器。

1. 控制按钮

控制按钮是一种结构简单、使用广泛的手动主令电器，它可以与接触器或继电器配合，对电动机实现远距离的自动控制，用于实现控制线路的电气连锁。

如图 1-22 所示，控制按钮由按钮帽、复位弹簧、桥式触点和外壳等组成，通常制作成复合式，即具有常闭触点和常开触点。按下按钮时，先断开常闭触点，后接通常开触点；按钮释放后，在复位弹簧的作用下，按钮触点自动复位的先后顺序相反。通常，在无特殊说明的情况下，有触点电器的触点动作顺序均为"先断后合"。

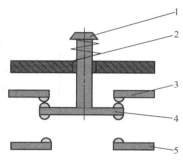

1—按钮帽；2—复位弹簧；3—常开静触点；4—动触点；5—常闭静触点

图 1-22 控制按钮的结构

在电器控制线路中，常开按钮常用来启动电动机，也称为启动按钮；常闭按钮常用于控制电动机停车，也称为停车按钮；复合按钮用于连锁控制电路中。

控制按钮的种类很多，在结构上有揿钮式、紧急式、钥匙式、旋钮式、带灯式和打碎玻璃按钮。

常用的控制按钮有 LA2 型、LA18 型、LA20 型、LAY1 型和 SFAN-1 型按钮。其中，SFAN-1 型按钮为消防打碎玻璃按钮。LA2 型按钮为仍在使用的老产品，新产品有 LA18 型、LA19 型、LA20 型等按钮。其中，LA18 型按钮采用积木式结构，触点数目可按需要拼装至六对常开、常闭触点，一般装成两对常开、常闭触点。LA19 型、LA20 型按钮有带指示灯和不带指示灯两种，前者按钮帽用透明塑料制成，兼作指示灯罩。

按钮选择的主要依据是使用场所、所需要的触点数量、种类及颜色。按钮开关的图形符号及文字符号如图 1-23 所示。

2. 行程开关

行程开关又称为限位开关，用于控制机械设备的行程及限位保护。在实际生产中，将行程开关安装在预先安排的位置，当装于生产机械运动部件上的模块撞击行程开关时，行程开关的触点动作，实现电路的切换。因此，行程开关是一种根据运动部件的行程位置而切换电路的电器，它的作用原理与按钮类似。行程开关广泛用于各类机床和起重机械，用以控制其行程、进行终端限位保护。在电梯的控制电路中，行程开关可用于控制开关轿门的速度、自动开关门的限位，以及轿厢的上、下限位保护。

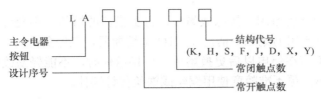

结构代号含义：
K—开启式　　H—保护式　　S—防水式　　F—防腐式
J—紧急式　　D—带指示灯式　X—旋钮式　　Y—钥匙式

(a) 型号含义

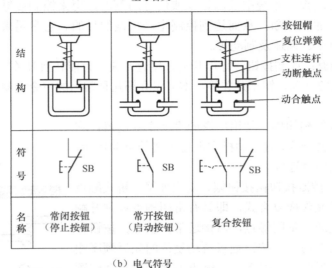

(b) 电气符号

图 1-23　按钮开关的图形和文字符号

行程开关按其结构可分为直动式、滚轮式、微动式和组合式。

1）直动式行程开关

如图 1-24 所示，直动式行程开关动作原理与按钮开关相同，但其触点的分合速度取决于生产机械的运行速度，不宜用于速度低于 0.4m/min 的场所。

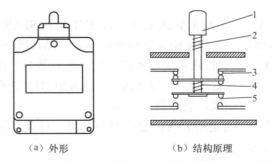

(a) 外形　　　　(b) 结构原理

1—顶杆；2—弹簧；3—动断触点；4—触点弹簧；5—动合触点

图 1-24　直动式行程开关

2）滚轮式行程开关

滚轮式行程开关如图 1-25 所示，当被控机械上的撞块撞击带有滚轮的撞杆时，撞杆转向右边，带动凸轮转动，顶下推杆，使微动开关中的触点迅速动作。当运动机械返回时，在复位弹簧的作用下，各部分动作部件复位。

滚轮式行程开关又分为单滚轮自动复位和双滚轮（羊角式）非自动复位式，双滚轮行程开关具有两个稳态位置，有"记忆"作用，在某些情况下可以简化线路。

3）微动式行程开关

微动式行程开关如图1-26所示，常用的有LXW-11型系列产品。

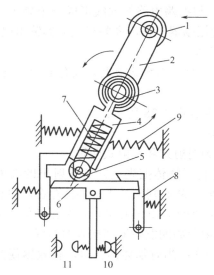

1—滚轮；2—上转臂；3—盘形弹簧；4—下转臂；5—滑轮；6—横板；
7—压缩弹簧；8—压板；9—弹簧；10—常闭触点；11—常开触点

图1-25 滚轮式行程开关

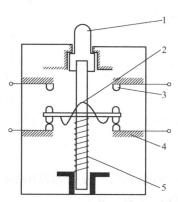

1—推杆；2—弯形片状弹簧；3—动合触点；
4—动断触点；5—复位弹簧

图1-26 微动式行程开关

行程开关的型号含义和电气符号如图1-27所示。

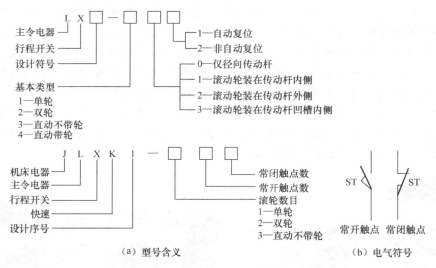

（a）型号含义　　　　　　　　（b）电气符号

图1-27 行程开关的型号含义和电气符号

3．接近开关

接近式位置开关是一种非接触式的位置开关，简称接近开关。它由感应头、高频振荡器、放大器和外壳组成。当运动部件与接近开关的感应头接近时，就会使其输出一个电信号。

接近开关分为电感式和电容式两种。

电感式接近开关的感应头是一个具有铁氧体磁芯的电感线圈，只能用于检测金属体。振荡器在感应头表面产生一个交变磁场，当金属块接近感应头时，金属中产生的涡流吸收了振荡的能量，使振荡减弱以至停振，因而产生振荡和停振两种信号，经整形放大器转换成二进制的开关信号，从而起到"开"、"关"的控制作用。

电容式接近开关的感应头是一个圆形平板电极，与振荡电路的地线形成一个分布电容，当有导体或其他介质接近感应头时，电容量增大而使振荡器停振，经整形放大器输出电信号。电容式接近开关既能检测金属，又能检测非金属及液体。

常用的电感式接近开关型号有 LJ1 型、LJ2 型等系列，电容式接近开关有 LXJ15 型、TC 型等系列产品。

接近开关的电气符号如图 1-28 所示。

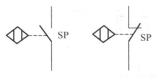

图 1-28 接近开关的电气符号

4．红外线光电开关

红外线光电开关分为对射式和反射式两种。

反射式光电开关是利用物体把光电开关发射出的红外线反射回去，由光电开关接收，从而判断是否有物体存在。如有物体存在，光电开关接收到红外线，其触点动作，否则其触点复位。

对射式光电开关是由分离的发射器和接收器组成。当无遮挡物时，接收器接收到发射器发出的红外线，其触点动作；当有物体挡住时，接收器便接收不到红外线，其触点复位。

光电开关和接近开关的用途已远超出一般行程控制和限位保护，可用于高速计数、测速、液面控制、检测物体的存在、检测零件尺寸等许多场合。

5．万能转换开关

万能转换开关是一种多挡式、控制多回路的主令电器，一般可作为多种配电装置的远距离控制，也可作为电压表、电流表的换相开关，还可作为小容量电动机的启动、制动、调速及正、反向转换的控制。其触点挡数多、换接线路多、用途广泛，故有"万能"之称。

万能转换开关主要由操作机构、面板、手柄及数个触点座等部件组成，并用螺栓组装成为一个整体。转换开关的外形如图 1-29 所示。万能转换开关的结构原理图和电气符号如图 1-30 所示，水平方向的数字 1~3 表示触点编号，垂直方向的数字及文字"左"、"0"、"右"表示手柄的操作位置（挡位），虚线表示手柄操作的联动线。在不同的操作位置，各对触点的通、断状态的表示方法为：在触点的下方与虚线相交位置有黑色圆点表示在对应操作位置时触点接通，没涂黑色圆点表示在该操作位置未接通。

图 1-29 转换开关的外形

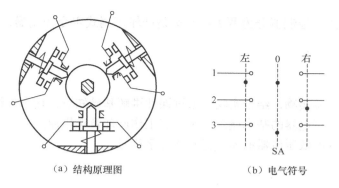

(a) 结构原理图　　　　　　(b) 电气符号

图1-30　万能转换开关的结构原理图和电气符号

万能转换开关常用的产品有 LW5 型和 LW6 型系列。LW5 型系列万能转换开关可控制 5.5kW 及以下的小容量电动机；LW6 型系列万能转换开关只能控制 2.2kW 及以下的小容量电动机。万能转换开关用于可逆运行控制时，只有在电动机停车后才允许反向启动。LW5 型系列万能转换开关按手柄的操作方式可分为自复式和自定位式两种。所谓自复式是指用手拨动手柄于某一挡位时，手松开后，手柄自动返回原位；定位式则是指手柄被置于某挡位时，不能自动返回原位而停在该挡位。

6．主令控制器

主令控制器是用来按顺序频繁切换多个控制电路的主令电器，主要用于轧钢及其他生产机械的电力拖动控制系统，也可在起重机电力拖动系统中对电动机的启动、制动和调速等进行远距离控制。凸轮式可调式主令控制器如图1-31所示，主要由转轴、凸轮块、动/静触点、定位机构及手柄等组成。其触点为双断点的桥式结构，通常为银质材料，操作轻便，允许每小时接电次数较多。

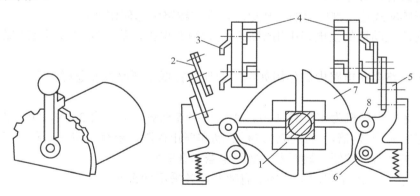

(a) 外形图　　　　　　　　(b) 结构原理图

1—凸轮块；2—动触点；3—静触点；4—接线端子；5—支杆；6—转动轴；7—凸轮块；8—小轮

图1-31　凸轮可调式主令控制器

主令控制器与万能转换开关相比，它的触点容量大些，操纵挡位也较多。主令控制器的动作过程与万能转换开关相类似，也是由一块可转动的凸轮带动触点动作。

常用的主令控制器有 LK5 型和 LK6 型系列，其中，LK5 型系列有直接手动操作、带减速器的机械操作与电动机驱动三种形式的产品，LK6 型系列是由同步电动机和齿轮减速器组成定时元件，由此元件按规定的时间顺序，周期性地分、合电路。

在控制电路中，主令控制器触点的图形符号及操作手柄在不同位置时的触点分、合状态表示方法与万能转换开关相似。

从结构上讲，主令控制器分为两类：一类是凸轮可调式主令控制器，另一类是凸轮固定式主令控制器。

■【项目实施】

教师分发低压电器实物，结合实物，通过课件讲解基础知识，使学生达到以下要求。
（1）熟悉常用低压电器的基本概念，了解其工作原理及选用原则。
（2）熟练掌握各种低压电器的图形符号和文字符号。

■【评定激励】

针对常用低压电器的作用、技术参数、图形符号、文字符号和选用方法等方面的内容，教师将题目通过课件形式展示，进行分组抢答，记下各组成绩，激发学生的学习动力、兴趣。

思考与练习

（1）继电器和接触器有何区别？
（2）电压继电器、电流继电器各在电路中起什么作用？它们的线圈和触点各接于什么电路中？
（3）时间继电器和中间继电器在控制电路中各起什么作用？如何选用时间继电器和中间继电器？
（4）电动机的启动电流很大，当电动机启动时，热继电器会不会动作？为什么？
（5）既然在电动机的主电路中装有熔断器，为什么还要装热继电器？装有热继电器是否就可以不装熔断器？为什么？
（6）分析感应式速度继电器的工作原理，它在线路中起何作用？
（7）在交流电动机的主电路中用熔断器进行短路保护，能否同时起到过载保护作用？为什么？
（8）低压断路器在电路中的作用如何？如何选择低压断路器？怎样实现干、支线断路器的级间配合？
（9）某机床的电动机为 J02-42-4 型，额定功率 5.5kW，电压为 380V，电流为 12.5A，启动电流为额定电流的 7 倍，现用按钮进行启动和停止控制，要有短路保护和过载保护，应选用哪种型号的接触器、按钮、熔断器、热继电器和开关？
（10）电器控制线路常用的保护环节有哪些，各采用什么元器件？

基本电气控制电路

▇【项目目标】

  电气控制线路是由许多元器件按照一定的要求和规律连接而成的。任何复杂的电气控制线路都是按照一定的控制原则，由基本的控制线路组成的。基本控制线路是学习电气控制及 PLC 应用的基础。

  本项目要求在学习并掌握电气控制系统识图方法的基础上，能识读基本控制电路的电气原理图，了解电路中所用电气元器件的作用，会根据电气原理图绘制电气安装接线图，并按工艺要求完成安装接线；能够对安装好的电路进行检测和通电试验，用万用表检测电路和排除常见的电气故障。

▇【学习目标】

  （1）了解电气图绘制规则和符号。
  （2）掌握电气控制系统识图方法。
  （3）理解自锁控制电路的原理及特点，掌握其用法。
  （4）理解电气互锁和按钮互锁在正、反转控制电路中的作用，掌握其用法。
  （5）理解多地控制、顺序控制、行程控制电路的原理，掌握其用法。
  （6）掌握电动机正、反转控制电路的安装接线和调试方法，能够对正、反转控制电路进行检测和通电试验。

▇【相关知识】

一、电气图绘制规则和符号

  将电气控制系统中各元器件及它们之间的连接线路用一定的图形表达出来，这种图形就是电气控制系统图，一般包括电气原理图、电器布置图和电气安装接线图三种。

1. 常用电气图的图形符号与文字符号

  在国家标准中，电气技术中的文字符号分为基本文字符号（单字母或双字母）和辅助文字符号。基本文字符号中的单字母符号按英文字母将各种电气设备、装置和元器件划分为 23 个大类，每个大类用一个专用单字母符号表示。如"K"表示继电器、接触器类，"F"表示保护器件类等，单字母符号应优先采用。双字母符号是由一个表示种类的单字母符号与另一字母组成，其组合应以单字母符号在前，另一字母在后的次序列出。

2. 电气原理图

电气原理图用图形和文字符号表示电路中各个元器件的连接关系和电气工作原理，它并不反映元器件的实际大小和安装位置，采用元器件展开图的画法。同一元器件的各部件可以不画在一起，但须用同一文字符号标出。若有多个同类元器件，可在文字符号后加上数字序号，如 KM1、KM2 等。控制电路的分支线路，原则上按照动作先后顺序排列，两线交叉连接时的电气连接点须用黑点标出，如图 2-1 所示。

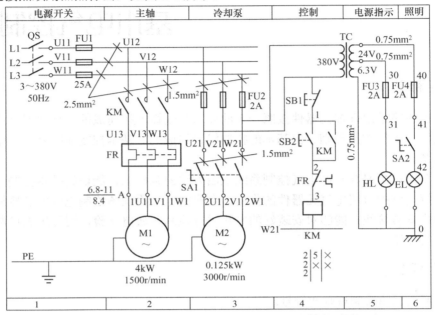

图 2-1　CW6132 型卧式车床的电气原理图

（1）电气原理图一般分为主电路、控制电路和辅助电路三个部分。主电路包括从电源到电动机的电路，是强电流通过的部分，用粗线条画在原理图的左边。控制电路是通过弱电流的电路，一般由按钮、元器件的线圈、接触器的辅助触点、继电器的触点等组成，用细线条画在原理图的右边。

（2）电气原理图中所有元器件的图形和文字符号必须符合国家规定的统一标准。

（3）在电气原理图中，所有元器件的可动部分（包括所有按钮、触点）均按没有外力作用和没有通电时的原始状态画出。

（4）动力电路的电源线应水平画出；主电路应垂直于电源线画出；控制电路和辅助电路应垂直于两条或几条水平电源线；耗能元器件（如线圈、电磁阀、照明灯和信号灯等）应接在下面一条电源线一侧，而各种控制触点应接在另一条电源线上。

（5）应尽量减少线条数量，避免线条交叉。

（6）在电气原理图上应标出各个电源电路的电压值、极性或频率及相数；对某些元器件还应标注其特性（如电阻、电容的数值等）；不常用的元器件（如位置传感器、手动开关等）还要标注其操作方式和功能等。

（7）为方便阅图，在电气原理图中可将图幅分成若干个图区，图区行的代号用英文字母表示，一般可省略，列的代号用阿拉伯数字表示，其图区编号写在图的下面，并在图的顶部标明各图区电路的作用。

（8）在继电器、接触器线圈下方均列有触点表以说明线圈和触点的从属关系，即"符号位置索引",也就是在相应线圈的下方,给出触点的图形符号(有时也可省去),对未使用的触点用"×"表明(或不表明)。

3．电器布置图

电器布置图反映各元器件的实际安装位置,在电器布置图中元器件用实线框表示,而不必按其外形形状画出;在电器布置图中往往还留有 10%以上的备用面积及导线管(槽)的位置,以供走线和改进设计时用;在电器布置图中还需要标注出必要的尺寸,如图 2-2 所示。

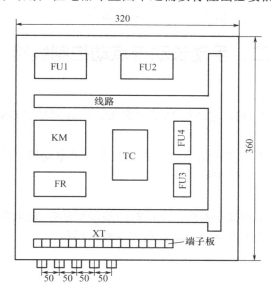

图 2-2　CW6132 型卧式车床的电器布置图

4．电气安装接线图

根据电气设备上各元器件实际位置绘制的实际接线图称为电气安装接线图。它是配线施工和检查维修电气设备不可缺少的技术资料,主要有单元接线图、互连接线图和端子接线图等。电气安装接线图反映的是电气设备各控制单元内部元器件之间的接线关系。电器布置图和电气安装接线图中各元器件的符号应与电气原理图保持一致。

5．电气识图方法与步骤

1）识图方法

(1)结合电工基础知识识图。

在掌握电工基础知识的基础上,准确、迅速地识别电气图。例如,改变电动机电源相序,即可改变其旋转方向。

(2)结合典型电路识图。

典型电路就是常见的基本电路,如电动机的启动、制动、顺序控制等。不管多复杂的电路,几乎都是由若干基本电路组成的。因此,熟悉各种典型电路是看懂较复杂电气图的基础。

(3)结合制图要求识图。

在绘制电气图时,为了加强图纸的规范性、通用性和示意性,必须遵循一些规则和要求,利用这些制图的知识能够准确地识图。

2）识图步骤

(1)准备:了解生产过程和工艺对电路提出的要求;了解各种用电设备和控制电器的位置及用途;了解电气图中的图形符号及文字符号的意义。

（2）主电路：首先要仔细看一遍电气图，弄清电路的性质是交流电路还是直流电路，然后从主电路入手，根据各元器件的组合判断电动机的工作状态，如电动机的启动、停止、正转、反转等。

（3）控制电路：分析完主电路后，再分析控制电路，要按动作顺序对每条小回路逐一分析研究，然后再全面分析各条回路间的联系和制约关系，要特别注意与机械、液压部件的动作关系。

（4）最后阅读保护、照明、信号指示、检测等部分。

二、手动长动与点动控制线路

1．手动长动控制线路

动作原理：闭合刀开关 QS，电动机 M 启动旋转；断开刀开关 QS，电动机 M 断电减速直至停转，如图 2-3 所示。

不足之处：只适用于不需要频繁启动、停止的小容量电动机；只能就地操作，不便于远距离控制；无失压保护和欠压保护的功能。

2．点动控制线路

点动控制电路是用按钮和接触器控制电动机的最简单的控制线路，如图 2-4 所示，分为主电路和控制电路两部分。其主电路与手动长动控制线路相似。

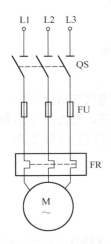

图 2-3　手动长动控制线路

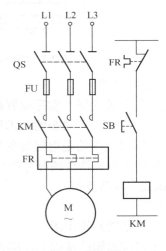

图 2-4　点动控制线路

电路工作原理：合上电源开关 QS 后，若要启动电动机，按下按钮 SB，KM 线圈得电，其常开主触点闭合，主电路接通，电动机 M 运转；若要停止，松开按钮 SB，KM 线圈失电，其常开主触点分断，主电路断开，电动机 M 停转。

这种当按钮按下时电动机就运转，按钮松开后电动机就停止的控制方式，称为点动控制。

三、自锁控制电路

1．基本自锁控制电路

依靠接触器自身辅助触点而使其线圈保持通电的现象称为自锁。

基本自锁控制电路如图 2-5 所示，在点动控制电路的基础上，在控制回路增加了一个停止按钮 SB1，还在启动按钮 SB2 的两端并接了接触器的一对辅助常开触点 KM。

合上电源开关 QS 后，若要启动电动机，按下按钮 SB2，KM 线圈得电，其主常开触点及辅助常开触点同时闭合，主电路接通，电动机 M 运转；当松开 SB2 后，由于 KM 辅助常开触点闭合且与 SB2 并联，KM 线圈仍得电，电动机 M 继续运转。这种依靠接触器自身辅助常开触点使其线圈保持通电的现象称为自锁（或称自保），起自锁作用的辅助常开触点，称为自锁触点（或称自保触点），这样的控制线路称为具有自锁（或自保）的控制线路。

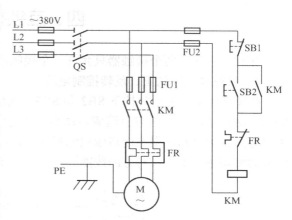

图 2-5 基本自锁控制电路

若要使电动机停止运转，按下按钮 SB1，KM 线圈失电，其主常开触点及辅助常开触点同时断开，自锁消失，电动机停止运转。

上述电路可起到短路保护、过载保护、欠压和失压保护的作用。

2. 点动和自锁混合控制电路

图 2-6 所示的电路既能进行点动控制，又能进行自锁控制，所以称为点动和自锁混合控制电路。当 SA 闭合时为自锁控制，当 SA 断开时为点动控制。需要点动时，将 SA 开关打开，操作 SB2 即可实现点动控制。需要连续工作时，将 SA 开关合上，将自锁触点接入，操作 SB2 即可实现连续控制。该电路的特点是 SA 作为 SB2 工作方式的选择开关。

3. 采用复合按钮 SB3 的点动和自锁混合控制线路

复合按钮控制电路如图 2-7 所示。点动启动时，按下 SB3，SB3 复合触点的常闭触点先断、常开触点后合，其常闭触点断开自锁电路，常开触点接通 KM 线圈，主触点闭合，电动机启动旋转。松开 SB3 时，SB3 复合触点常开触点先断、常闭触点后合，KM 线圈断电，主触点断开，电动机停止转动；当需要连续运转时，按启动按钮 SB2，实现了自锁控制；若要停机，按停止按钮 SB1，解除自锁作用。该电路的特点是三个按钮分别对电路进行控制。

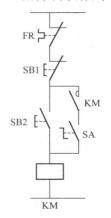

图 2-6 点动和自锁混合控制电路

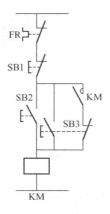

图 2-7 复合按钮控制电路

四、互锁控制电路

在同一时间里两个接触器只允许一个接触器工作的控制作用称为互锁（连锁）。

1．接触器互锁的正、反转控制电路

在图 2-8 中，若同时按下 SB2 和 SB3，则接触器 KM1 和 KM2 线圈同时得电并自锁，它们的主触点都闭合，这时会造成电动机三相电源的相间短路事故，所以该电路不能使用。为了避免两接触器同时得电而造成电源相间短路，在控制电路中，分别将两个接触器 KM1、KM2 的辅助常闭触点串接在对方的线圈回路里，如图 2-9 所示。

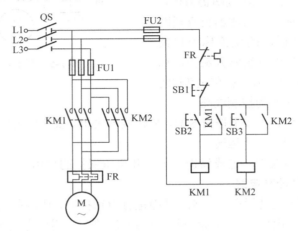

图 2-8 两个接触器的电动机正、反转控制电路

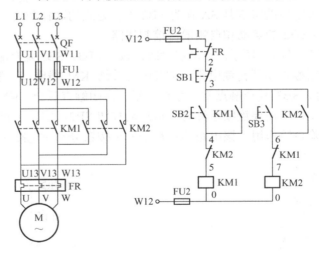

图 2-9 互锁的电动机正、反转控制电路

这种利用两个接触器（或继电器）的常闭触点互相制约的控制方法称为互锁（也称连锁），而这两对起互锁作用的触点称为互锁触点。

合上电源开关 QS 后，假设现在电动机停止，若要使电动机正转，按下按钮 SB2，KM1 线圈得电，其辅助常闭触点先断开，KM1 主、辅助常开触点后闭合，KM1 形成自锁常开触点同时闭合，主电路接通，电动机 M 运转；若要电动机反转，必须先按下停止按钮 SB1，使 KM1 线圈没电，常开断开，常闭闭合，然后再按下 SB3，使 KM2 形成自锁，电动机反转。

2. 按钮、接触器双重互锁的正、反转控制电路

图 2-10 为按钮、接触器双重互锁的电动机正、反转控制电路。所谓按钮互锁，就是将复合按钮常开触点作为启动按钮，而将其常闭触点作为互锁触点串接在另一个接触器线圈支路中。这样，要使电动机改变转向，只要直接按反转按钮就可以了，而不必先按停止按钮，简化了操作。接触器互锁的作用是防止电源短路，按钮互锁的作用是提高工作效率。

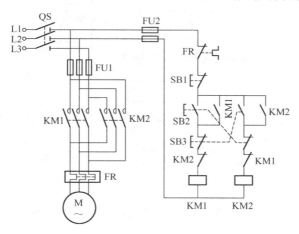

图 2-10 按钮、接触器双重互锁的电动机正、反转控制电路

五、顺序控制电路

常用的顺序控制电路有两种，一种是主电路的顺序控制，另一种是控制电路的顺序控制。

1. 主电路的顺序控制

主电路顺序启动控制电路如图 2-11 所示。

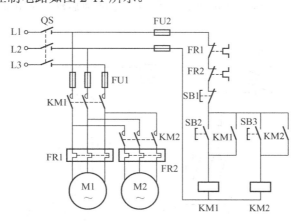

图 2-11 主电路顺序启动控制电路

这种电路只有当 KM1 闭合，电动机 M1 启动运转后，KM2 才能使 M2 得电启动，满足电动机 M1、M2 顺序启动的要求。

2. 控制电路的顺序控制

图 2-12 所示为通过控制电路实现电动机顺序控制的电路，利用接触器 KM1 的常开触点实现顺序控制。

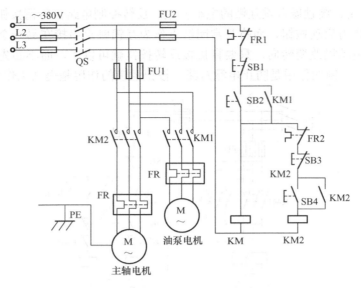

图 2-12　控制电路实现电动机顺序控制的电路

六、多地控制电路

能在两地或多地控制同一台电动机的控制方式称为电动机的多地控制。

所谓两地控制是在两个地点各设一套电动机启动和停止用的控制按钮，如图 2-13 所示。SB3、SB2 为甲地控制的启动和停止按钮，SB4、SB1 为乙地控制的启动和停止按钮。电路的特点是：两地的启动按钮 SB3、SB4（常开触点）要并联接在一起，停止按钮 SB1、SB2（动断触点）要串联接在一起。这样就可以分别在甲、乙两地启动、停止同一台电动机，达到操作方便之目的。

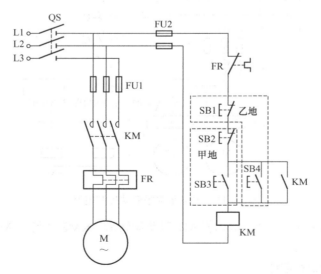

图 2-13　两地控制电路

七、行程控制电路

1．连续自动往复

图 2-14 为由行程开关控制的工作台自动往返运动的示意图，图 2-15 是工作台自动往返控制电路。

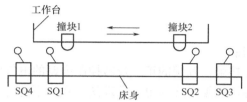

图 2-14　由行程开关控制的工作台自动往返运动的示意图

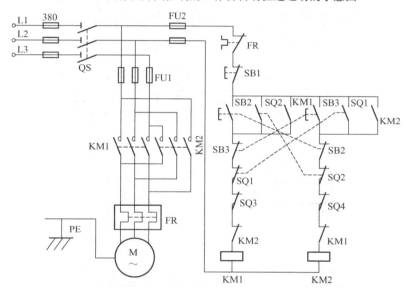

图 2-15　工作台自动往返控制电路

电路工作过程分析如下：

启动时，按下正转启动按钮 SB2，KM1 线圈得电并自锁，电动机正转运行并带动机床运动部件左移，当运动部件上的撞块 1 碰撞到行程开关 SQ1 时，将 SQ1 压下，使其动断触点断开，切断了正转接触器 KM1 线圈回路；同时 SQ1 的动合触点闭合，接通了反转接触器 KM2 线圈回路，使 KM2 线圈得电自锁，电动机由正转变为反转，带动运动部件向右运动。当运动部件上的撞块 2 碰撞到行程开关 SQ2 时，SQ2 动作，使电动机由反转又转入正转运行，如此往返运动，从而实现运动部件的自动循环控制。

若启动时工作台在左端，应按下 SB3 进行启动。

2．单周期的自动往复

在图 2-16 中，按下启动按钮 SB2，运行一周后回到始端自动停止。

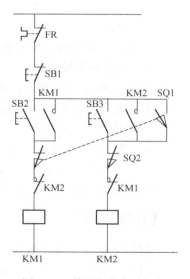

图 2-16　单周期的自动往复

【项目实施】

1. 识读电路图

对接触器互锁的电动机正、反转控制电路（如图 2-9 所示）进行安装，采用电气图识图方法进行识读，在此基础上用叙述法（文字表述）或流程法（流程图表达）描述电路的工作过程，参考前面的相关内容。

2. 电路安装接线

1）绘制电气安装接线图

根据图 2-9 绘制出具有接触器互锁的正、反转控制电路的电气安装接线图，如图 2-17 所示。注意：所有接线端子标注的编号应与电气原理图一致，不能有误。

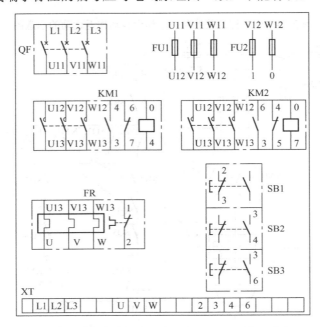

图 2-17　接触器互锁的正、反转控制电路的电气安装接线图

2）接线

按工艺要求完成具有接触器互锁的正、反转控制电路的安装接线。

3. 电路断电检查

（1）在断电的情况下，按电气原理图或电气安装接线图从电源端开始，逐段核对接线及接线端子处是否正确，有无漏接、错接之处。

（2）用万用表检查电路的通断情况。

4. 通电试车及故障排除

在遵守安全规程的前提及指导教师现场监护下，通电试车，观察有无故障，若有，断电之后分析并加以排除，如此反复，直到正常运行。

【评定激励】

按以下标准开展小组自评、互评，成绩填入项目评分细则表，如表 2-1 所示，要求如下。

（1）在规定时间内按工艺要求完成具有接触器互锁的正、反转控制电路的安装接线，且通电试验成功。

（2）安装工艺应达到基本要求，线头长短应适当且接触良好。

（3）遵守安全规程，做到文明生产。

表 2-1 项目评分细则表

考核内容	配分	等级	评分细则	考评记录	得分
根据考核图进行线路安装	35 分	A	线路接线规范、步骤完全正确		
		B	不符合接线规范 1~2 处		
		C	不符合接线规范 3~4 处		
		D	线路接线错误或不会接线		
通电调试	35 分	A	通电调试结果完全正确		
		B	调试未达到要求，能自行修改，通电后结果基本正确		
		C	调试未达到要求，经提示 1 次后能修改，通电结果基本正确		
		D	通电调试失败		
标准化作业	20 分	A	标准化作业规范，符合要求		
		B	不规范作业 1~2 处		
		C	不规范作业 3~4 处		
		D	不规范作业超过 5 处		
安全无事故发生	10 分	A	完全符合操作规程		
		B	操作基本规范		
		C	经提示后能规范操作		
		D	不符合操作规程		
总成绩					

思考与练习

（1）简述电气原理图的特点。

（2）试采用按钮、刀开关、接触器和中间继电器，画出异步电动机点动、连续运行的混合控制线路。

（3）简述六种基本电气控制电路的特点。

（4）两台电动机顺序启动（M1 先启动，M2 后启动），同时停止，如何实现控制要求，画出主电路及控制电路。

（5）两台电动机同时启动，顺序停止（M2 先停止，M1 后停止），如何实现控制要求，画出主电路及控制电路。

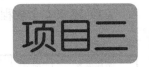

项目三 PLC 的认识

【项目目标】

通过本项目的学习，理解 PLC 的工作原理及常用编程语言的特点，了解 PLC 的软、硬件组成，熟悉从传统的电气控制到 PLC 控制的转换方法。

【学习目标】

（1）了解 PLC 的分类、特点及应用。
（2）熟悉 PLC 硬件的结构组成。
（3）了解 PLC 的软件构成及各种编程语言的特点。
（4）理解 PLC 的工作原理，熟悉 PLC 的扫描工作模式。
（5）了解 PLC 控制系统与继电器控制系统的异同，熟悉从传统的电气控制到 PLC 控制的转换方法。

【相关知识】

一、PLC 概述

1．PLC 的定义

可编程序逻辑控制器简称为 PLC（Programmable Logical Controller），也常称为可编程序控制器，即 PC（Programmable Controller）。它是微机技术与继电器常规控制概念相结合的产物，即采用了微型计算机的基本结构和工作原理，融合了继电器控制的概念构成的一种新型电控器。它专为在工业环境下应用而设计，采用可编程序的存储器存储执行逻辑运算、顺序控制、定时、计数和算术运算等操作的指令，并通过数字式、模拟式的输入和输出，控制各种类型的机械或生产过程。

国际电工委员会（IEC）曾于 1982 年 11 月颁发了可编程序控制器标准草案第一稿，1985 年 1 月颁发了第二稿，1987 年 2 月又颁发了第三稿。草案中对可编程序控制器的定义是：

"可编程序控制器是一种数字运算操作的电子系统，专为在工业环境下应用而设计。它采用了可编程序的存储器，用来在其内部存储执行逻辑运算、顺序控制、定时、计数和算术操作等面向用户的指令，并通过数字式或模拟式的输入/输出，控制各种类型的机械或生产过程。可编程序控制器及其有关外围设备，都按易于工业系统联成一个整体，易于扩充其功能的原则设计。"

2. PLC 的产生和发展

在可编程序控制器问世以前,工业控制领域中是以继电器控制占主导地位的。对生产工艺多变的系统适应性差,一旦生产任务和工艺发生变化,就必须重新设计,并改变硬件结构。

1968 年美国通用汽车公司(GM)为了适应汽车型号的不断更新,生产工艺不断变化的需要,实现小批量、多品种生产,希望能有一种新型工业控制器,它能做到尽可能减少重新设计和更换继电器控制系统及接线,以降低成本,缩短周期。

1969 年美国数字设备公司(DEC 公司)研制出了第一台可编程序控制器 PDP-14,在美国通用汽车公司的生产线上试用成功并取得了满意的效果,可编程序控制器自此诞生。

早期的可编程序控制器仅有逻辑运算、定时、计数等顺序控制功能,只是用来取代传统的继电器控制,通常称为可编程序逻辑控制器(Programmable Logic Controller)。随着微电子技术和计算机技术的发展,20 世纪 70 年代中期微处理器技术应用到 PLC 中,使 PLC 不仅具有逻辑控制功能,还增加了算术运算、数据传送和数据处理等功能。

20 世纪 80 年代以后,随着大规模、超大规模集成电路等微电子技术的迅速发展,16 位和 32 位微处理器应用于 PLC 中,使 PLC 得到迅速发展。PLC 不仅控制功能增强,同时可靠性提高,功耗、体积减小,成本降低,编程和故障检测更加灵活方便,而且具有通信和联网、数据处理和图像显示等功能,使 PLC 真正成为具有逻辑控制、过程控制、运动控制、数据处理、联网通信等功能的名副其实的多功能控制器。

自从第一台 PLC 出现以后,日本、德国、法国等也相继开始研制 PLC,并得到了迅速的发展。目前,世界上有 200 多家 PLC 厂商,400 多品种的 PLC 产品,按地域可分成美国、欧洲和日本等三个流派产品,各流派 PLC 产品都各具特色。例如,日本主要发展中小型 PLC,其小型 PLC 性能先进,结构紧凑,价格便宜,在世界市场上占有重要地位。著名的 PLC 生产厂家主要有美国的 A-B(Allen-Bradly)公司、GE(General Electric)公司,日本的三菱电动机(Mitsubishi Electric)公司、欧姆龙(OMRON)公司,德国的 AEG 公司、西门子(Siemens)公司,法国的 TE(Telemecanique)公司等。

我国的 PLC 研制、生产和应用也发展很快,尤其在应用方面更为突出。在 20 世纪 70 年代末和 80 年代初,我国随国外成套设备、专用设备引进了不少国外的 PLC。此后,在传统设备改造和新设备设计中,PLC 的应用逐年增多,并取得显著的经济效益,PLC 在我国的应用越来越广泛,对提高我国工业自动化水平起到了巨大的作用。目前,我国不少科研单位和工厂在研制和生产 PLC,如辽宁无线电二厂、无锡华光电子公司、上海香岛电动机制造公司、厦门 A-B 公司等。

从近年的统计数据看,在世界范围内 PLC 产品的产量、销量、用量高居工业控制装置榜首,而且市场需求量一直以每年 15%的比率上升。PLC 已成为工业自动化控制领域中占主导地位的通用工业控制装置。

3. PLC 的特点

PLC 技术之所以高速发展,除了工业自动化的客观需要外,主要是因为它具有许多独特的优点,并较好地解决了工业领域中普遍关心的可靠、安全、灵活、方便、经济等问题,主要有以下特点。

1)可靠性高、抗干扰能力强

可靠性高、抗干扰能力强是 PLC 最重要的特点之一。PLC 的平均无故障时间可达几十万个小时,之所以有这么高的可靠性,是由于它采用了一系列的硬件和软件的抗干扰措施。

硬件方面:I/O 通道采用光电隔离,有效地抑制了外部干扰源对 PLC 的影响;对供电电源及线路采用多种形式的滤波，从而消除或抑制了高频干扰；对 CPU 等重要部件采用良好的导电、导磁材料进行屏蔽，以减少空间电磁干扰；对有些模块设置了连锁保护、自诊断电路等。

软件方面：PLC 采用扫描工作方式，减少了由于外界环境干扰引起的故障；在 PLC 系统程序中设有故障检测和自诊断程序，能对系统硬件电路等故障实现检测和判断；当由外界干扰引起故障时，能立即将当前重要信息加以封存，禁止任何不稳定的读写操作，一旦外界环境正常后，便可恢复到故障发生前的状态，继续原来的工作。

2) 编程简单、使用方便

目前，大多数 PLC 采用的编程语言是梯形图语言，它是一种面向生产、面向用户的编程语言。梯形图与电器控制线路图相似，形象、直观，不需要掌握计算机知识，很容易让广大工程技术人员掌握。当生产流程需要改变时，可以现场改变程序，使用方便、灵活。同时，PLC 编程器的操作和使用也很简单，这也是 PLC 获得普及和推广的主要原因之一。

许多 PLC 还针对具体问题，设计了各种专用编程指令及编程方法，进一步简化了编程。

3) 功能完善、通用性强

现代 PLC 不仅具有逻辑运算、定时、计数、顺序控制等功能，而且还具有 A/D 和 D/A 转换、数值运算、数据处理、PID 控制、通信联网以等许多功能。同时，由于 PLC 产品的系列化、模块化，有品种齐全的各种硬件装置供用户选用，可以组成满足各种要求的控制系统。

4) 设计安装简单、维护方便

由于 PLC 用软件代替了传统电气控制系统的硬件，控制柜的设计、安装接线工作量大为减少。PLC 的用户程序大部分可在实验室进行模拟调试，缩短了应用设计和调试周期。在维修方面，由于 PLC 的故障率极低，维修工作量很小；而且 PLC 具有很强的自诊断功能，如果出现故障，可根据 PLC 上指示或编程器上提供的故障信息，迅速查明原因，维修极为方便。

5) 体积小、重量轻、能耗低

由于 PLC 采用了集成电路，其结构紧凑、体积小、能耗低，因而是实现机电一体化的理想控制设备。

4．PLC 的分类

PLC 一般可从其 I/O 点数、结构形式和功能三方面进行分类。

1) 按 I/O 点数分类

根据 PLC 的 I/O 点数，PLC 分为小型、中型和大型三类。

(1) 小型 PLC：I/O 点数为 256 点以下的为小型 PLC（其中 I/O 点数小于 64 点的为超小型或微型 PLC）。

(2) 中型 PLC：I/O 点数为 256 点以上、2048 点以下的为中型 PLC。

(3) 大型 PLC：I/O 点数为 2048 以上的为大型 PLC（其中 I/O 点数超过 8192 点的为超大型 PLC）。

这个分类界限不是固定不变的，它随着 PLC 的发展而变化。

2) 按结构形式分类

PLC 可分为整体式和模块式两类。

(1) 整体式 PLC：将电源、CPU、存储器及 I/O 等各个功能集成在一个机壳内。其特点是结构紧凑、体积小、价格低，如西门子 S7-200 PLC。整体式 PLC 一般配有许多专用的特殊功能模块，如模拟量 I/O 模块、通信模块等。小型 PLC 一般采用这种整体式结构。

(2) 模块式 PLC：将电源模块、CPU 模块、I/O 模块作为单独的模块安装在同一底板或框架上的 PLC 是模块式 PLC。其特点是配置灵活、装配维护方便，大、中型 PLC 多采用这种结构。西门子 S7-300 PLC 的外形如图 3-1 所示。

3）按功能分类

（1）低档 PLC：具有逻辑运算、定时、计数、移位，以及自诊断、监控等基本功能，还可有少量模拟量输入/输出、算术运算、数据传送和比较、通信等功能，主要用于逻辑控制、顺序控制或少量模拟量控制的单机系统。

（2）中档 PLC：除具有低档 PLC 功能外，还具有较强的模拟量输入/输出、算术运算、数据传送和比较、数制转换、远程 I/O、子程序、通信联网等功能，有些还增设中断、PID 控制等功能。

图 3-1　西门子 S7-300 PLC 的外形

（3）高档 PLC：除具有中档机功能外，还增加带符号算术运算、矩阵运算、位逻辑运算、平方根运算及其他特殊功能函数运算、制表及表格传送等。高档 PLC 机具有更强的通信联网功能，可用于大规模过程控制或构成分布式网络控制系统，实现工厂自动化。

5．PLC 的应用领域

PLC 集三电（电控、电仪、电传）为一体，具有性能价格比、可靠性高的特点，已成为自动化工程的核心设备。PLC 具备计算机功能的一种通用工业控制装置，其使用量高居首位，成为现代工业自动化的三大技术支柱（PLC、机器人、CAD/CAM）之一。

目前，在国内外 PLC 已广泛应用冶金、石油、化工、建材、机械制造、电力、汽车、轻工、环保及文化娱乐等各行各业，随着其性能价格比的不断提高，应用领域不断扩大。从应用类型看，PLC 的应用大致可归纳为以下几个方面。

1）开关量逻辑控制

利用 PLC 最基本的逻辑运算、定时、计数等功能实现逻辑控制，可以取代传统的继电器控制，用于单机控制、多机群控制、生产自动线控制等，如机床、注塑机、印刷机械、装配生产线、电镀流水线及电梯的控制等。这是 PLC 最基本的应用，也是 PLC 最广泛的应用领域。

2）运动控制

大多数 PLC 都有拖动步进电动机或伺服电动机的单轴或多轴位置控制模块。这一功能广泛用于各种机械设备，如对各种机床、装配机械、机器人等进行运动控制。

3）过程控制

大、中型 PLC 都具有多路模拟量 I/O 模块和 PID 控制功能，有的小型 PLC 也具有模拟量输入/输出。所以 PLC 可实现模拟量控制，而且具有 PID 控制功能的 PLC 可构成闭环控制，用于过程控制。这一功能已广泛用于锅炉、反应堆、水处理、酿酒，以及闭环位置控制和速度控制等方面。

4）数据处理

现代的 PLC 都具有数学运算、数据传送、转换、排序和查表等功能，可进行数据的采集、分析和处理，同时可通过通信接口将这些数据传送给其他智能装置（如计算机数值控制（CNC）设备）进行处理。

5）通信联网

PLC 的通信包括 PLC 与 PLC、PLC 与上位计算机、PLC 与其他智能设备之间的通信，PLC 系统与通用计算机可直接或通过通信处理单元、通信转换单元相连构成网络，以实现信息的交换,并可构成"集中管理、分散控制"的多级分布式控制系统,满足工厂自动化(FA)系统发展的需要。

二、PLC 的基本结构

PLC 生产厂家很多,产品的结构也各不相同,但其基本构成是相似的,都采用计算机结构,如图 3-2 所示。它们都以微处理器为核心,通过硬件和软件的共同作用来实现其功能。

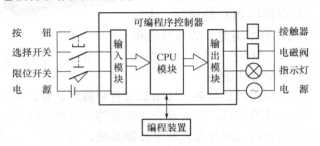

图 3-2 PLC 的结构

1. PLC 的硬件组成

PLC 的硬件主要由中央处理器(CPU)、存储器、输入单元、输出单元、通信接口、扩展接口、电源等部分组成。其中,CPU 是 PLC 的核心,输入单元与输出单元是连接现场输入/输出设备与 CPU 之间的接口电路,通信接口用于与编程器、上位计算机等外设连接。

对于整体式 PLC,所有部件都装在同一机壳内;对于模块式 PLC,各部件独立封装成模块,各模块通过总线连接,安装在机架或导轨上。无论是哪种结构类型的 PLC,都可根据用户需要进行配置与组合。

1) CPU

CPU 是中央处理器(Central Processing Unit)的英文缩写。它是 PLC 的核心和控制指挥中心,主要由控制器、运算器和寄存器组成,并集成在一块芯片上。CPU 通过地址总线、数据总线和控制总线与存储器、输入/输出接口电路相连接,完成信息传递、转换等。

CPU 的主要功能有:接收输入信号并存入存储器,读出指令,执行指令并将结果输出,处理中断请求,准备下一条指令等。

2) 存储器

存储器主要有两种:一种是可读/写操作的随机存储器 RAM,另一种是只读存储器 ROM、PROM、EPROM 和 EEPROM。在 PLC 中,存储器主要用于存放系统程序、用户程序及工作数据。

系统程序是对整个 PLC 系统进行调度、管理、监视及服务的程序,它控制和完成 PLC 各种功能。这些程序由 PLC 制造厂家设计提供,固化在 ROM 中,用户不能直接存取、修改。系统程序存储器容量的大小决定系统程序的大小和复杂程度,也决定 PLC 的功能。

用户程序是随 PLC 的控制对象而定的,由用户根据对象生产工艺的控制要求而编制的应用程序。为了便于读出、检查和修改,用户程序一般存于 CMOS 静态 RAM 中,用锂电池作为后备电源,以保证掉电时不会丢失信息。为了防止干扰对 RAM 中程序的破坏,当用户程序经过运行正常,不需要改变,可将其固化在只读存储器 EPROM 中。现在有许多 PLC 直接采用 EEPROM 作为用户存储器。

工作数据是 PLC 运行过程中经常变化、经常存取的一些数据，存放在 RAM 中，以适应随机存取的要求。在 PLC 的工作数据存储器中，设有存放输入/输出继电器、辅助继电器、定时器、计数器等逻辑器件的存储区，这些器件的状态都是由用户程序的初始设置和运行情况而确定的。根据需要，部分数据在掉电时用后备电池维持其现有的状态，这部分在掉电时可保存数据的存储区域称为保持数据区。

由于系统程序及工作数据与用户无直接联系，所以在 PLC 产品样本或使用手册中所列存储器的形式及容量是指用户程序存储器。当 PLC 提供的用户存储器容量不够用，许多 PLC 还提供有存储器扩展功能。

3）输入/输出（I/O）接口电路

输入/输出单元通常也称为 I/O 单元或 I/O 模块，是 PLC 与工业生产现场之间的连接部件。PLC 通过输入接口可以检测被控对象的各种数据，以这些数据作为 PLC 对被控制对象进行控制的依据；同时 PLC 又通过输出接口将处理结果送给被控制对象，以实现控制目的。

由于外部输入设备和输出设备所需的信号电平是多种多样的，而 PLC 内部 CPU 的处理的信息只能是标准电平，所以 I/O 接口要实现这种转换。I/O 接口一般都具有光电隔离和滤波功能，以提高 PLC 的抗干扰能力。另外，I/O 接口上通常还有状态指示，工作状况直观，便于维护。

PLC 提供了多种操作电平和驱动能力的 I/O 接口，有各种各样功能的 I/O 接口供用户选用。I/O 接口的主要类型有：数字量（开关量）输入、数字量（开关量）输出、模拟量输入、模拟量输出等。

PLC 的 I/O 接口所能接受的输入信号个数和输出信号个数称为 PLC 输入/输出（I/O）点数。I/O 点数是选择 PLC 的重要依据之一。当系统的 I/O 点数不够时，可通过 PLC 的 I/O 扩展接口对系统进行扩展。对于整体式 PLC，一般都含有一定数量的数字量输入/输出（I/O）点数，个别产品还有少量的模拟量输入/输出（I/O）点。

PLC 之所以能在恶劣的工业环境中可靠地工作，I/O 接口技术起着关键的作用。I/O 模块的种类很多，这里仅介绍开关量 I/O 接口模块的基本电路及其工作原理。

（1）数字量输入接口电路。

输入信号的电源均可由用户提供，直流输入信号的电源也可由 PLC 自身提供。数字量输入接口电路主要包括光电隔离器和输入控制电路，如图 3-3 所示。光电隔离器有效地隔离了外输入电路与 PLC 间的电的联系，具有较强的抗干扰能力。各种有触点和无触点的开关输入信号经光电隔离器转换成控制器（由 CPU 等组成）能够接受的电平信号，输入到输入映像区（输入状态寄存器）中。

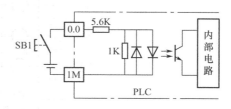

图 3-3　数字量输入接口电路

一般 8 路输入共用一个公共端，现场的输入提供一对开关信号："0" 或 "1"（有无触点均可）。每路输入信号均经过光电隔离、滤波，然后送入输入缓冲器等待 CPU 采样，每路输入信号均有 LED 显示，以指明信号是否到达 PLC 的输入端子。如图 3-3 所示，按下 SB1，SB1 常开触点闭合（为 1），光电隔离器的发光二极管发光，光敏三极管受光照而饱和导通（为 1），这样输入电路把开关信号的 1 转换为电信号的 1，经 CPU 存入输入映像区中 I0.0 的对应位；反之，松开 SB1，SB1 常开触点断开（为 0），同理输入映像区中 I0.0 的对应位变为 0。这里可把输入电路看作输入继电器，当按下 SB1，SB1 常开触点闭合为 1，则输入继电器 I0.0 的输入为 1，其线圈有电，常开触点闭合；松开 SB1，SB1 常开触点断开为 0，则继电器 I0.0 的输入为 0，其线圈没电、常开触点断开。

(2) 数字量输出接口电路。

数字量输出接口电路按照 PLC 的类型不同一般分为继电器输出型、晶体管输出型和晶闸管输出型三类以满足各种用户的需要。其中，继电器输出型如图 3-4（a）所示，是有触点的输出方式，可用于直流或低频交流负载，但其响应时间长，动作频率低；晶体管输出型如图 3-4（b）所示，它和晶闸管输出型都是无触点输出方式，前者适用于高速、小功率直流负载，后者适用于高速、大功率交流负载。

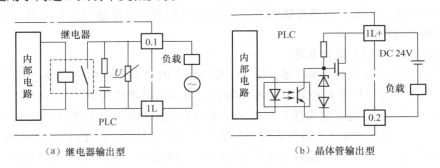

图 3-4　数字量输出接口电路

数字量输出接口电路的特点如下。
① 各路输出均有电气隔离措施。
② 各路输出均有 LED 灯显示。只要有驱动信号，输出指示 LED 灯亮，为观察 PLC 的工作状况或故障分析提供标志。
③ 输出电源一般均由用户提供。

每个数字量输出接口电路不管是不是继电器输出型，我们都把它理解为是一个继电器。PLC 内部的 CPU 通过给继电器的线圈通断电，进而继电器的常开触点动作，达到控制负载的目的。每个数字量输入接口电路也理解为是一个继电器。以 S7-200 PLC 为例，其数字量输入/输出接口电路等效结构如图 3-5 所示。

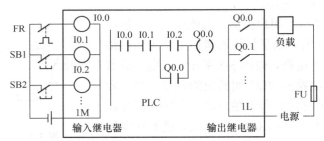

图 3-5　数字量输入/输出接口电路等效结构

4）电源

PLC 一般采用 AC 220V 电源，经整流、滤波、稳压后可变换成供 PLC 的 CPU、存储器等电路工作所需的直流电压，有的 PLC 也采用 DC 24V 电源供电。为保证 PLC 工作可靠，大都采用开关型稳压电源。有的 PLC 还向外部提供 24V 直流电源。

5）外部设备接口

外部设备接口是在主机外壳上与外部设备配接的插座，通过电缆线可配接编程器、计算机、打印机、EPROM 写入器、触摸屏等。编程器有简易编程器和智能图形编程器两种，用于编程、对系统做一些设定及监控 PLC 和 PLC 所控制系统的工作状况等。编程器是 PLC 开发应用、监测运行、检查维护不可缺少的器件，但它不直接参与现场控制运行。

6）I/O 扩展接口

I/O 扩展接口是用来扩展输入、输出点数的。当用户输入、输出点数超过主机的范围时，可通过 I/O 扩展接口与 I/O 扩展单元相接，以扩充 I/O 点数。A/D 和 D/A 单元及连接单元一般也通过该接口与主机连接。

2. PLC 的软件组成

PLC 的软件由系统程序和用户程序组成。

系统程序是由 PLC 的制造者采用汇编语言编写的，固化于 ROM 型系统程序存储器中，用于控制 PLC 本身的运行，用户不能更改。系统程序一般包括系统诊断程序、输入处理程序、编译程序、信息传送程序、监控程序等。

系统程序分为系统管理程序、用户指令解释程序、标准程序模块和系统调用程序。

PLC 的用户程序是用户利用 PLC 的编程语言，根据控制要求编制的程序。在 PLC 的应用中，最重要的是用 PLC 的编程语言来编写用户程序，以实现控制目的。由于 PLC 是专门为工业控制而开发的装置，其主要使用者是广大电气技术人员，为了满足他们的传统习惯和掌握能力，PLC 的主要编程语言采用比计算机语言相对简单、易懂、形象的专用语言。

用户程序又称为应用程序，是用户为完成某一控制任务而利用 PLC 的编程语言编制的程序。用户程序是线性地存储在系统程序制定的存储区内。

用户环境是由系统程序生成的，它包括用户数据结构、用户元件区、用户程序存储区、用户参数、文件存储区等。

用户程序结构大致可以分为线性程序、分块程序、结构化程序。

3. PLC 的编程语言

PLC 编程语言是多种多样的，对于不同生产厂家、不同系列的 PLC 产品采用的编程语言的表达方式也不相同，但基本上可归纳两种类型：一是采用字符表达方式的编程语言，如语句表等；二是采用图形符号表达方式编程语言，如梯形图、功能块图等。

以下简要介绍几种常见的 PLC 编程语言。

1）梯形图

梯形图是在传统电器控制系统中常用的接触器、继电器等图形表达符号的基础上演变而来的。它与继电器控制线路图相似，继承了传统继电器控制逻辑中使用的框架结构、逻辑运算方式和输入/输出形式，具有形象、直观、实用的特点。

梯形图是使用最多的 PLC 编程语言。因与继电器电路很相似，具有直观易懂的特点，很容易被熟悉继电器控制的电气人员掌握，特别适合于数字量逻辑控制，但不适合于编写大型控制程序。

梯形图由触点、线圈和用方框表示的指令（指令框）构成。触点代表逻辑输入条件，线圈代表逻辑运算结果，常用来控制指示灯、开关和内部的标志位等。指令框用来表示定时器、计数器或数学运算等附加指令。

在程序中，最左边是主信号流，信号流总是从左向右流动的。

梯形图编程语言的特点是：与电气操作原理图相对应，具有直观性和对应性；与原有继电器控制相一致，电气设计人员易于掌握。

梯形图编程语言与原有的继电器控制的不同点是，梯形图中的能流不是实际意义的电流，内部的继电器也不一定是实际存在的继电器，应用时，需要与原有继电器控制的概念区别对待。

图 3-6 是典型的交流异步电动机直接启动控制电路。图 3-7 是采用 PLC 控制的程序梯形图。

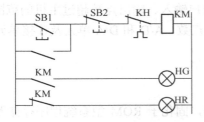

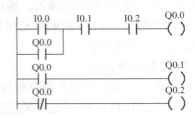

图 3-6　交流异步电动机直接启动控制电路　　　　图 3-7　PLC 控制的程序梯形图

图 3-6 和图 3-7 基本表示思想是一致的，具体表达方式有一定区别。PLC 的梯形图使用的是内部继电器、定时/计数器等，都是由软件来实现的，使用方便，修改灵活，是原继电器控制线路硬接线无法比拟的。

2）语句表

语句表编程语言是与汇编语言类似的一种助记符编程语言，和汇编语言一样由操作码和操作数组成。在无计算机的情况下，适合采用 PLC 手持编程器对用户程序进行编制。同时，语句表编程语言与梯形图编程语言一一对应，在 PLC 编程软件下可以相互转换。图 3-8 就是与图 3-7 对应的语句表。

语句表编程语言的特点是：采用助记符来表示操作功能，容易记忆，便于掌握；在手持编程器的键盘上采用助记符表示，便于操作，可在无计算机的场合进行编程设计；与梯形图有一一对应关系。其特点与梯形图语言基本一致。

语句表适合于经验丰富的程序员使用，可以实现某些梯形图不能实现的功能。

3）功能块图

功能块图编程语言是与数字逻辑电路类似的一种 PLC 编程语言。功能块图用类似于与门、或门的框图来表示逻辑运算关系，方框的左侧为逻辑运算的输入变量，右侧为输出变量，输入、输出端的小圆圈表示"非"运算，方框用"导线"连在一起，信号自左向右。

采用功能块图的形式来表示模块所具有的功能，不同的功能模块有不同的功能。图 3-9 是与图 3-7 对应的功能块图。

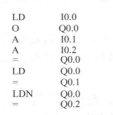

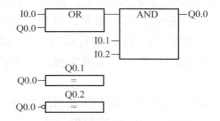

图 3-8　与图 3-7 对应的语句表　　　　图 3-9　与图 3-5 对应的功能块图

功能块图编程语言的特点：以功能模块为单位，分析理解控制方案简单容易；功能模块是用图形的形式表达功能，直观性强，对于具有数字逻辑电路设计基础的人员很容易掌握其编程；对规模大、控制逻辑关系复杂的控制系统，由于功能块图能够清楚表达功能关系，使编程调试时间大大减少。

4）结构化文本语言（ST）

结构化文本语言是用结构化的描述文本来描述程序的一种编程语言。它是类似于高级语言的一种编程语言。在大、中型的 PLC 系统中，常采用结构化文本来描述控制系统中各个变量的关系，主要用于其他编程语言较难实现的用户程序编制。

结构化文本编程语言采用计算机的描述方式来描述系统中各种变量之间的各种运算关系，完成所需的功能或操作。大多数 PLC 制造商采用的结构化文本编程语言与 BASIC 语言、PASCAL 语言或 C 语言等高级语言相类似，但为了应用方便，在语句的表达方法及语句的种类等方面都进行了简化。

结构化文本编程语言的特点：采用高级语言进行编程，可以完成较复杂的控制运算；需要有一定的计算机高级语言的知识和编程技巧，对工程设计人员的技术要求较高，直观性和操作性较差。

不同型号的 PLC 编程软件对以上几种编程语言的支持种类是不同的，早期的 PLC 仅仅支持梯形图编程语言和指令表编程语言。目前的 PLC 编程软件对梯形图（LD）、指令表（STL）、功能块图（FBD）编程语言都能支持，如 SIMATIC STEP7-MicroWIN V4.0。

在 PLC 控制系统设计中，要求设计人员除对 PLC 的硬件性能了解外，也要了解 PLC 对编程语言支持的种类。

三、PLC 的工作原理

1．扫描工作方式

PLC 采用扫描工作方式，每一个扫描周期包括以下 5（或 4）个阶段。

1）输入采样

在可编程序控制器的存储器中，设置了一片区域用来存放输入信号和输出信号的状态，称为输入映像寄存器和输出映像寄存器。

在输入采样阶段，PLC 以扫描方式依次读入所有输入状态和数据，并将它们存入 I/O 映像区中的相应单元内。外接输入电路闭合时，输入映像寄存器为 1 状态，梯形图中对应的"-||-"接通，"-|/|-"断开。外接输入电路断开时，输入映像寄存器为 0 状态，梯形图中对应的"-||-"断开，"-|/|-"闭合。输入采样结束后，转入用户程序执行和输出刷新阶段。在这两个阶段中，即使输入状态和数据发生变化，I/O 映像区中的相应单元的状态和数据也不会改变。因此，如果输入是脉冲信号，则该脉冲信号的宽度必须大于一个扫描周期，才能保证在任何情况下，该输入均能被读入。

2）程序执行

根据 PLC 梯形图程序扫描原则，PLC 按先左后右、先上后下的步序逐句扫描。在扫描每一条梯形图语句时，又总是先扫描梯形图左边的由各触点构成的控制线路，并按先左后右、先上后下的顺序对由触点构成的控制线路进行逻辑运算，然后根据逻辑运算的结果，刷新该逻辑线圈在系统 RAM 存储区中对应位的状态；或者刷新该输出线圈在 I/O 映像区中对应位的状态，或者确定是否要执行该梯形图所规定的特殊功能指令。但当遇到程序跳转指令时，则根据跳转条件是否满足来决定程序的跳转地址。当指令中涉及输入、输出状态时，PLC 就从输入映像寄存器"读入"上一阶段采入的对应输入端子状态，从元件映像寄存器"读入"对应元件（"软继电器"）的当前状态，然后进行相应的运算，并将运算结果写入相应的映像寄存器中。

在程序执行的这一个扫描周期内，即使外部输入信号的状态发生变化，输入映像寄存器的内容也不会发生变化，输入信号变化了的状态只能在下一个扫描周期被读入；其他输出点和软设备在 I/O 映像区或系统 RAM 存储区内的状态和数据都有可能发生变化，而且排在上面的梯形图，其程序执行结果会对排在下面的凡是用到这些线圈或数据的梯形图起作用；相反，排在下面的梯形图，其被刷新的逻辑线圈的状态或数据只能到下一个扫描周期才能对排在其上面的程序起作用。

3）通信处理

在智能模块通信处理阶段，CPU 检查智能模块是否需要服务。如果需要，就读取信息并放在缓冲区中，供下一个扫描周期使用。在通信处理阶段，CPU 处理通信口收到的信息，在适当的时候将信息传递给通信的请求方。

4）CPU 自诊断测试

自诊断测试包括定期检查 EEPROM、用户程序存储器、I/O 模块状态、I/O 扩展总线的一致性，还将监控定时器复位等工作。

以上两个过程由 PLC 自己完成，无须程序的干预。

5）输出刷新

PLC 进入输出刷新阶段期间，CPU 按照 I/O 映像区内对应的状态和数据刷新所有的输出锁存电路，再经输出电路驱动相应的外设。梯形图中某一个线圈"通电"时，对应的输出映像寄存器的位为"1"，如果是继电器输出模块，对应的硬件继电器线圈励磁，其常开触点闭合，使外部的负载通电工作。梯形图中某一个线圈"断电"时，对应的输出映像寄存器的位为"0"，如果是继电器输出模块，对应的硬件继电器线圈失磁，其常开触点断开，使外部的负载断电，停止工作。这时，才是 PLC 的真正输出。这种输出工作方式称为集中输出方式。集中输出方式在执行用户程序时不是得到一个输出结果就向外输出一个，而是把执行用户程序所得的所有输出结果先全部存放在输出映像寄存器中，执行完用户程序后所有输出结果一次性向输出端口或输出模块输出，使输出设备部件动作。输出结果保持到下一个扫描周期的输出刷新阶段，由 PLC 刷新输出。

PLC 扫描方式的好处是：程序执行阶段，输入值是固定的，程序执行完后再用输出映像寄存器的值更新输出点，使系统的运行稳定；用户程序读写 I/O 映像寄存器比读写 I/O 点快，提高程序执行速度；I/O 点必须按位存取，而映像寄存器可按位、字节、字、双字来存取。

PLC 扫描周期的长短，主要取决于程序长短，一般 PLC 工作周期为 20～40ms，这对一般工作设备没有什么影响。例如，用接触器控制一台电动机，从电流流入接触器线圈，使触点完成动作需要 30～40ms，因此 PLC 的周期工作方式在实际应用中其速度在多数情况下是不成问题的。

从 PLC 的周期工作方式可见，PLC 与继电接触器控制的工作方式不同。对于继电接触器电路，全部电器动作可以看成是平行执行的，或者说是同时执行的；而 PLC 是以周期方式工作的，即串行方式工作。PLC 的电器动作按串行方式工作，可避免继电接触器控制方式的触点"竞争"和"时序失配"问题。

简单的三相电动机单向运行继电器控制电路如图 3-10 所示。与图 3-10 对应的等效原理图如图 3-11 所示。与图 3-10 对应的 PLC 控制电路如图 3-12 所示。

2．PLC 的 I/O 滞后现象

从 PLC 工作过程的分析中可知，由于 PLC 采用循环扫描的工作方式，而且对输入和输出信号只在每个扫描周期的 I/O 刷新阶段集中输入并集中输出，所以必然会产生输出信号相对输入信号的滞后现象。

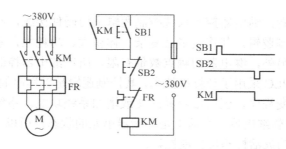

图 3-10　简单的三相电动机单向运行继电器控制电路

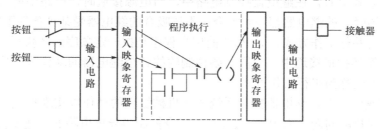

图 3-11　与图 3-10 对应的等效原理图

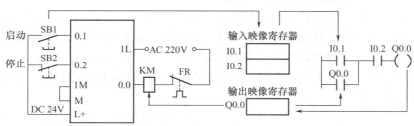

图 3-12　与图 3-10 对应的 PLC 控制电路

滞后时间（响应时间）是从 PLC 的输入端有一个输入信号发生变化到 PLC 的输出端对该输入信号的变化做出反应需要一段时间。滞后时间是设计 PLC 控制系统时应了解的一个重要参数。

滞后时间的长短与以下因素有关。

（1）输入滤波器对信号的延迟作用。由于 PLC 的输入电路中设置了滤波器，并且滤波器的时间常数越大，对输入信号的延迟作用越强。输入信号从输入端到输入滤波器输出所经历的时间为输入延时。有些 PLC 的输入电路滤波器的时间常数可以调整。

（2）输出继电器的动作延迟。对继电器输出型的 PLC，把输出信号从锁存器到输出触点所经历的时间称为输出延时，一般需十几毫秒。所以在要求输入/输出有较快响应的场合，最好不要使用继电器输出型的 PLC。

（3）PLC 的循环扫描工作方式。扫描周期越长，滞后现象越严重。一般扫描周期只有十几毫秒，最多几十毫秒，因此在慢速控制系统中可以认为输入信号一旦变化就立即能进入输入映像寄存器中。

如果某些设备需要输出对输入做出快速响应时，可采取快速响应模块、高速计数模块及中断处理等措施来尽量减少滞后。

3．PLC 控制系统与传统的继电器控制系统的比较

PLC 控制系统与传统的继电器控制系统相比，有许多相似之处之处，也有许多不同之处。不同之处主要有以下几个方面。

（1）从控制方法上看，继电器控制系统控制逻辑采用硬件接线，利用继电器机械触点的串联或并联等组合成控制逻辑，其连线多且复杂、体积大、功耗大，系统构成后，想再改变或增加功能较为困难。另外，继电器的触点数量有限，所以继电器控制系统的灵活性和可扩展性受到很大限制。而 PLC 采用了计算机技术，其控制逻辑是以程序的方式存放在存储器中，要改变控制逻辑只需改变程序，因而很容易改变或增加系统功能。系统连线少、体积小、功耗小，而且 PLC 所谓"软继电器"实质上是存储器单元的状态，所以"软继电器"的触点数量是无限的。PLC 系统的灵活性和可扩展性好。

（2）从工作方式上看，在继电器控制电路中，当电源接通时，电路中所有继电器都处于受制约状态，即该吸合的继电器都同时吸合，不该吸合的继电器受某种条件限制而不能吸合，这种工作方式称为并行工作方式。而 PLC 的用户程序是按一定顺序循环执行，所以各软继电器都处于周期性循环扫描接通中，受同一条件制约的各个继电器的动作次序决定于程序扫描顺序，这种工作方式称为串行工作方式。

（3）从控制速度上看，继电器控制系统依靠机械触点的动作以实现控制，工作频率低，机械触点还会出现抖动问题。而 PLC 通过程序指令控制半导体电路的，速度快，程序指令执行时间在微秒级，且不会出现触点抖动问题。

（4）从定时和计数控制上看，继电器控制系统采用时间继电器的延时动作进行时间控制，时间继电器的延时时间易受环境温度和温度变化的影响，定时精度不高，而 PLC 采用半导体集成电路作为定时器，时钟脉冲由晶体振荡器产生，精度高，定时范围宽，用户可根据需要在程序中设定定时值，修改方便，不受环境的影响，且 PLC 具有计数功能，而断电器控制系统一般不具备计数功能。

（5）从可靠性和可维护性上看，由于继电器控制系统使用了大量的机械触点，所以存在机械磨损、电弧烧伤、寿命短、系统的连线多等缺点，可靠性和可维护性都较差。而 PLC 控制系统大量的开关动作由无触点的半导体电路来完成，其寿命长、可靠性高。PLC 还具有自诊断功能，能查出自身的故障，随时显示给操作人员，并能动态地监视控制程序的执行情况，为现场调试和维护提供了方便。

▣【项目实施】

教师通过课件讲解 PLC 的基础知识，重点是 PLC 的硬件结构、编程语言特点、扫描工作原理，使学生理解从传统的电气控制到 PLC 控制的转换过程。

▣【评定激励】

针对 PLC 的分类、特点、应用、硬件的结构组成、PLC 的软件构成及各种编程语言的特点、PLC 的工作原理、传统的电气控制与 PLC 控制的区别等内容，教师在上课过程中让学生进行分组抢答，记下各组成绩，激发学生的学习动力、兴趣。

思考与练习

（1）简述 PLC 的定义。
（2）PLC 有哪些主要特点？
（3）PLC 分为哪几类？
（4）PLC 可以用在哪些领域？

（5）PLC 内部结构由哪几部分构成？

（6）开关量输入接口有哪几种类型？各有哪些特点？

（7）开关量输出接口有哪几种类型？各有哪些特点？

（8）PLC 的编程语言有哪些？各有什么特点？

（9）详细说明 PLC 的工作原理。在扫描工作过程中，输入映像寄存器和输出映像寄存器各起什么作用？

（10）有哪些因素影响 PLC 的输入/输出滞后时间？

（11）与继电器控制系统相比，PLC 控制系统有哪些优点？

S7-200 PLC 的认识

■【项目目标】

通过本项目的学习,使学生对 SIEMENS PLC 的软、硬件构成有一个初步的认识,掌握 S7-200 PLC 的供电方式、I/O 地址分配及 I/O 接线方法,理解 S7-200 PLC 的内存结构,掌握其寻址方法。

■【学习目标】

(1)了解 SIEMENS PLC 的分类及其工业软件组成。
(2)熟悉 S7-200 PLC 的硬件配置与主要技术参数。
(3)理解 S7-200 PLC 存储空间的构成、作用。
(4)掌握 S7-200 PLC 的 I/O 地址分配与 I/O 接线方法。
(5)理解 S7-200 PLC 的数据类型及寻址方式。

■【相关知识】

一、概述

西门子(SIEMENS)公司生产的可编程序控制器在我国的应用相当广泛,在冶金、化工、印刷生产线等领域都有应用。西门子(SIEMENS)公司的 PLC 产品包括 LOGO1、S7-200、S7-300、S7-400、工业网络、HMI 人机界面、工业软件等。

西门子 S7 系列 PLC 体积小、速度快、标准化,并具有网络通信能力,其功能更强、可靠性更高。S7 系列 PLC 产品可分为微型 PLC(如 S7-200 PLC)、小规模性能要求的 PLC(如 S7-300 PLC)和中、高性能要求的 PLC(如 S7-400 PLC)等。

1. SIMATIC S7-200 PLC

S7-200 PLC 是超小型化的 PLC,它适用于各行各业、各种场合中的自动检测、监测及控制等。S7-200 PLC 的强大功能使其无论单机运行或连成网络都能实现复杂的控制功能。

S7-200 PLC 有 4 个不同的基本型号与 8 种 CPU 供选择使用。

2. SIMATIC S7-300 PLC

S7-300 PLC 是模块化小型 PLC 系统,能满足中等性能要求的应用。各种单独的模块之间可进行广泛组合构成不同要求的系统。与 S7-200 PLC 比较,S7-300 PLC 采用模块化结构,具备高速(0.6~0.1μs)的指令运算速度;用浮点数运算比较有效地实现了更为复杂的算术运算;一个带标准用户接口的软件工具方便用户给所有模块进行参数赋值;方便的人机界面服务已经集成在 S7-300 PLC 操作系统内，人机对话的编程要求大大减少。SIMATIC 人机界面（HMI）从 S7-300 PLC 中取得数据，S7-300 PLC 按用户指定的刷新速度传送这些数据；S7-300 PLC 操作系统自动地处理数据的传送；CPU 智能化的诊断系统会连续监控系统的功能是否正常、记录错误和特殊系统事件；多级口令保护可以使用户有效地保护其技术机密，防止未经允许的复制和修改；S7-300 PLC 设有操作方式选择开关，操作方式选择开关像钥匙一样可以拔出，当钥匙拔出时，就不能改变操作方式，这样就可防止非法删除或改写用户程序；S7-300 PLC 具备强大的通信功能，可通过编程软件 STEP 7 的用户界面提供通信组态功能，这使得组态非常容易、简单；S7-300 PLC 具有多种不同的通信接口，并通过多种通信处理器来连接 AS-I 总线接口和工业以太网总线系统，串行通信处理器用来连接点到点的通信系统；多点接口（MPI）集成在 CPU 中，用于同时连接编程器、PC、人机界面系统及其他 SIMATIC S7/M7/C7 等自动化控制系统。

3. SIMATIC S7-400 PLC

S7-400 PLC 是用于中、高档性能范围的可编程序控制器。

S7-400 PLC 采用模块化无风扇的设计，可靠耐用，同时可以选用多种级别（功能逐步升级）的 CPU，并配有多种通用功能的模板，这使用户能根据需要组合成不同的专用系统。当控制系统规模扩大或升级时，只要适当地增加一些模板，便能使系统升级和充分满足需要。

4. 工业通信网络

通信网络是自动化系统的支柱，西门子的全集成自动化网络平台提供了从控制级一直到现场级的一致性通信，"SIMATIC NET"是全部网络系列产品的总称，它们能在工厂的不同部门，在不同的自动化站以及通过不同的级交换数据，有标准的接口并且相互之间完全兼容。

5. 人机界面（HMI）硬件

HMI 硬件配合 PLC 使用，为用户提供数据、图形和事件显示，主要有文本操作面板 TD200（可显示中文）、OP3、OP7、OP17 等；图形/文本操作面板 OP27、OP37 等；触摸屏操作面板 TP7、TP27/37、TP170A/B 等；SIMATIC 面板型 PC670 等。个人计算机（PC）也可以作为 HMI 硬件使用。HMI 硬件需要经过软件（如 Protool）组态才能配合 PLC 使用。

6. SIMATIC S7 工业软件

西门子的工业软件分为三个不同的种类。

1）编程和工程工具

编程和工程工具包括所有基于 PLC 或 PC 用于编程、组态、模拟和维护等控制所需的工具。STEP 7 标准软件包 SIMATIC S7 是用于 S7-300/400,C7 PLC 和 SIMATIC WinAC 基于 PC 控制产品的组态编程和维护的项目管理工具，STEP7-Micro/WIN32 是在 Windows 平台上运行的 S7-200 PLC 的编程、在线仿真软件。

2）基于 PC 的控制软件

基于 PC 的控制系统 WinAC 允许使用个人计算机作为可编程序控制器（PLC）运行用户的程序,运行在安装了 Windows NT 4.0 操作系统的 SIMATIC 工控机或其他任何商用机。WinAC 提供两种 PLC，一种是软件 PLC，在用户计算机上作为视窗任务运行。另一种是插槽 PLC（在用户计算机上安装一个 PC 卡），它具有硬件 PLC 的全部功能。WinAC 与 SIMATIC S7 系列处理器完全兼容，其编程采用统一的 SIMATIC 编程工具（如 STEP 7），编制的程序既可运行在 WinAC 上，也可运行在 S7 系列处理器上。

3）人机界面软件

人机界面软件为用户自动化项目提供人机界面（HMI）或 SCADA 系统，支持大范围的平台。人机界面软件有两种，一种是应用于机器级的 Protool，另一种是应用于监控级的 WinCC。

（1）Protool 适用于大部分 HMI 硬件的组态，从操作员面板到标准 PC 都可以用集成在 STEP 7 中的 Protool 有效地完成组态。Protool/lite 用于文本显示的组态，如 OP3、OP7、OP17、TD17 等。Protool/Pro 用于组态标准 PC 和所有西门子 HMI 产品，Protool/Pro 不只是组态软件，其运行版也用于 Windows 平台的监控系统。

（2）WinCC 是一个真正开放的，面向监控与数据采集的 SCADA（Supervisory Control and Data Acquisition）软件，可在任何标准 PC 上运行。WinCC 操作简单，系统可靠性高，与 STEP 7 功能集成，可直接进入 PLC 的硬件故障系统，节省项目开发时间。它的设计适合于广泛的应用，可以连接到已存在的自动化环境中，有大量的通信接口和全面的过程信息和数据处理能力，其最新的 WinCC 5.0 支持在办公室通过 IE 浏览器动态监控生产过程。

二、S7-200 PLC 的硬件配置

本书以 S7-200 PLC 为目标机型，介绍西门子 PLC 的特点，为今后更好地学习和掌握 S7-300/400 打下基础。S7-200 PLC 作为西门子 SIMATIC PLC 家族中的最小成员，以其超小体积，灵活的配置，强大的内置功能，在各个领域得到广泛的应用。

1. S7-200 PLC 的基本硬件组成

S7-200 PLC 可提供四种不同的基本单元和六种型号的扩展单元。其系统构成包括基本单元、扩展单元、编程器、存储卡、写入器、文本显示器等。

1）基本单元

S7-200 PLC 中可提供四种不同的基本型号的八种 CPU 供选择使用，其输入/输出点数分配如表 4-1 所示。

表 4-1 S7-200 PLC 的输入/输出点数分配

型　号	输　入　点	输　出　点	可带扩展模块数
S7-200 CPU221	6	4	—
S7-200 CPU222	8	6	2 个扩展模块 78 路数字量 I/O 点或 10 路模拟量 I/O 点
S7-200 CPU224	14	10	7 个扩展模块 168 路数字量 I/O 点或 35 路模拟量 I/O 点
S7-200 CPU226	24	16	2 个扩展模块 248 路数字量 I/O 点或 35 路模拟量 I/O 点
S7-200 CPU226XM	24	16	2 个扩展模块 248 路数字量 I/O 点或 35 路模拟量 I/O 点

基本单元（S7-200 CPU 模块）也称为主机，它包括一个中央处理单元（CPU）、电源、数字量输入/输出单元。基本单元可以构成一个独立的控制系统。这几种 CPU 模块的外部结构大体相同，其外部结构如图 4-1 所示，主要由以下部分组成。

（1）CPU 模块的顶部端子盖内：电源及输出端子。

（2）底部端子盖内：输入端子及传感器电源。

（3）中部右侧前盖内：CPU 工作方式开关 RUN/STOP、模拟调节电位器和扩展 I/O 接口。

（4）左侧：状态指示灯 LED、存储卡、及通信口。存储卡（EEPOM 卡）可以存储 CPU

程序。

（5）状态指示灯：显示 CPU 的工作方式、本机 I/O 的状态、系统错误状态。

（6）RS485 的串行通信端口：PLC 主机用于实现人—机对话、机—机对话的通道。实现 PLC 与上位计算机的连接，实现 PLC 与 PLC、编程器、彩色图形显示器、打印机等外部设备的连接。

（7）扩展接口：PLC 主机与输入/输出扩展模块的接口，作为扩展系统之用。主机与扩展模块之间由导轨固定，并用扩展电缆连接。

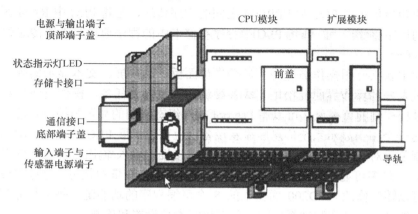

图 4-1 S7-200 CPU 模块外部结构

2）扩展单元

S7-200 PLC 主要有六种扩展单元，它本身没有 CPU，只能与基本单元相连接使用，用于扩展 I/O 点数，S7-200 PLC 扩展单元型号及输入/输出点数如表 4-2 所示。

表 4-2 S7-200 PLC 扩展单元型号及输入/输出点数

类　型	型　号	输　入　点	输　出　点
数字量扩展模块	EM221	8	无
	EM222	无	8
	EM223	4/8/16	4/8/16
模拟量扩展模块	EM231	3	无
	EM232	无	2
	EM235	3	1

3）编程器

PLC 在正式运行时，不需要编程器。编程器主要用来进行用户程序的编制、存储和管理等，并将用户程序送入 PLC 中，在调试过程中，进行监控和故障检测。S7-200 PLC 可采用多种编程器，一般可分为简易型和智能型。

简易型编程器是袖珍型的，简单实用，价格低廉，是一种很好的现场编程及监测工具，但显示功能较差，只能用指令表方式输入，使用不够方便。智能型编程器采用计算机进行编程操作，将专用的编程软件装入计算机内，可直接采用梯形图语言编程，实现在线监测，非常直观，且功能强大，S7-200 PLC 的专用编程软件为 STEP7-Micro/WIN32。

PLC 用来与个人计算机（PC）通过通信电缆的连接进行通信。通信电缆可以用 PC/PPI 电缆（RS232、RS485），也可用一个通信处理器（CP）和多点接口（MP1）电缆，或者用一块

MPI 卡及随 MP1 卡提供的一根通信电缆。

4）程序存储卡

为了保证程序及重要参数的安全，一般小型 PLC 设有外接 EEPROM 卡盒接口，通过该接口可以将卡盒的内容写入 PLC，也可将 PLC 内的程序及重要参数传到外接 EEPROM 卡盒内作为备份。程序存储卡 EEPROM 有 6ES 7291-8GC00-0XA0 和 6ES 7291-8GD00-0XA0 两种，程序容量分别为 8K 和 16K 程序步。

5）写入器

写入器的功能是实现 PLC 和 EPROM 之间的程序传送，是将 PLC 中 RAM 区的程序通过写入器固化到程序存储卡中，或将 PLC 中程序存储卡中的程序通过写入器传送到 RAM 区。

6）人机界面

人机界面主要指专用操作员界面，如操作员面板、触摸屏、文本显示器等，这些设备可以使用户通过友好的操作界面轻松地完成各种调整和控制的任务。操作员面板和触摸屏用于过程状态和过程控制的可视化，可以用 Protool 软件组态它们的显示与控制功能。文本显示器 TD200 不仅是一个用于显示系统信息的显示设备，也可以扩展 PLC 的输入、输出端子数，还可以作为控制单元对某个量的数值进行修改，或直接设置输入/输出量。文本信息的显示用选择/确认的方法，最多可显示 80 条信息，每条信息最多 4 个变量的状态。过程参数可在显示器上显示，并可以随时修改。TD200 面板上的 8 个可编程序的功能键，每个都分配了一个存储器位，这些功能键在启动和测试系统时，可以进行参数设置和诊断。

2. S7-200 PLC 的主要技术性能

下面以 S7-200 CPU224 为例说明 S7 系列 PLC 的主要技术性能。

1）一般性能

S7-200 CPU224 的一般性能如表 4-3 所示。

表 4-3 S7-200 CPU224 一般性能

电源电压	DC 24V，AC 100~230V
电源电压波动	DC 20.4~28.8V，AC 84~264V（47~63Hz）
环境温度、湿度	水平安装 0~55℃，垂直安装 0~45℃，5%~95%
大气压	860~1080kPa
保护等级	IP20 到 IEC529
输出给传感器的电压	DC 24V（20.4~28.8V）
输出给传感器的电流	280mA，电子式短路保护（600mA）
为扩展模块提供的输出电流	660mA
程序存储器	8K 字节/典型值为 2.6K 条指令
数据存储器	2.5K 字
存储器子模块	1 个可插入的存储器子模块
数据后备	整个 BD1 在 EEPROM 中无须维护 在 RAM 中当前的 DB1 标志位、定时器、计数器等通过高能电容或电池维持，后备时间 190h（40℃时 120h），插入电池后备 200 天
编程语言	LAD，FBD，STL
程序结构	一个主程序块（可以包括子程序）
程序执行	自由循环。中断控制，定时控制（1~255ms）

续表

子程序级	8级	
用户程序保护	3级口令保护	
指令集	逻辑运算、应用功能	
位操作执行时间	0.37μs	
扫描时间监控	300ms（可重启动）	
内部标志位	256，可保持：EEPROM中0～112	
计数器	0～256，可保持：256，6个高速计数器	
定时器	可保持：256 4个定时器，1ms～30s 16个定时器，10ms～5min 236个定时器，100ms～54min	
接口	一个RS485通信接口	
可连接的编程器/PC	PG740PII，PG760PII，PC（AT）	
本机I/O	数字量输入：14，其中4个可用作硬件中断，14个用于高速功能 数字量输出：10，其中2个可用作本机功能 模拟电位器：2个	
可连接的I/O	数字量输入/输出：最多94/74 模拟量输入/输出：最多28/7（或14） AS接口输入/输出：496	
最多可接扩展模块	7个	

2）输入特性

S7-200 CPU224的输入特性如表4-4所示。

表4-4　S7-200 CPU224的输入特性

类　　型	源型或汇型
输入电压	DC 24V，"1信号"：14～35A，"0信号"：0～5A
隔离	光耦隔离，6点和8点
输入电流	"1信号"：最大4mA
输入延迟（额定输入电压）	所有标准输入：全部0.2～12.8ms（可调节） 中断输入：（I0.0～0.3）0.2～12.8ms（可调节） 高速计数器：（I0.0～0.5）最大30kHz

3）输出特性

S7-200 CPU224的输出特性如表4-5所示。

表4-5　S7-200 CPU224的输出特性

类　　型	晶体管输出型	继电器输出型
额定负载电压	DC 24V（20.4～28.8V）	DC 24V（4～30V） AC 24～230V（20～250V）
输出电压	"1信号"：最小DC 20V	L+/L-
隔离	光耦隔离，5点	继电器隔离，3点和4点

续表

类 型	晶体管输出型	继电器输出型
最大输出电流	"1 信号"：0.75A	"1 信号"：2A
最小输出电流	"0 信号"：10μA	"0 信号"：0mA
输出开关容量	阻性负载：0.75A 灯负载：5W	阻性负载：2A 灯负载：DC 30W，AC 200W

4）扩展单元的主要技术特性

S7-200 PLC 是模块式结构，可以通过配接各种扩展模块来达到扩展功能、扩大控制能力的目的。目前，S7-200 PLC 主要有三大类扩展模块。

（1）输入/输出扩展模块。

S7-200 CPU 已经集成了一定数量的数字量 I/O 点，但如用户需要多于 CPU 单元 I/O 点时，必须对系统做必要的扩展。CPU221 无 I/O 扩展能力，CPU 222 最多可连接 2 个扩展模块（数字量或模拟量），而 CPU224 和 CPU226 最多可连接 7 个扩展模块。

S7-200 PLC 系列目前总共提供五大类扩展模块：数字量输入扩展板 EM221（8 路扩展输入）；数字量输出扩展板 EM222（8 路扩展输出）；数字量输入和输出混合扩展板 EM223（8I/O，16I/O，32I/O）；模拟量输入扩展板 EM231，每个 EM231 可扩展 3 路模拟量输入通道，A/D 转换时间为 25μs，12 位；模拟量输入和输出混合扩展模板 EM235，每个 EM235 可同时扩展 3 路模拟输入和 1 路模拟量输出通道，其中 A/D 转换时间为 25μs，D/A 转换时间]100μs，位数均为 12 位。

基本单元通过其右侧的扩展接口用总线连接器（插件）与扩展单元左侧的扩展接口相连接。扩展单元正常工作需要 DC +5V 工作电源，此电源由基本单元通过总线连接器提供，扩展单元的 DC 24V 输入点和输出点电源，可由基本单元的 DC 24V 电源供电，但要注意基本单元所提供的最大电流能力。

（2）热电偶/热电阻扩展模块。

热电偶、热电阻模块（EM231）是为 CPU222，CPU224，CPU226 设计的，S7-200 PLC 与多种热电偶、热电阻的连接备有隔离接口。用户通过模块上的 DIP 开关来选择热电偶或热电阻的类型，接线方式，测量单位和开路故障的方向。

（3）通信扩展模块。

除了 CPU 集成通信口外，S7-200 PLC 还可以通过通信扩展模块连接成更大的网络。S7-200 PLC 目前有两种通信扩展模块：Profibus-DP 扩展从站模块（EM277）和 AS-i 接口扩展模块（CP243-2）。

S7-200 PLC 输入/输出扩展模块的主要技术性能如表 4-6 所示。

表 4-6　S7-200 PLC 输入/输出扩展模块的主要技术性能

类 型	数字量扩展模块			模拟量扩展模块		
型号	EM221	EM222	EM223	EM231	EM232	EM235
输入点	8	无	4/8/16	3	无	3
输出点	无	8	4/8/16	无	2	1
隔离组点数	8	2	4	无	无	无
输入电压	DC 24V		DC 24V			

续表

类型	数字量扩展模块		模拟量扩展模块		
输出电压	DC 24V 或 AC 24～230V	DC 24V 或 AC 24～230V			
A/D 转换时间			<250μs		<250μs
分辨率			12bit A/D 转换	电压：12bit 电流：11bit	12bit A/D 转换

3. S7-200 PLC 的工作方式

S7-200 PLC 的工作方式有三种：RUN、STOP、TERM（终端）方式，可用 CPU 模块上的方式开关改变工作方式，方式开关在 STOP 或 TERM 位置时上电，自动进入 STOP 方式；在 RUN 位置上电自动进入 RUN 方式，在该方式下一个扫描周期包括五个阶段，如图 4-2 所示。

RUN 方式执行用户程序，"RUN" LED 亮，通过执行用户程序实现控制功能。STOP 方式不

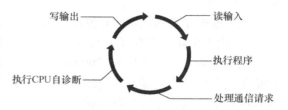

图 4-2　RUN 方式的一个扫描周期

执行用户程序，可将用户程序和硬件设置信息下载到 PLC。TERM（终端）方式与通信有关。

PC 与 PLC 之间建立起通信连接后，若方式开关在 RUN 或 TERM 位置，可用编程软件改变 CPU 的工作方式。也可在程序中插入 STOP 指令，使 CPU 由 RUN 方式进入 STOP 方式。在实验时向 PLC 中写自己的程序时应把 PLC 方式设置为 STOP 方式。

三、S7-200 PLC 的编程元件

PLC 中的每一个输入/输出、内部存储单元、定时器和计数器等都称为软元件。各软元件有其不同的功能，有固定的地址。软元件的数量决定了 PLC 的规模和数据处理能力，每一种 PLC 的软元件是有限的。编程时，用户只需记住软元件的地址即可。每一个软元件都有一个地址与之相对应，软元件的地址编排采用区域号加区域内编号的方式。

1. S7-200 PLC 的存储器空间

S7-200 PLC 的存储器空间大致分为三个空间，即程序空间、数据空间和参数空间。

1）程序空间

程序空间主要用于存放用户应用程序，程序空间容量在不同的 CPU 中是不同的。另外 CPU 中的 RAM 区与内置 EEPROM 上都有程序存储器，但它们互为映像，且空间大小一样。

2）数据空间

数据空间的主要部分用于存放工作数据，称为数据存储器；另外有一部分作为寄存器使用，称为数据对象。

（1）数字量输入映像区和输出映像区。

输入映像寄存器是 PLC 接收外部输入的开关量信号的窗口，是 S7-200 CPU 为输入端信号状态开辟的一个存储区。它的每一位对应于一个数字量输入接点。在每个扫描周期开始，PLC 依次对各个输入接点采样，并把采样结果送入输入映像存储器。PLC 在执行用户程序过程中，不再理会输入接点的状态，它所处理的数据为输入映像存储器中的值。

输出映像存储器（Q）是 S7-200 CPU 为输出端信号状态开辟的一个存储区，每一位对应于一个数字输出量接点。PLC 在执行用户程序的过程中，并不把输出信号随时送到输出接点，而是送到输出映像存储器，只有到了每个扫描周期的末尾，才将输出映像寄存器的输出信号几乎同时送到各输出接点。

使用映像寄存器优点：同步地在扫描周期开始采样所有输入点，并在扫描的执行阶段冻结所有输入值；在程序执行完后再从映像寄存器刷新所有输出点，使被控系统能获得更好的稳定性；存取映像寄存器的速度高于存取 I/O 速度，使程序执行得更快；I/O 点只能以位为单位存取，但映像寄存器则能以位、字节、双字进行存取。因此，映像寄存器提供了更高的灵活性。另外，对控制系统中个别 I/O 点要求实时性较高的情况下，可用直接 I/O 指令直接存取输入/输出点。

（2）模拟量输入映像区和输出映像区。

① 模拟量输入映像区（AI 区）。

模拟量输入映像区是 S7-200 CPU 为模拟量输入端信号开辟的一个存储区。S7-200 PLC 的模拟量输入电路将外部输入的模拟量（如温度、电压）等转换成 1 个字长（16 位）的数字量，存入模拟量输入映像寄存器区域。

模拟量输入映像寄存器用标识符（AI）、数据长度（W）及字节的起始地址表示。AI 编址范围 AIW0，AIW2，…，AIW62，起始地址定义为偶数字节地址，共有 32 个模拟量输入点。模拟量输入值为只读数据。

② 模拟量输出映像区（AQ 区）。

模拟量输出映像区是 S7-200 CPU 为模拟量输出端信号开辟的一个存储区。S7-200 PLC 模拟量输出电路用来将模拟量输出映像寄存器区域的 1 个字长（16 位）数字值转换为模拟电流或电压输出。

模拟量输出映像寄存器用标识符（AQ）、数据长度（W）及字节的起始地址表示。AQ 编址范围 AQW0，AQW2，…，AQW62，起始地址采用偶数字节地址，共有 32 个模拟量输出点。

（3）变量存储器（V 区）。

PLC 执行程序过程中，会存在一些控制过程的中间结果，这些中间数据也需要用存储器来保存。变量存储器就是根据这个实际的要求设计的。变量存储器是 S7-200 CPU 为保存中间变量数据而建立的一个存储区，用 V 表示。

（4）位存储器区（M 区）。

PLC 执行程序过程中，可能会用到一些标志位，这些标志位也需要用存储器来寄存。位存储器就是根据这个要求设计的。位存储器是 S7-200 CPU 为保存标志位数据而建立的一个存储区，用 M 表示。该区虽然叫位存储器，但是其中的数据不仅可以是位，还可以是字节、字或双字。

（5）顺序控制继电器区（S 区）。

PLC 执行程序过程中，可能会用到顺序控制。顺序控制继电器就是根据顺序控制的特点和要求设计的。顺序控制继电器区是 S7-200 CPU 为存储顺序控制继电器的数据而建立的一个存储区，用 S 表示。在顺序控制过程中，用于组织步进过程的控制。

（6）局部存储器区（L 区）。

S7-200 PLC 有 64 个字节的局部存储器，编址范围 L0.0～L63.7，其中 60 个字节可以用作暂时存储器或者给子程序传递参数，最后 4 个字节为系统保留字节。

局部存储器和变量存储器很相似，主要区别是变量存储器是全局有效的，而局部存储器是局部有效的。全局是指同一个存储器可以被任何程序存取（如主程序、子程序或中断程序）。局部是指存储器区和特定的程序相关联。

（7）定时器存储器区（T区）。

S7-200 CPU 中的定时器是对内部时钟累计时间增量的设备，用于时间控制。编址范围T0～T255（22X）或T0～T127(21X)。

（8）计数器存储器区（C区）。

PLC 在工作中，有时不仅需要计时，还可能需要计数功能。计数器就是 PLC 具有计数功能的计数设备，主要用来累计输入脉冲个数。有 16 位预置值和当前值寄存器各一个，以及 1 位状态位，当前值寄存器用以累计脉冲个数，计数器当前值大于或等于预置值时，状态位置 1。S7-200 CPU 提供有三种类型的计数器：增计数、减计数、增/减计数。编址范围 C0～C255（22X）或 C0～C127（21X）。

（9）高速计数器区（HSC区）。

高速计数器用来累计比 CPU 扫描速率更快的事件。S7-200 PLC 各个高速计数器计数频率高达 30kHz。

CPU 22X 提供了 6 个高速计数器 HC0、HC1，…，HC5（每个计数器最高频率为 30kHz），用来累计比 CPU 扫描速率更快的事件。高速计数器的当前值为双字长的符号整数。

（10）累加器区（AC区）。

S7-200 CPU 提供了 4 个 32 位累加器（AC0、AC1、AC2、AC3）。

可以按字节、字或双字来存取累加器数据中的数据。但是，以字节形式读/写累加器中的数据时，只能读/写累加器 32 位数据中的最低 8 位数据。如果是以字的形式读/写累加器中的数据，只能读/写累加器 32 位数据中的低 16 位数据。只有采取双字的形式读/写累加器中的数据时，才能一次读写全部 32 位数据。

（11）特殊存储器区（SM区）。

特殊存储器用于 CPU 与用户之间交换信息，例如，SM0.0 一直为"1"状态，SM0.1 仅在执行用户程序的第一个扫描周期为"1"状态。SM0.4 和 SM0.5 分别提供周期为 1min 和 1s 的时钟脉冲。SM1.0、SM1.1 和 SM1.2 分别是零标志、溢出标志和负数标志。

3）参数空间

用于存放有关 PLC 组态参数的区域，如保护口令、PLC 站地址、停电记忆保持区、软件滤波、强制操作的设定信息等，存储器为 EEPROM。

2．S7-200 PLC 中的数据类型

1）数据在存储器中存取的方式

二进制数的 1 位（bit）只有 0 和 1 两种不同的取值，可用来表示开关量（或称数字量）的两种不同的状态，如触点的断开和接通、线圈的通电和断电等。如果该位为 1，则表示梯形图中对应的编程元件的线圈"得电"，其常开触点闭合、常闭触点断开，以后称该编程元件为 1 状态，或称该编程元件 ON。如果该位为 0，则表示梯形图中对应的编程元件的线圈"失电"，其常开触点断开、常闭触点闭合，以后称该编程元件为 0 状态，或称该编程元件 OFF。

（1）"位"存取方式：位存储单元的地址由字节地址和位地址组成，如 I3.2，其中的区域标识符"I"表示输入（Input），字节地址为 3，位地址为 2，如图 4-3 所示。

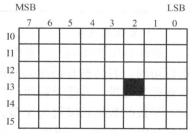

图 4-3 位存储单元的地址组成

（2）"字节"存取方式：输入字节 IB3（Byte）由 I3.0～I3.7 这 8 位组成，如图 4-4（a）所示。

（3）"字"存取方式：相邻的两个字节组成一个字，一个字中的两个字节的地址必须连续，且低位字节在一个字中应该是高 8 位，高位字节在一个字中应该是低 8 位。IW14 表示由 IB14 和 IB15 组成的 1 个字，IW14 中的 I 为区域标识符，W 表示字（Word），14 为起始字节的地址。IW14 中的 IB14 是高 8 位，IB15 是低 8 位，如图 4-4（b）所示。

（4）"双字"存取方式：相邻的四个字节表示一个双字，四个字节的地址必须连续。最低位字节在一个双字中应该是最高 8 位。ID12 表示由 IB12～IB15 组成的双字，I 为区域标识符，D 表示双字（Double Word），12 为起始字节的地址。ID12 中的 IB12 应该是最高 8 位，IB15 应该是最低 8 位，如图 4-4（C）所示。

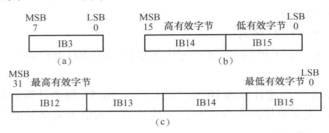

图 4-4　数据的存放

2）数据类型及范围

S7-200 PLC 数据类型可以是布尔型、整型和实型（浮点数）。实数采用 32 位单精度数来表示，其数值有较大的表示范围：正数为+1.175 495E-38～+3.402 823E+38，负数为-1.175 495E-38～-3.402 823E+38。基本数据类型的特点如表 4-7 所示。

表 4-7　基本数据类型的特点

基本数据类型	存储空间大小	说　明	数据表示范围
BOOL	1 位	布尔	0～1
BYTE	8 位	不带符号的字节	0～255
BYTE	8 位	带符号的字节（SIMATIC 模式仅限用于 SHRB 指令）	-128～+127
WORD	16 位	不带符号的整数	0～65 535
INT	16 位	带符号的整数	-32 768～+32 767
DWORD	32 位	不带符号的双整数	0～4 294 967 295
DINT	32 位	带符号的双整数	-2 147 483 648～+2 147 483 647
REAL	32 位	实数，IEEE 32 位浮点数	+1.175 495E-38～+3.402 823E+38 -1.175 495E-38～-3.402 823E+38

3）常数及变量

在编程中会用到一些数据，它们保存在数据存储器中，能以位、字节、字和双字的格式进行访问。若这些存储单元的值在系统运行期间一直不变，我们把这些存储单元称为常量，否则称为变量。为便于管理，对变量所对应的存储单元进行编址。编址形式前已述及。

常数的数据长度可为字节、字和双字，在机器内部的数据都以二进制存储，但常数的书写可以用二进制、十进制、十六进制、ASCII 码或浮点数（实数）等多种形式。几种常数形式如表 4-8 所示。

表 4-8　常数形式

进　　制	书　写　格　式	举　　例
十进制	进制数值	608
十六进制	16#十六进制值	16#6F2A
二进制	2#二进制值	2#10010010
ASCII 码	'ASCII 码文本'	'Stars Shine'
浮点数（实数）	ANSI/IEEE 754-1985 标准	+1.165 468E-36，-1.165 468E-36

3. S7-200 PLC 中数据的寻址方式

指令是用来进行数据处理的，操作数就是指要处理的数据。如何找到这些数据，有不同的寻址方式。而寻址方式就是寻找操作数或操作数地址的方式。S7-200 PLC 数据寻址方式有立即数寻址、直接寻址和间接寻址三大类。

1）立即数寻址

指令中直接给出立即数作为参与运算的数据，如 MOVB　#100，VB100。

2）直接寻址

编程时直接给出存有所需数据的单元的地址，可以是位、字节、字、双字单元。例：I2.1、VB100、VW100、VD100。

3）间接寻址

间接寻址方式是指，数据存放在存储器或寄存器中，在指令中只出现所需数据所在单元的内存地址的地址。存储单元地址的地址又称为地址指针。这种间接寻址方式与计算机的间接寻址方式相同。间接寻址在处理内存连续地址中的数据时非常方便，而且可以缩短程序所生成的代码的长度，使编程更加灵活。

用间接寻址方式存取数据需要做的工作有三种：建立指针、间接存取和修改指针。

（1）建立指针必须用双字传送指令（MOVD），将存储器所要访问的单元的地址装入用来作为指针的存储器单元或寄存器，装入的是地址而不是数据本身，例如：

```
MOVD    &VB200, VD302
MOVD    &MB10, AC2
```

注意：建立指针用 MOVD 指令。

（2）间接存取指令中在操作数的前面加"*"表示该操作数为一个指针。

下面两条指令是建立指针和间接存取的应用方法：

```
MOVD    &VB200, AC0
MOVW    *AC0, AC1
```

第一条指令表示把 VB200 的地址作为数据存入 AC0，VW200、VD200 的地址都用 VB200 的地址来表示。第二条指令是以 AC0 的值为地址找到 VB200、VB201，把它们的值装入 AC1 中，AC1 可存储 32 位二进制数，也就是 4 个字节，这里只用到了低 16 位。建立指针和间接存取的执行过程如图 4-5 所示，V 区中的数据是以 16 进制表示的。

注意：在 S7-200 PLC 中数据存放是按照数据的高位放在低地址字节单元中的规则进行的。

	VB198	12
MOVD &VB200, AC0	VB198	34
AC0	VB200	56
VW200的起始字节地址（32位）	VB201	78
MOVW *AC0, AC1	VB202	90
AC1	VB203	87
未用的2字节　5678	VB204	65
	VB205	43

图 4-5 建立指针和间接存取

（3）修改指针，例如，下面的两条指令可以修改指针。

```
INCD    AC0
INCD    AC0
MOVW    *AC0, AC1
```

修改指针的执行过程如图 4-6 所示。

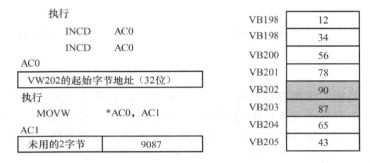

图 4-6 修改指针

四、S7-200 PLC 的 I/O 地址分配及接线

1. S7-200 PLC 地址分配原则

数字量和模拟量分别编址，数字量输入地址冠以字母"I"，数字量输出地址冠以字母"Q"。模拟量输入地址冠以字母"AI"，模拟量输出地址冠以字母"AQ"。数字量模块的编址是以字节为单位，如 IB0、QB1，也可位寻址，如 I0.0、Q0.1，模拟量模块的编址是以字为单位（即以双字节为单位），如 AIW0、AQW2。

数字量扩展模块的地址分配是从最靠近 CPU 模块的数字量模块开始，在本机数字量地址的基础上从左到右按字节连续递增，本模块高位实际位数未满 8 位的，未用位不能分配给 I/O 连接的后续模块。

模拟量扩展模块的地址从最靠近 CPU 模块的模拟量模块开始，在本机模拟量地址的基础上从左到右地址按字递增。

例如，CPU224 扩展一个 4 入/4 出数字量混合模块、一个 8 入数字量模块和一个 4 入/1 出的模拟量混合模块共三个扩展模块，则第一个扩展模块输入地址为 I2.0~I2.3，输出地址为 Q2.0~Q2.3，第二个扩展模块输入地址为 I3.0~I3.7；第三个扩展模块输入地址为 AIW0、AIW2、AIW4、AIW6，输出地址为 AQW0。CPU224 扩展模块的地址分配如图 4-7 所示。

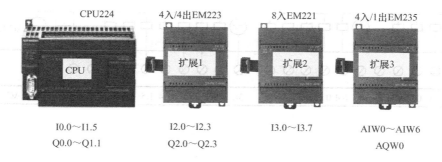

图 4-7 CPU224 扩展模块的地址分配

2．S7-200 PLC CPU 的 I/O 接线

输入/输出接口电路是 PLC 与被控对象间传递输入/输出信号的接口部件。各输入/输出点的通/断状态用发光二极管（LED）显示，外部接线一般接在 PLC 的接线端子上。

S7-200 CPU22X 主机的输入回路为直流双向光耦合输入电路，输出有继电器和晶体管两种类型。其中，CPU226 的主机有 24 个数字量输入点和 16 个数字量输出点。CPU226 的主机分为 CPU226 CN DC/DC/DC 和 CPU226 CN AC/DC/RELY。

1）CPU226 CN DC/DC/DC 接线

24 个数字量输入点分成两组：第一组由输入端子 I0.0～I0.7、I1.0～I1.4 共 13 个输入点组成，每个外部输入的开关信号均由各输入端子接入，使用公共端 1M；第二组由输入端子 I1.5～I1.7、I2.0～I2.7 共 11 个输入点组成，各输入端子的接线与第一组类似，公共端为 2M。16 个数字量输出点分成两组，分别以 1L+、2L+为公共端，只能以不同电压等级的直流电源为负载供电。PLC 由 24V 直流供电。CPU226 CN DC/DC/DC 的接线如图 4-8 所示。

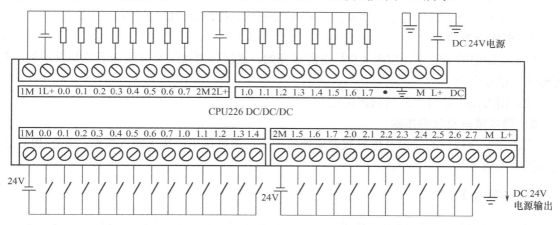

图 4-8 CPU226 CN DC/DC/DC 的接线

2）CPU226 CN AC/DC/RELY 接线

24 个数字量输入点分组情况跟 CPU226 CN DC/DC/DC 相同。16 个数字量输出点分成三组：第一组由输出端子 Q0.0～Q0.3 共四个输出点与公共端 1L 组成；第二组由输出端子 Q0.4～Q0.7、Q1.0 共 5 个输出点与公共端 2L 组成；第三组由输出端子 Q1.1～Q1.7 共 7 个输出点与公共端 3L 组成。每个负载的一端与输出点相连，另一端经电源与公共端相连。各组之间可接入不同电压等级、不同电压性质的负载电源。CPU226 CN AC/DC/RELY 的接线如图 4-9 所示。

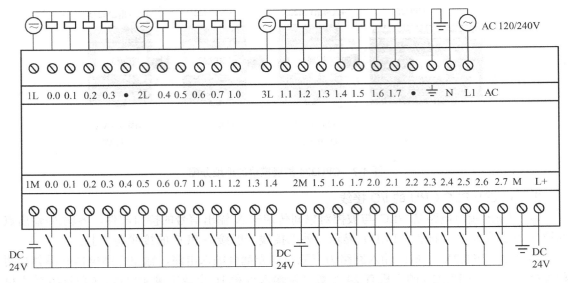

图 4-9　CPU226 CN AC/DC/RELY 的接线

对于继电器输出方式，既可带直流负载，也可带交流负载。负载的激励源由负载性质确定。输出端子排的右端 N、L1 端子是 CPU 供电电源 AC 120/240V 输入端。该电源电压允许范围为 AC 85~264V。

【项目实施】

1．布线安装

按照布线工艺要求，根据图 4-9 进行 CPU226 CN AC/DC/RELY 的布线安装。

2．电路断电检查

（1）在断电的情况下，按图 4-9 从电源端开始，逐段核对接线及接线端子处是否正确，有无漏接、错接之处。

（2）用万用表检查电路的通断情况。

3．通电试车及故障排除

在遵守安全规程的前提及指导教师现场监护下，通电试车，按下输入按钮，观察 PLC 上对应的输入信号灯是否点亮。

【评定激励】

按以下标准开展小组自评、互评，成绩填入项目评分细则表，如表 4-9 所示，要求如下。

（1）在规定时间内按工艺要求完成安装接线，且通电试验成功。

（2）安装工艺应达到基本要求，线头长短应适当且接触良好。

（3）遵守安全规程，做到文明生产。

表 4-9　项目评分细则表

考核内容	配分	等级	评分细则	考评记录	得分
根据考核图进行线路安装	35 分	A	线路接线规范、步骤完全正确		
		B	不符合接线规范 1~2 处		
		C	不符合接线规范 3~4 处		
		D	线路接线错误或不会接线		
通电调试	35 分	A	通电调试结果完全正确		
		B	调试未达到要求,能自行修改,通电后结果基本正确		
		C	调试未达到要求,经提示 1 次后能修改,通电结果基本正确		
		D	通电调试失败		
标准化作业	20 分	A	标准化作业规范,符合要求		
		B	不规范作业 1~2 处		
		C	不规范作业 3~4 处		
		D	不规范作业超过 5 处		
安全无事故发生	10 分	A	完全符合操作规程		
		B	操作基本规范		
		C	经提示后能规范操作		
		D	不符合操作规程		
总成绩					

思考与练习

（1）S7 PLC 的硬件分为哪几类？用在什么场合？

（2）S7-200 PLC 的基本硬件组成有哪些？

（3）S7-200 PLC 的数据存储器分为哪几类？

（4）S7-200 PLC 的数据类型有哪些？

（5）S7-200 PLC 的寻址方式有哪些？

（6）S7-200 PLC 的间接寻址是如何操作的？

（7）S7-200 PLC 是如何进行 I/O 地址分配的？

（8）简述 CPU226 CN AC/DC/RELY 的接线方法。

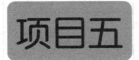

STEP7-Micro/WIN32 编程软件使用

【项目目标】

STEP7-Micro/WIN32 是西门子公司专为 SIMATIC S7-200 PLC 研制开发的编程软件。它是基于 Windows 的应用软件,功能强大,既可用于开发用户程序,又可实时监控用户程序的执行状态。本项目将学习该软件的安装、基本功能,以及如何应用编程软件进行编程、调试和运行监控等内容。

【学习目标】

(1)了解 STEP7-Micro/WIN32 编程软件的安装过程。
(2)掌握 S7-200-PLC 与 PC 通信参数的设置。
(3)了解 S7-200 PLC 系统的工作方式,掌握其外部接线方法。
(4)学会程序的输入和编辑方法。
(5)初步了解程序调试步骤。

【相关知识】

STEP7-Micro/WIN32 编程软件的基本功能是协助用户完成应用软件的开发,其主要实现以下功能。

(1)在脱机(离线)方式下创建用户程序,修改和编辑原有的用户程序。在脱机方式时,计算机与 PLC 断开连接,此时能完成大部分的基本功能,如编程、编译、调试和系统组态等,但所有的程序和参数都只能存放在计算机的磁盘上。

(2)在联机(在线)方式下可以对与计算机建立通信关系的 PLC 直接进行各种操作,如上载、下载用户程序和组态数据等。

(3)在编辑程序的过程中进行语法检查,可以避免一些语法错误和数据类型方面的错误。经语法检查后,梯形图中错误处的下方自动加红色波浪线,语句表的错误行前自动画上红色叉,且在错误处加上红色波浪线。

(4)对用户程序进行文档管理、加密处理等。
(5)设置 PLC 的工作方式、参数和运行监控等。

一、STEP7-Micro/WIN32 编程软件的安装

1. 系统要求

运行 STEP7-Micro/WIN32 编程软件的计算机系统要求如下。

（1）计算机配置：IBM 486 以上兼容机，内存 8MB 以上，VGA 显示器，至少 50MB 以上硬盘空间。

（2）操作系统：Windows95 以上的操作系统。

2．软件安装

STEP7-Micro/WIN32 编程软件可以从西门子公司的网站上下载，也可以用光盘安装，安装步骤如下。

（1）双击 STEP7-Micro/WIN32 的安装程序 setup.exe，则系统自动进入安装向导。

（2）在安装向导的帮助下完成软件的安装。软件安装路径可以使用默认的子目录，也可以用"浏览"按钮，在弹出的对话框中任意选择或新建一个子目录。

（3）在安装过程中，如果出现 PG/PC 接口对话框，可单击"取消"进行下一步。

（4）在安装结束时，会出现下面的选项：

是，我现在要重新启动计算机（默认选项）；

否，我以后再启动计算机。

建议用户选择默认项，单击"完成"按钮，结束安装。

二、STEP7-Micro/WIN32 编程软件的主要功能介绍

1．主界面各部分功能

STEP7-Micro/WIN32 编程软件界面一般可以分成几个区：标题栏、菜单条（包含 8 个主菜单项）、工具条（快捷按钮）、浏览条（快捷操作窗口）、指令树（快捷操作窗口）、输出窗口、状态条和用户窗口（可同时或分别打开 5 个用户窗口），其主界面如图 5-1 所示。

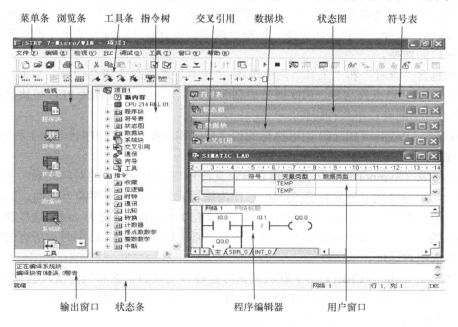

图 5-1　STEP7-Micro/WIN32 软件主界面

除菜单条外，用户可以根据需要决定其他窗口的取舍和样式。

1）菜单条

在菜单条中共有 8 个主菜单选项，各主菜单项的功能如下。

（1）文件（File）菜单项可完成如新建、打开、关闭、保存文件、导入和导出、上载和下载程序、文件的页面设置、打印预览和打印设置等操作。

（2）编辑（Edit）菜单项提供编辑程序用的各种工具，如选择、剪切、复制、粘贴程序块或数据块的操作，以及查找、替换、插入、删除和快速光标定位等功能。

（3）查看（View）菜单项可以设置编程软件的开发环境，如打开和关闭其他辅助窗口（如引导窗口、指令树窗口、工具条按钮区），执行浏览条窗口的所有操作项目，选择不同语言的编程器（LAD、STL 或 FBD），设置 3 种程序编辑器的风格（如字体、指令盒的大小等）。

（4）PLC 菜单项用于实现与 PLC 联机时的操作，如改变 PLC 的工作方式、在线编译、清除程序和数据、查看 PLC 的信息、PLC 的类型选择和通信设置等。

（5）调试（Debug）菜单项用于联机调试。

（6）工具（Tools）菜单项可以调用复杂指令（如 PID 指令、NETR/NETW 指令和 HSC 指令），安装文本显示器 TD200，改变用户界面风格（如设置按钮及按钮样式、添加菜单项），用"选项"子菜单可以设置三种程序编辑器的风格（如语言模式、颜色等）。

（7）窗口（Windows）菜单项的功能是打开一个或多个窗口，并进行窗口间的切换。可以设置窗口的排放方式（如水平、垂直或层叠）。

（8）帮助（Help）菜单项可以方便地检索各种帮助信息，还提供网上查询功能。而且在软件操作过程中，可随时按 F1 键来显示在线帮助。

2）工具条

将 STEP7-Micro/WIN32 编程软件最常用的操作以按钮形式设定到工具条，提供简便的鼠标操作。可以用"查看"菜单中的"工具"选项来显示或隐藏三种按钮：标准、调试和指令。

3）浏览条

在编程过程中，浏览条提供窗口快速切换的功能，可用"查看"菜单中的"框架"下的"浏览条"选项来选择是否打开浏览条，用指令树窗口或查看（View）菜单中的选项也可以实现各编程窗口的切换。

浏览条包含"查看"和"工具"两个选项："工具"选项包含指令向导、文本显示向导、EM235 控制面板、以太网向导、PID 调节控制面板等，可对指令及相关 PLC 模块的应用进行配置；"查看"下面有以下八种组件。

（1）程序块（Program Block）由可执行的程序代码和注释组成。程序代码由主程序（OB1）、可选的子程序（SBR0）和中断程序（INT0）组成。

（2）符号表（Symbol Table）用来建立自定义符号与直接地址间的对应关系，并可附加注释，使得用户可以使用具有实际意义的符号作为编程元件，增加程序的可读性。例如，系统的停止按钮的输入地址是 I0.0，则可以在符号表中将 I0.0 的地址定义为 stop，这样梯形图所有地址为 I0.0 的编程元件都由 stop 代替。当编译后，将程序下载到 PLC 中时，所有的符号地址都将被转换成绝对地址。

（3）状态图（Status Chart）用于联机调试时监视各变量的状态和当前值，也称为状态表，只需要在地址栏中写入变量地址，在数据格式栏中标明变量的类型，就可以在运行时监视这些变量的状态和当前值。

（4）数据块（Data Block）可以对变量寄存器 V 进行初始数据的赋值或修改，并可附加必要的注释。

（5）系统块（SYSTEM Block）主要用于系统组态。系统组态主要包括设置数字量或模拟量输入滤波、设置脉冲捕捉、配置输出表、定义存储器保持范围、设置密码和通信参数等。

（6）交叉引用（Cross Reference）可以提供交叉引用信息、字节使用情况和位使用情况信息，使得 PLC 资源的使用情况一目了然。只有在程序编辑完成后，才能看到交叉引用表的内容。在交叉引用表中双击某个操作数时，可以显示含有该操作数的那部分程序。

（7）通信（Communications）可用来建立计算机与 PLC 之间的通信连接，以及通信参数的设置和修改。

（8）设置 PG/PC 接口。

在浏览条中单击"设置 PG/PC 接口"图标，将出现"PG/PC"接口对话框，此时可以安装或删除通信接口，检查各参数设置是否正确，其中波特率的默认值是 9600。

4）指令树

指令树提供编程所用到的所有命令和 PLC 指令的快捷操作。可以用查看菜单的"指令树"选项来决定其是否打开。

5）输出窗口

该窗口用来显示程序编译的结果信息，如各程序块的信息、编译结果有无错误、错误代码和位置等。

6）状态条

状态条也称为任务栏，用来显示软件执行情况，编辑程序时显示光标所在的网络号、行号和列号，运行程序时显示运行的状态、通信波特率、远程地址等信息。

7）程序编辑器

可以用梯形图、语句表或功能表图程序编辑器编写和修改用户程序。

8）局部变量表

每个程序块都对应一个局部变量表，在带参数的子程序调用中，参数的传递就通过局部变量表进行的。

2．系统组态

1）数字量输入滤波

允许为部分或全部数字量输入点设置输入滤波。可用"查看"/"组件"/"系统块"菜单下的"输入滤波器"选项中的"数字量"标签进行设置，延时时间范围为 0.2~12.8ms，默认值为 6.4ms，如图 5-2 所示。

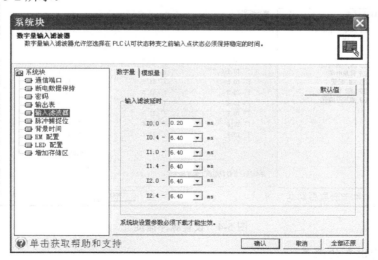

图 5-2　数字量输入滤波

2）模拟量输入滤波

S7-200 CPU222、224 和 226 在模拟量输入信号变化缓慢的场合，可以对不同的模拟量输入选择软件滤波。可用"查看"/"组件"/"系统块"菜单下的"输入滤波器"选项中的"模拟量"标签进行设置，系统默认参数为模拟量输入点全部滤波、采样次数为 64、死区值为 320，如图 5-3 所示。

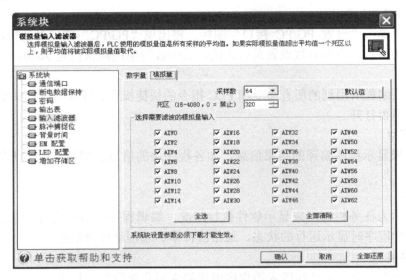

图 5-3　模拟量输入滤波

3）设置脉冲捕捉

如果数字量输入点有一个持续时间小于扫描周期的脉冲，则 CPU 不能捕捉到此脉冲，S7-200 CPU 为每个主机数字量输入点提供脉冲捕捉功能。可用"查看"/"组件"/"系统块"菜单下的"脉冲捕捉位"选项进行设置，如图 5-4 所示。

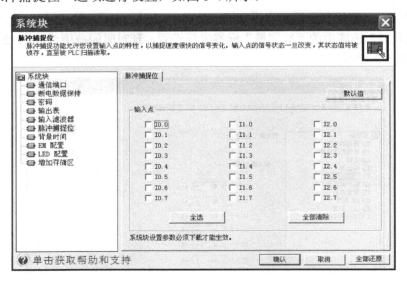

图 5-4　设置脉冲捕捉

4）数字量输出表的设置

可在 RUN-to-STOP（运行至停止）转换后将数字量输出设置为安全状态，或保持在转换为 STOP（停止）模式之前所存在的输出状态。数字量输出表是下载和存储到 S7-200 CPU 的系统块的一部分。可用"查看"/"组件"/"系统块"菜单下的"输出表"选项中的"数字量"标签进行设置。所有输出的默认状态为"关断"（0）。勾选"将输出冻结在最后的状态"，就可在 PLC 进行 RUN-to-STOP（运行至停止）转换时将所有数字量输出冻结在其最后的状态，如图 5-5 所示；否则，单击希望设置为"接通"（1）的每个输出的复选框，RUN-to-STOP（运行至停止）转换时，选中输出点的状态为 1，其他为 0，如图 5-6 所示。CPU210 型号不支持输出表功能。

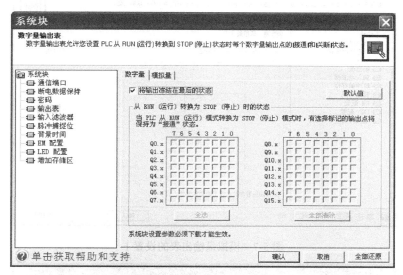

图 5-5　数字量输出表的设置 1

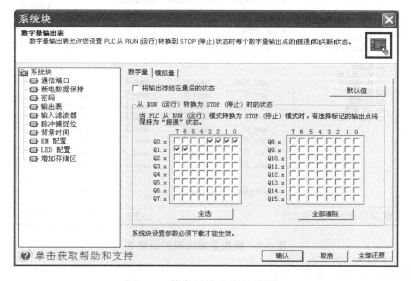

图 5-6　数字量输出表的设置 2

5）模拟量输出表的设置

可在 RUN-to-STOP（运行至停止）转换后将模拟量输出设置为安全数值，或保持在转换为 STOP（停止）模式之前存在的输出数值。模拟量输出表是下载和存储到 S7-200 CPU 的系统块的一部分。可用"查看"/"组件"/"系统块"菜单下的"输出表"选项中的"模拟量"

标签进行设置。所有输出的默认状态为"关断"(0)。勾选"将输出冻结在最后的状态",就可在 PLC 进行 RUN-to-STOP(运行至停止)转换时将所有模拟量输出冻结在其最后的数值,如图 5-7 所示;否则,选中希望设置的模拟量,输入-32768~32767 的某个数值,RUN-to-STOP(运行至停止)转换时,将模拟量输出设置为该数值,如图 5-8 所示。模拟量输出表只有 CPU224 和 CPU226 型号支持。

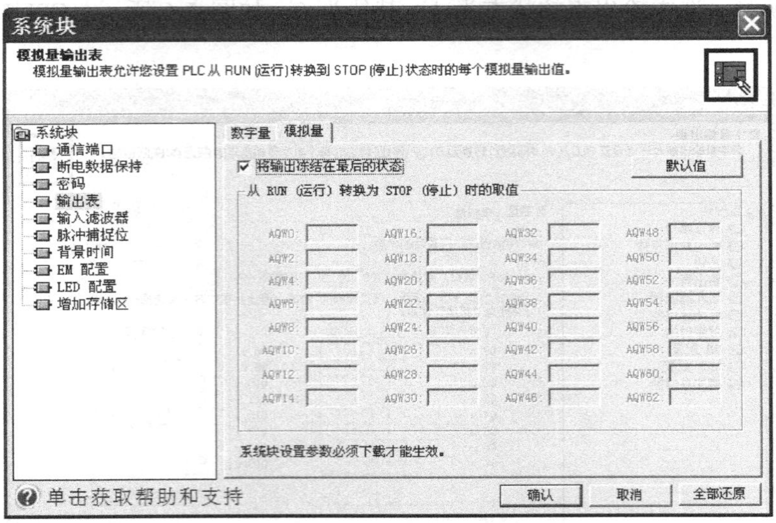

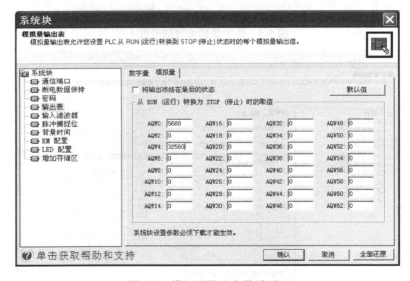

图 5-7 模拟量输出表的设置 1

图 5-8 模拟量输出表的设置 2

6) PLC 断电后的数据保存方式

CPU 用 EEPROM 保存用户程序、程序数据及 CPU 组态数据;用一个超级电容器,使 PLC 在掉电时保存整个 RAM 存储器中的信息。S7-200 PLC 还可选用存储器卡保持用户程序。CPU 模块在 STOP 方式下,单击菜单"PLC"中的"存储卡编程"项就可将用户程序、CPU 组态信息及 V、M、T、C 的当前值复制到存储器卡中。用"查看"/"组件"/"系统块"菜单下的"断电数据保持"选项,可选择 PLC 断电时希望保持的内存区域。最多可定义六个要保存的存储区范围，设置保存的存储区有 V、M、C 和 T。对于定时器，只能保存定时器 TONR，而且只能保持定时器和计数器的当前值，定时器位和计数器位不能保持，上电时定时器位和计数器位均被消除。对 M 存储区的前 14 个字节，系统默认设置为不保持，如图 5-9 所示。

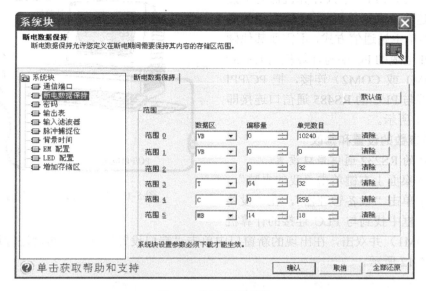

图 5-9　断电数据保持

7）CPU 密码的设置

CPU 密码的设置默认是 1 级，相当于关闭了密码功能。在"系统块"窗口中，单击"密码"选项。首先选择适当的限制级别（如 2、3 级），需输入密码（密码不区分大小写）并确认密码。要使密码设置生效，必须先运行一次程序。如果忘记了密码，必须清除存储器，重新下载程序，如图 5-10 所示。

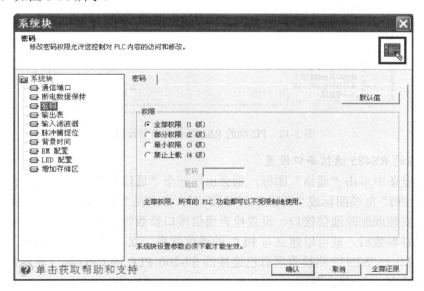

图 5-10　CPU 密码的设置

三、STEP7-Micro/WIN32 编程软件的使用

1. 硬件连接

利用一根 PC/PPI（个人计算机点对点接口）电缆可建立个人计算机与 PLC 之间的通信。这是一种单主站通信方式，不需要其他硬件，把 PC/PPI 电缆的 PC 端与计算机的 RS232 通信口（COM1 或 COM2）连接，把 PC/PPI 电缆的 PPI 端与 PLC 的 RS485 通信口连接即可，如图 5-11 所示。

2. 通信参数的设置和修改

1）PC 端的 RS232 通信串口设置

在 PC 的桌面上右键单击"我的电脑"，在快捷菜单中单击"设备管理器"，在"设备管理器"对话框中找到与 PLC 连接的计算机

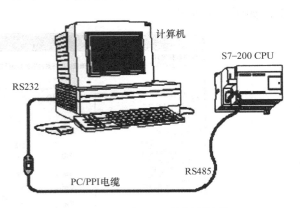

图 5-11 PC 与 PLC 的硬件连接

端口（如 COM1）并双击，在出现的新窗口中单击"端口设置"标签，然后进行通信参数的设置，如图 5-12 所示。

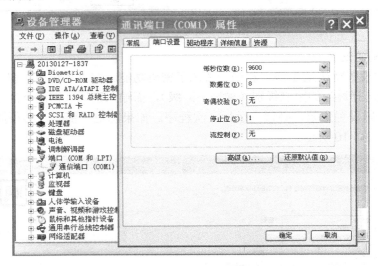

图 5-12 PC 端的 RS232 通信串口设置

2）PLC 端的 RS485 通信串口设置

（1）在浏览条中单击"通信"图标，则会出现一个"通信"对话框，如图 5-13 所示，双击其中的"PC/PPI"电缆图标或"设置 PG/PC 接口"，将出现"PG/PC"接口对话框，如图 5-14 所示，这时可安装或删除通信接口、设置检查通信接口参数等操作。

（2）设置好参数后，就可以建立与 PLC 的通信联系。双击"通信"对话框中的"刷新"图标，STEP7-Micro/WIN32 将检查所有已连接的 S7-200 PLC 的 CPU 站（默认站地址为 2），并为每一个站建立一个 CPU 图标。

（3）建立计算机与 PLC 的通信联系后，可以设置 PLC 的通信参数。单击浏览条中"系统块"图标，将出现"系统块"对话框，单击"通信端口"选项，如图 5-15 所示，检查和修改

各参数，注意要与 PC 端设置的参数一致。确认无误后，单击"确认（OK）"按钮。最后单击工具条的"下载（Download）"按钮，即可把确认后的参数下载到 PLC 主机。

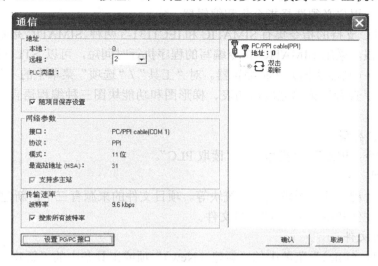

图 5-13 "通信"对话框

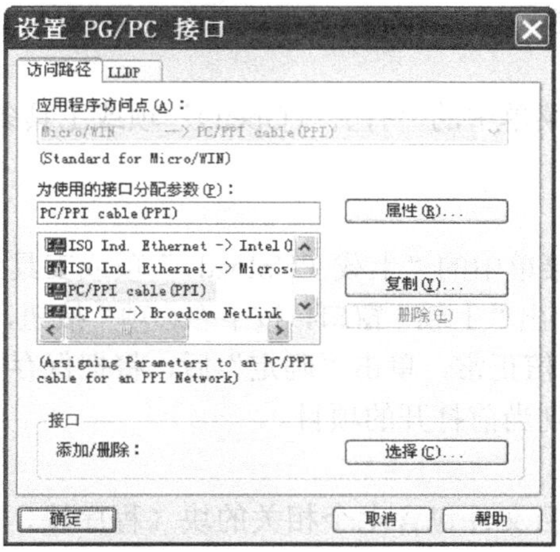

图 5-14 "PG/PC"接口对话框

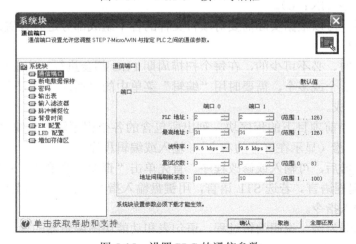

图 5-15 设置 PLC 的通信参数

3. 基本设置

1）指令集和编辑器的选择

写程序之前，用户必须选择指令集和编辑器。

在 S7-200 PLC 支持的指令集有 SIMATIC 和 IEC1131-3 两种。SIMATIC 是专为 S7-200 PLC 设计的，专用性强，采用 SIMATIC 指令编写的程序执行时间短，可以 STL（语句表）、LAD（梯形图）或 FBD（功能块图）三种编辑器。对"工具"/"选项"菜单中的"常规"进行设置即可，也可通过"查看"菜单完成语句表、梯形图和功能块图三种编程语言（编辑器）之间的任意切换。

2）设定 PLC 类型

执行菜单命令"PLC"/"类型" /"读取 PLC"。

4. 建立项目

一个项目包含程序块、数据块、系统块等。项目文件的来源有三个：新建一个项目文件、打开已有的项目文件和从 PLC 上载项目文件。

1）新建项目文件

可以用"文件（File）"菜单中的"新建（New）"项或工具条中的"新建（New）"按钮新建一个项目文件。在新建项目文件的初始设置中，文件以"Project1（CPU221）"命名，CPU221是系统默认的 PLC 的 CPU 型号。

2）打开项目文件

可以用"文件（File）"菜单中的"打开（Open）"项或工具条中的"打开（Open）"按钮打开已有的项目文件。

3）上载项目文件

可以用"文件（File）"菜单中的"上载（Upload）"项或工具条中的"上载（Upload）"按钮或按快捷键组合 Ctrl+U 调出"上载"窗口，按下"选项"按钮，选中"程序块"、"系统块"、"数据块"等所需内容，若通信正常，单击"确定"后，将把保存于 PLC 中的用户程序、用户数据、系统设置等信息复制到当前打开的项目。

5. 编辑项目

在指令树中可见一个项目文件包含七个相关的块（程序块、符号表、状态图、数据块、系统块、交叉索引及通信），其中程序块包含一个主程序（OB1）、一个可选的子程序（SBR_0）和一个中断服务程序（INT_0）。

建立项目之后，可以根据实际需要对项目文件的各个组成部分进行设置或修改。

1）程序块编辑

主程序是唯一的、必不可少的，在每个扫描周期 PLC 都会执行一次主程序。子程序和中断服务程序可以有 0 个或多个，需要时用"编辑"菜单中的"插入"/"子程序"或"插入"/"中断程序"项来生成。

双击指令树中当前项目下的程序块，列出所包含的各个程序块，想编辑哪个，就双击哪个，进入程序编辑器（显示在屏幕的右方），输入或编辑程序。

进入程序编辑器后，可输入或修改程序。首先单击"查看"菜单的"STL"或"梯形图"或"FBD" 选择编程语言。若选 STL 语言，用键盘输入指令；若选梯形图语言，通过指令树或指令工具按钮输入指令。

以梯形图编辑器为例，说明编辑过程，语句表和功能块图编辑器的操作类似。

（1）输入编程元件。

梯形图的编程元件（编程元素）主要有线圈、触点、指令盒、标号及连接线。输入方法：I.指令树窗口中双击要输入的指令，就可在矩形光标处放置一个编程元件。II.找到工具条上的编程按钮，如图 5-16 所示，单击触点、线圈或指令盒按钮，从弹出的窗口下拉菜单所列出的指令中选择要输入的指令并单击即可。

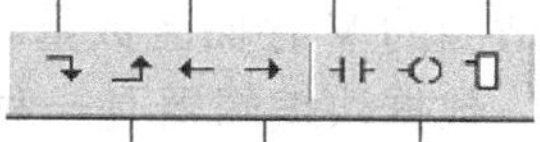

图 5-16　工具条上的指令按钮

（2）插入和删除。

在编辑区右击要进行操作的位置，弹出图 5-17 所示的下拉菜单，选择"插入"或"删除"选项，弹出子菜单，单击要插入或删除的项，然后进行编辑。也可用菜单"编辑"中相应的"插入"或"编辑"中的"删除"项完成相同的操作。

（3）符号表。

将梯形图中的直接地址编号用具有实际含义的符号代替。方法：在编程时使用直接地址（如 I0.0），然后打开符号表，编写与直接地址对应的符号（如与 I0.0 对应的符号为 start），编译后由软件自动转换名称。另一种是在编程时直接使用符号名称，然后打开符号表，编写与符号对应的直接地址，编译后得到相同的结果。

例如，打开指令树中的"符号表"/"用户定义 1"的符号表，设置 I0.1、I0.2 和 Q0.0 的符号地址为"长动"、"点动"和"电动机"，符号表如图 5-18 所示。双击"主程序（OB1）"标签，执行菜单命令"查看"/"符号寻址"，可以切换在主程序中是否显示符号地址。

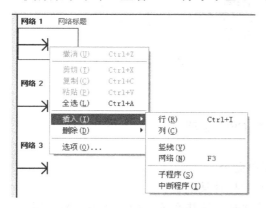

图 5-17　插入和删除 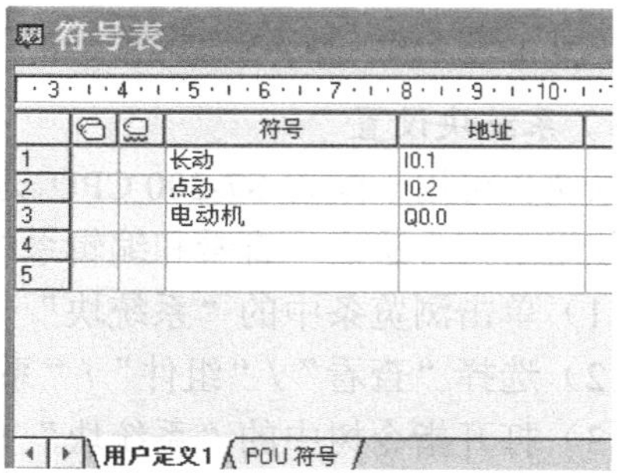　　　　　　　　　图 5-18　符号表

2）数据块编辑

数据块包括局部变量块与全局变量块。程序中的每个 POU（Program Organizational Unit，程序组织单元）都有 64KB L 存储器组成的局部变量表。局部变量只在它被创建 POU 中有效。全局变量在各 POU 中均有效，但只能在全局变量表中做定义。

（1）局部变量的设置。

将光标移到编辑器的程序编辑区的上边缘，向下拖动上边缘，则自动出现局部变量表，此时可为子程序和中断服务程序设置局部变量。可进行如图 5-19 所示的局部变量设置。

（2）全局变量的设置。

数据块仅允许对 V 存储区进行数据初始值或 ASCII 字符赋值。可以对 V 存储区的字节（V 或 VB）、字（VW）或双字（VD）赋值。注释（前面带双斜线//）是可选项。

数据块的第一行必须包含一个显性地址赋值（绝对或符号地址），其后的行可包含显性或隐性地址赋值。当在对单个地址键入多个数据值赋值，或键入仅包含数据值的行时，编辑器会自动进行隐性地址赋值。编辑器根据先前的地址分配及数据值大小（字节、字或双字）指定适当的 V 存储区数量。

数据块编辑器是一种自由格式文本编辑器，对特定类型的信息没有规定具体的输入域。键入一行后，按 ENTER 键，数据块编辑器自动格式化行（对齐地址列、数据、注释；大写 V 存储区地址标志）并重新显示行。数据块编辑器接受大小写字母，并允许使用逗号、制表符或空格作为地址和数据值之间的分隔符。

在完成一赋值行后按 CTRL-ENTER 组合键，会令地址自动增加至下一个可用地址。

用法：双击"数据块"/"用户定义1"，进入全局变量表，输入"VB100 5，6，220"分别对 VB0、VB1、VB2 三个字节单元赋值，如图 5-20 所示。

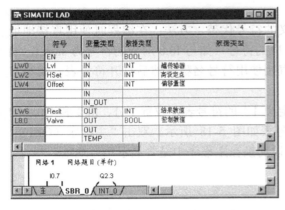

图 5-19　局部变量设置　　　　　　　　　图 5-20　全部变量设置

3）系统块设置

系统块可用于配置 S7-200 CPU 选项。

使用下列方法之一查看和编辑系统块，设置 CPU 选项。

（1）单击浏览条中的"系统块" 按钮。

（2）选择"查看"/"组件"/"系统块"菜单命令。

（3）打开指令树中的"系统块"文件夹，然后打开某配置页。

当项目的 CPU 类型和版本能够支持特定选项时，这些系统块配置选项将被启用。

在下载或上载系统块之前，必须成功地建立 PC（STEP 7-Micro/WIN32 的位置）与 CPU 之间的通信。然后即可下载一个修改的系统块，以便为 CPU 提供新系统配置。也可以从 CPU 上载一个现有系统块，以便使 STEP 7-Micro/WIN32 项目配置与 CPU 相匹配。

单击系统块树上分支即可修改项目配置。

4）注释

PLC 程序的每个 POU 可以有自己的程序注释，程序中的每个网络又可有自己的网络标题和网络注释。单击菜单"查看"/"POU 注释"或"查看"/"网络注释"，可打开或关闭相关的注释文本框，若已打开，可在相应文本框外键入所需内容，即可加标题或注释，如图 5-21 所示。

6. 程序的编译

程序编辑完成，可用菜单"PLC"中的"编译"项进行离线编译。编译结束后在输出窗口显示程序中的语法错误的数量、各条错误的原因和错误在程序中的位置。双击输出窗口中的某一条错误，程序编辑器中的矩形光标将会移到程序中该错误所在的位置。必须改正程序中的所有错误，编译成功后才能下载程序。

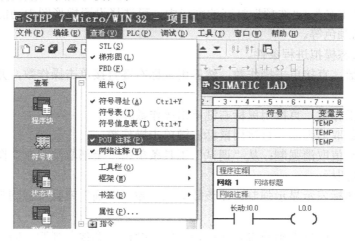

图 5-21　添加标题或注释

7．程序的下载和清除

下载之前，PLC 应处于 STOP 方式。单击工具栏的"停止"按钮，或选择菜单命令"PLC"中的"停止"项，可以进入 STOP 状态。如果不在 STOP 状态，可将 CPU 模块上的方式开关扳到 STOP 位置。

为了使下载的程序能正确执行，下载前必须将 PLC 存储器中的原程序清除。清除的方法是：单击菜单"PLC"中的"清除"项，会出现清除对话框，选择"清除全部"即可。

8．程序的调试与监控

在运行 STEP 7-Micro/WIN 32 编程设备和 PLC 之间建立通信并向 PLC 下载程序后，便可运行程序、收集状态进行监控和调试程序。

1）选择工作方式

PLC 有运行和停止两种工作方式。在不同的工作方式下，PLC 进行调试的操作方法不同。单击工具栏中的"运行"按钮或"停止"按钮可以进入相应的工作方式。

选择停止（STOP）工作方式时，PLC 进行调试的操作方法如下。

（1）使用图状态或程序状态监视操作数的当前值。因为程序未执行，这一步骤等同于执行"单次读取"。

（2）可以使用图状态或程序状态强制数值。使用图状态写入数值。

（3）写入或强制输出。

（4）执行有限次扫描，并通过状态图或程序状态观察结果。

选择运行（RUN）工作方式时，PLC 进行调试的操作方法如下。

（1）使用图状态收集 PLC 数据值的连续更新。如果希望使用单次更新，图状态必须关闭，才能使用"单次读取"命令。

（2）使用程序状态收集 PLC 数据值的连续更新。使用运行（RUN）工作方式中的"程序编辑"编辑程序，并将改动下载至 PLC。

2）程序状态

（1）启动程序状态。

单击"程序状态监控"按钮或用菜单命令"调试"/"开始程序状态监控"，在梯形图中显示出各元件的状态。在进入"程序状态"的梯形图中，用彩色块表示位操作数的线圈得电或触点闭合状态。

在菜单命令"工具"/"选项"打开的窗口中，可选择设置梯形图中功能块的大小、显示的方式和彩色块的颜色等。

（2）用程序状态模拟进程条件。

① 写入操作数，直接单击操作数，然后用鼠标右键直接单击操作数，并从弹出菜单选择"写入"。

② 强制单个操作数，直接用鼠标右键单击操作数。

③ 单个操作数取消强制：直接用鼠标右键单击操作数。

④ 全部强制数值取消强制：从"调试"工具条单击"全部取消强制"图标。

（3）识别强制图标。

① 黄色锁定图标表示显示强制：即该数值已经被"明确"或直接强制为当前正在显示的数值。

② 灰色隐去锁定图标表示隐含强制：该数值已经被"隐含"强制，即不对地址进行直接强制，但内存区落入另一个被明确强制的较大区域中。例如，如果 VW0 被显示强制，则 VB0 和 VB1 被隐含强制，因为它们包含在 VW0 中。

③ 半块图标表示部分强制。例如，VB1 被明确强制，则 VW0 被部分强制，因为其中的一个字节 VB1 被强制。

3）状态表

在将程序下载至 PLC 之后，通过状态表可以监控和调试程序操作。可以建立一个或多个状态表，打开状态表可查看或编辑表的内容。启动状态表监控，就可以采集状态信息。

（1）状态表的两种形式。

在控制程序的执行过程中，状态表中数据的动态改变可用两种不同方式查看。

① 表状态。

在一表格中显示状态数据：每行指定一个要监视的 PLC 数据值。可以指定存储区地址、格式、当前值及新值（如果使用写入命令）。

② 趋势图显示。

用随时间而变的 PLC 数据绘图来跟踪状态数据，可以对现有的状态表在表格视图和趋势视图之间切换（使用右键快捷菜单）。新的趋势数据也可在趋势视图中直接赋值。

（2）状态表的操作。

① 打开状态表。

单击浏览条的"状态表"按钮或选择"查看"/"组件"/"状态表"菜单命令。

② 状态表的创建和编辑。

增加希望监控的 PLC 数据地址。将所关心的程序数据（操作数）放在"地址"列中，并为"格式"列中的每一个数据选择数据类型，以"建立"一个表。

③ 状态图的启动与监视。

打开状态表并不意味着自动开始查看状态。必须启动状态表监控，才能采集状态信息。如果 PLC 位于 RUN（运行）模式，程序在连续扫描的状况下执行。可以启动状态表监控，连续更新状态表数值。还可以使用"单次读取"功能，采集状态表数值的单个"快照"。可以使用以下一种方法启动在状态表中载入 PLC 数据的通信。

（I）要连续采集状态表信息，开启状态表：使用菜单命令"调试"/"状态表监控"（或使用"状态表监控"工具栏按钮。

（Ⅱ）要获得单个数值的"快照"，可使用"单次读取"功能：使用菜单命令"调试"/"单次读取"或使用"单次读取"工具栏按钮。但是，如果已经开启状态表监控，"单次读取"则功能被禁止。

4）执行有限次扫描

可以指定 PLC 对程序执行有限次数扫描（1～65 535 次扫描），通过指定 PLC 运行的扫描次数，可以监控程序过程变量的改变。第一次扫描时，SM0.1 数值为 1。

（1）执行单次扫描。

"单次扫描"使 PLC 从 STOP 转变成 RUN，执行单次扫描，然后再转回 STOP，因此与第一次相关的状态信息不会消失。操作步骤如下。

① PLC 必须位于 STOP（停止）模式。如果不在 STOP（停止）模式，将 PLC 转换成停止模式。

② 使用菜单"调试"→"首次扫描"。

（2）执行多次扫描。

PLC 须位于 STOP（停止）模式。如果在运行模式，将 PLC 转换成停止模式。

① 使用菜单"调试"→"多次扫描"→出现"执行扫描"对话框。

② 输入所需的扫描次数数值，单击"确定"。

5）交叉引用

（1）交叉引用表的作用及分类。

有三种形式的交叉引用表：

① "交叉引用"表。

当希望了解程序中是否已经使用和在何处使用某一符号名或存储区赋值时，可使用"交叉引用"表。"交叉引用"表识别在程序中使用的全部操作数，并指出 POU、网络或行位置，以及每次使用的操作数指令上下文。必须编译程序才能查看"交叉引用"表。

② "字节使用"表。

允许查看程序中使用了哪些字节及在哪些存储区使用，还可帮助识别重复赋值错误。

③ "位使用"表。

允许查看程序中已经使用了哪些存储区地址，可精确至位级别，还可帮助识别重复赋值错误。

在"字节使用"表或"位使用"表中，b 表示已经指定一个存储区位；B 表示已经指定一个存储区字节；W 表示已经指定一个字（16 位）；D 表示已经指定一个双字（32 位）；X 用于定时器和计数器。

（2）查看交叉引用。

可使用下列一种方法查看"交叉引用"窗口。

① 选择菜单命令"查看"/"交叉引用"。

② 单击浏览条中的"交叉引用"按钮。

③ 打开指令树中的"交叉引用"文件夹，然后双击某参考或使用图标。

要访问"交叉引用"表、"字节使用"表或"位使用"表，单击位于"交叉引用"窗口底部的适当标签。

9. 项目管理

1）打印

（1）打印程序和项目文档的方法。

单击"打印"按钮；选择菜单命令"文件"/"打印"；或按 Ctrl+P 快捷组合键。

（2）打印单个项目元件网络和行。

例如，仅选择"打印内容/顺序"题目下方的"符号表"复选框及"范围"下方的"用户定义 1"复选框，定义打印范围 6~20；或在符号表中增亮 6~20 行，并选择"打印"。

2）复制项目

在 STEP 7-Micro/WIN 32 项目中可以复制：文本或数据域、指令、单个网络、多个相邻的网络、POU 中的所有网络、状态图行或列或整个状态图、符号表行或列或整个符号表、数据块。

3）导入文件

从 STEP 7-Micro/WIN 32 之外导入程序，可使用"导入"命令导入 ASCII 文本文件（内含 PLC 程序）。"导入"命令不允许导入数据块。打开新的或现有项目，才能使用"文件"/"导入"命令。

4）导出文件

将程序导出到 STEP 7-Micro/WIN 32 之外的编辑器，可以使用"导出"命令创建 ASCII 文本文件。默认文件扩展名为"·awl"，可以指定任何文件名称。程序只有成功通过编译才能执行"导出"操作。"导出"命令不允许导出数据块。打开一个新项目或旧项目，才能使用"导出"功能。

用"导出"命令按下列方法导出现有 POU（主程序、子例行程序和中断例行程序）：

（1）如果导出 OB1（主程序），则所有现有项目 POU 均作为 ASCII 文本文件组合和导出。

（2）导出子例行程序或中断例行程序，当前打开编辑的单个 POU 作为 ASCII 文本文件导出。

■【项目实施】

1. 布线安装

在断电的情况下，按照布线工艺要求，进行 PLC 的布线安装。PLC 的外部接线图可以参考图 5-22。PLC 的输出量的状态用各输出点对应的 LED(发光二极管)来观察，调试程序时，一般可以不接实际的外部负载。用编程电缆连接 PLC 和计算机的串行通信接口。

2. 电路断电检查

（1）在断电的情况下，按图 5-22 从电源端开始，逐段核对接线及接线端子处有无漏接、错接之处。

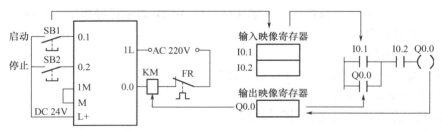

图 5-22　电动机单向运行控制

（2）用万用表检查电路的通断情况。

3. 通电试车及故障排除

在遵守安全规程的前提及指导教师现场监护下，通电试车，按下输入按钮，观察 PLC 上对应的输入信号灯是否点亮。硬件接线没有问题，进入下一步。

4．编程的准备工作

（1）打开 STEP7-Micro/WIN32 编程软件，单击工具条上最左边的"新建项目"图标，生成一个新的项目。

（2）执行菜单命令"PLC"/"类型"，设置 PLC 的型号。设置通信参数，建立起计算机与 PLC 的通信连接。

（3）执行菜单命令"工具"/"选项"，在"一般"对话框的"一般"选项卡中，选择 SIMATIC 指令集和"国际"助记符集，将梯形图编辑器设置为默认的程序编辑器。

5．编程软件的使用练习

（1）用"查看"菜单选择梯形图语言，在主程序 OB1 中输入图 5-22 所示的梯形图程序。可以故意输入错误的参数，在错误地址的下面将会出现提醒操作者注意的红色波浪线。改正后，波浪线消失。

（2）单击工具条中的"编译"或"全部编译"按钮，编译输入的程序。如果程序没有错误，将显示"0 错误"。否则，改正程序中的错误后才能下载程序。在下载用户程序之前，编程软件将首先自动执行编译操作。

（3）编译成功后，双击指令树中的"交叉引用表"图标，观察出现的交叉引用表。

（4）打开指令树中的"符号表"文件夹内名为"用户定义1"的符号表，如图 5-23 所示，设置 I0.1、I0.2 和 Q0.0 符号地址为"启动"、"停止"和"电动机"。执行菜单命令"查看"/"符号表"/"将符号应用于项目"，然后执行菜单命令"查看"/"符号寻址"，可以切换是否显示符号地址，如图 5-24 所示。

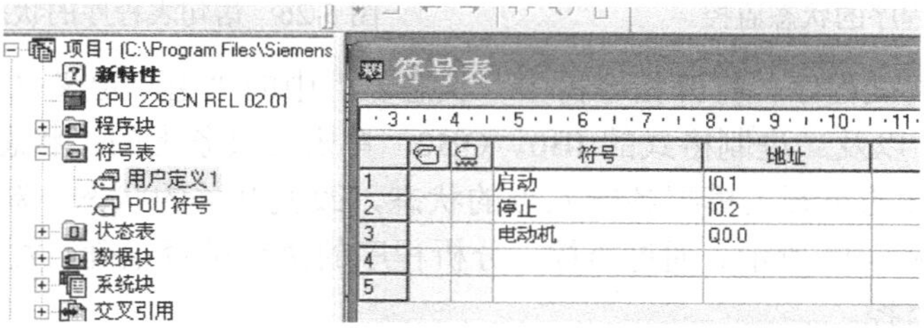

图 5-23　符号表

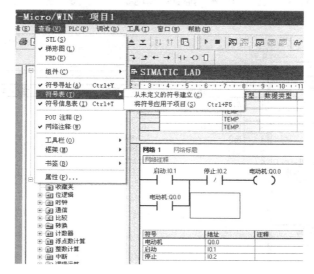

图 5-24　显示符号地址

（5）下载程序与调试程序。计算机与 PLC 建立连接后，将 CPU 模块上的模式开关放在 RUN 位置，单击工具条中的"下载"按钮，在下载对话框中单击"选项"按钮，选择要下载的块，一般只下载程序块。单击"下载"按钮，开始下载。

下载成功后，单击"运行"按钮，"RUN" LED 亮，用户程序开始运行。断开数字量输入的全部输入开关，CPU 模块上输入侧的 LED 全部熄灭。用接在端子 I0.1 和 I0.2 的开关模拟启动按钮和停止按钮的操作，将开关接通后马上断开。通过观察各输出点对应的 LED 的状态变化，了解程序的执行情况。

（6）用程序状态功能调试程序。在程序编辑器中，单击工具条上的"程序状态监控"按钮，用外接的小开关改变各输入点的状态，观察梯形图中有关的触点、线圈当前值的变化，如图 5-25 所示。执行菜单命令"查看"/"STL"，切换到语句表显示方式，在 RUN 模式单击"程序状态监控"按钮，改变输入信号，观察各变量的状态变化，如图 5-26 所示。

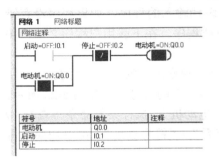

图 5-25　梯形图程序的状态监控　　　　图 5-26　语句表程序的状态监控

（7）用状态表调试程序。打开指令树中"状态表"中的"用户定义 1"，在状态表中输入 I0.1、I0.2 和 Q0.0，以及二进制格式的 IB0、QB0，单击工具条上的"状态表监控"按钮，启动监视功能，用外接的小开关模拟各输入点的状态，改变开关的状态，观察状态表中有关元件状态的变化，如图 5-27 所示。通过监控，分析程序的执行是否正确，发现问题，然后改正、重新下载、运行、监控。

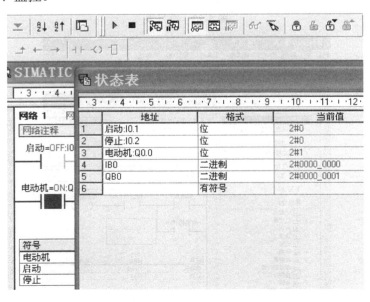

图 5-27　状态表监控

【评定激励】

按以下标准开展小组自评、互评，成绩填入项目评分细则表，如表 5-1 所示。

表 5-1 项目评分细则表

项目名称：STEP 7-Micro/WIN32 编程软件使用		组别：			
考核内容	配分	考核要求	扣分标准	扣分记录	得分
设备安装	30 分	能正确与 PC 相连	（1）PLC 接线错误，扣 10 分 （2）通信端口连接错误，扣 10 分 （3）通信波特率设置错误，扣 10 分		
程序编辑	30 分	（1）正确输入梯形图 （2）会进行程序编辑 （3）正确保存文件	（1）输入梯形图错误每处，扣 2 分 （2）保存文件错误，扣 4 分		
运行操作	30 分	（1）运行系统，分析操作结果 （2）正确监控梯形图	（1）系统通电操作错误，每步扣 3 分 （2）分析操作结果错误，每处扣 2 分 （3）监控梯形图错误，扣 10 分		
安全、文明工作	10 分	（1）安全用电，无人为损坏仪器、元件和设备 （2）保持环境整洁，秩序井然，操作习惯良好 （3）小组成员协作和谐，态度正确 （4）不迟到、早退、旷课	（1）发生安全事故，扣 10 分 （2）人为损坏设备、元器件，扣 10 分 （3）现场不整洁、工作不文明，团队不协作，扣 5 分 （4）不遵守考勤制度，每次扣 2~5 分		
总成绩					

思考与练习

（1）如何建立项目？
（2）如何下载程序？
（3）如何在程序编辑器中显示程序状态？
（4）如何建立状态图表？
（5）如何执行有限次数扫描？
（6）如何打开交叉引用表？交叉引用表的作用是什么？
（7）怎样将编程软件的语言设置为中文？
（8）如何进行 PPI 通信电缆的连接与通信参数的设置？
（9）程序状态监控和状态表监控有什么作用，什么场合下使用？
（10）强制有什么作用？
（11）如何进行 PLC 断电数据保持的设置？

第二单元 PLC 的基本应用

项目六

三相异步电动机的单向点动与自锁混合控制

■【项目目标】

用 S7-200 PLC 实现三相异步电动机的单向点动、自锁混合控制,运用 STEP7-Micro/WIN32 软件对单向运行控制系统进行联机调试。

■【学习目标】

(1) 掌握触点指令与线圈指令的用法。
(2) 掌握 PLC 的接线方法。
(3) 掌握继电器电路转换法建立控制系统的方法。
(4) 熟练运用 S7-200 PLC 的编程软件 STEP7-Micro/WIN32 进行程序的下载与调试。
(5) 学会利用 PLC 仿真软件进行 PLC 程序仿真调试。

■【相关知识】

一、标准触点与输出指令

触点指令与线圈指令属于位逻辑指令。位逻辑指令在语句表语言中是指对位存储单元的简单逻辑运算,在梯形图中是指对触点的简单连接和对标准线圈的输出。

PLC 的程序可写成梯形图的形式,从继电接触器控制电路的角度进行理解;可写成语句表的形式,从计算机语言的角度进行理解;当然还有其他形式,本书主要使用以上两种形式。

一般来说,语句表语言更适合于熟悉可编程序控制器和逻辑编程方面有经验的编程人员。用这种语言可以编写出用梯形图或功能框图无法实现的程序。

1. 标准触点指令(如表 6-1 所示)

表 6-1 S7-200 系列的标准触点指令

指令名称	语句表形式	梯形图形式	功　能	操作数
取	LD bit	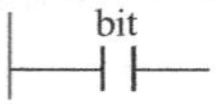 ─┤ bit ├─	读入逻辑行或电路块的第一个常开接点	Bit: 为 I, Q, M, SM, T, C, V, S 型

续表

指令名称	语句表形式	梯形图形式	功能	操作数
取反	LDN bit	—|/|—	读入逻辑行或电路块的第一个常闭接点	Bit：为 I, Q, M, SM, T, C, V, S 型
与	A bit	I0.0 bit —| |—| |—	串联一个常开接点	
与非	AN bit	I0.0 bit —| |—|/|—	串联一个常闭接点	
或	O bit	I0.0 并联 bit	并联一个常开接点	
或非	ON bit	I0.0 并联 bit (常闭)	并联一个常闭接点	

对于表 6-1 中的 bit，它是 PLC 内部的编程元件。如以梯形图的形式编程，把它理解为是 PLC 内部的继电器。当地址是 bit 的继电器的线圈有电时，继电器常开触点闭合、常闭触点断开。如以语句表的形式编程，把它理解为 PLC 内部的存储位。当地址是 bit 的存储位的值为 1 时，相当于相应的继电器线圈有电，为 0 相当于无电。PLC 在本质上是按语句表的逻辑来运行程序的，执行过程中要用堆栈。可编程序控制器中的堆栈与计算机中的堆栈结构相同，堆栈是一组能够存储和取出数据的暂时存储单元。堆栈的存取特点是"后进先出"，S7-200 PLC 的主机逻辑堆栈结构如表 6-2 所示。

例如，程序 LD I0.1，A I0.2，先执行 LD I0.1，再执行 A I0.2。若 I0.1 的值为 1，执行 LD I0.1，就是将 I0.1 的值装入栈顶，指令的执行对逻辑堆栈的影响如表 6-3 所示。

若 I0.2 的值为 0，执行 A I0.2，就是将 I0.2 的值与原栈顶值做与运算，指令的执行结果放入栈顶，代替原值，如表 6-4 所示。或运算指令是与原栈顶值做或运算，指令的执行结果同样放入栈顶，过程是相似的。

表 6-2 主机逻辑堆栈结构

S0	STACK0	第一个堆栈（即栈顶）
S1	STACK1	第二个堆栈
S2	STACK2	第三个堆栈
S3	STACK3	第四个堆栈
S4	STACK4	第五个堆栈
S5	STACK5	第六个堆栈
S6	STACK6	第七个堆栈
S7	STACK7	第八个堆栈
S8	STACK8	第九个堆栈

表 6-3 指令 LD I0.1 的执行

名称	执行前	执行后	说明
STACK0	S0	1	新值 I0.1=1 装入堆栈，原值依次下移一个单元，S8 丢失
STACK1	S1	S0	
STACK2	S2	S1	
STACK3	S3	S2	
STACK4	S4	S3	
STACK5	S5	S4	
STACK6	S6	S5	
STACK7	S7	S6	
STACK8	S8	S7	

表 6-4 指令 A I0.2 的执行

名称	执行前	执行后	说明
STACK0	1	0	将 I0.2 的值 0 与原栈顶值 1 做与运算，指令的执行结果 0 代替原栈顶的值
STACK1	S1	S1	
STACK2	S2	S2	
STACK3	S3	S3	
STACK4	S4	S4	
STACK5	S5	S5	
STACK6	S6	S6	
STACK7	S7	S7	
STACK8	S8	S8	

2．输出指令（如表 6-5 所示）

表 6-5　S7-200 系列的输出指令

指令名称	语句表形式	梯形图形式	功　能	操　作　数
输出	= bit	—(bit)	输出逻辑行的运算结果	Bit：Q，M，SM，T，C，V，S（立即指令时只能为 Q）
置位	S bit, N	—(S) N	置继电器状态为接通	Bit：Q，M，SM，V，S（立即指令时只能为 Q）
复位	R bit, N	—(R) N	使继电器复位为断开	

1）输出

写成（ ）或= ，例如，程序 LD I0.0，= Q0.1 当 I0.0 为 1 时，Q0.1 线圈有电，也就是输出映像寄存器 Q0.1=1。

2）置位和复位

置位即置 1，复位即置 0。置位和复位指令可以将位存储区的某一位开始的一个或多个（最多可达 255 个）同类存储器位置 1 或置 0。这两条指令在使用时需指明三点：操作性质、开始位和位的数量。

（1）S——置位指令。

将位存储区的指定位（位 bit）开始的 N 个同类存储器位置位。

（2）R——复位指令。

将位存储区的指定位（位 bit）开始的 N 个同类存储器位复位。当用复位指令时，如果是对定时器 T 位或计数器 C 位进行复位，则定时器位或计数器位被复位，同时，定时器或计数器的当前值被清零。

程序及其结果如图 6-1 所示。PLC 循环扫描执行程序，若本次执行这段程序时，I0.1 常开触点闭合，则指令 S Q0.3,1 得以执行，Q0.3 的值置位为 1；若下次执行程序时，I0.1 常开触点断开，则指令 S Q0.3,1 不执行，那么 I0.1 对 Q0.3 无影响，Q0.3 的值仍为 1，所以置位指令有自锁（保持）功能，复位指令也一样。

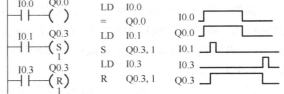

图 6-1　程序及其结果

3．立即指令（如表 6-6 所示）

表 6-6　S7-200 PLC 的立即指令

指令名称	语句表形式	梯形图形式	功　能	操　作　数
取	LDI bit	—| bit |—	读入逻辑行或电路块的第一个常开接点	Bit：只能为 I 型，如 LDI I0.0
取反	LDNI bit	—|/bit|—	读入逻辑行或电路块的第一个常闭接点	
与	AI bit	—| I0.0 |—| bit |—	串联一个常开接点	

续表

指令名称	语句表形式	梯形图形式	功　能	操作数
与非	ANI bit	I0.0　bit ─┤├─┤/├─	串联一个常闭接点	Bit：只能为 I 型，如 LDI I0.0
或	OI bit	I0.0 ─┤├─ 　bit ─┤├─	并联一个常开接点	
或非	ONI bit	I0.0 ─┤├─ 　bit ─┤/├─	并联一个常闭接点	
输出	=I bit	bit ─(I)─	输出逻辑行的运算结果	Bit：只能为 Q 型，如 SI Q0.5,1
置位	SI bit, N	bit ─(SI)─ 　N	置继电器状态为接通	
复位	RI bit, N	bit ─(RI)─ 　N	使继电器复位为断开	

1）立即触点指令

立即触点指令只能用于输入触点，执行立即读入物理输入点的值，根据该值决定触点的接通/断开状态，但是并不更新该物理输入点对应的映像寄存器。

2）=I——立即输出指令

执行立即输出指令时，则将结果同时立即复制到物理输出点和相应的输出映像寄存器。例如，程序 LD I0.0，=I Q0.1 当 I0.0 为 1 时，Q0.1 线圈有电，也就是输出映像寄存器 Q0.1=1，同时在 Q0.1 的输出端立即产生有效输出。

3）SI——立即置位指令

用立即置位指令访问输出点时，从指令所指出的位（bit）开始的 N 个（最多为 128 个）物理输出点被立即置位，同时，相应的输出映像寄存器的内容也被刷新。

注意：bit 只能是 Q 类型。

4）RI——立即复位指令

用立即复位指令访问输出点时，从指令所指出的位（bit）开始的 N 个（最多为 128 个）物理输出点被立即复位，同时，相应的输出映像寄存器的内容也被刷新。

注意：bit 只能是 Q 类型，同 SI 指令。

立即 I/O 指令是直接访问物理输入/输出点的，比一般指令访问输入/输出映像寄存器占用 CPU 时间要长，因而不能盲目地使用立即指令，否则，会加长扫描周期时间，反而对系统造成不利影响。

4．取反及跳变指令（如表 6-7 所示）

1）取反（NOT）

取反触点将它左边电路的逻辑运算结果取反，运算结果若为 1 则变为 0，为 0 则变为 1。由于运算结果在栈顶，相当于对栈顶值取反。

从继电器（或能流）的角度看，能流到达该触点时即停止，若能流未到达该触点，该触点给右侧供给能流。

表 6-7 S7-200 系列的取反及跳变指令

指令名称	语句表形式	梯形图形式	功能
取反	NOT	─|NOT|─	能流到达取非触点时，能流就停止；能流未到达取非触点时，能流就通过
正跳变指令	EU	─| P |─	检测到每一次正跳变信号后，让能流通过一个扫描周期的时间
负跳变指令	ED	─| N |─	检测到每一次负跳变信号后，让能流通过一个扫描周期的时间

2）正跳变指令

正跳变触点-|P|-检测到左边的逻辑运算结果的一次正跳变（触点的左边输入信号由 0 变为 1），触点接通一个扫描周期。

3）负跳变指令

负跳变触点-|N|-检测到左边的逻辑运算结果的一次负跳变（触点的左边输入信号由 1 变为 0），触点接通一个扫描周期。

例如，程序及结果如图 6-2 所示。

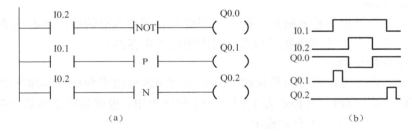

图 6-2 程序及结果

例如，某台设备有两台电动机 M1 和 M2，其交流接触器分别连接 PLC 的输出继电器 Q0.1 和 Q0.2，总启动按钮使用常开按钮，接输入继电器 I0.0 端口，总停止按钮使用常闭按钮，接输入继电器 I0.1 端口。为了减小两台电动机同时启动对供电电路的影响，让 M2 稍微延迟片刻启动。控制要求是：按下启动按钮，M1 立即启动，松开启动按钮时，M2 才启动；按下停止按钮，M1、M2 同时停止。电动机控制程序如图 6-3 所示。电动机控制程序的时序图如图 6-4 所示。

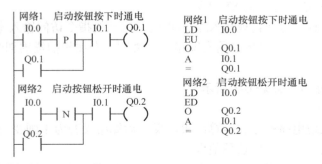

图 6-3 电动机控制程序

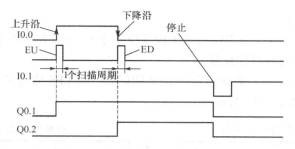

图 6-4 电动机控制程序的时序图

二、复杂逻辑指令

复杂逻辑指令没有梯形图形式，只有语句表形式。一般在梯形图程序里边体现不出来，但是把梯形图程序写成语句表形式时就要用到。由于 PLC 本质上是按语句表程序的逻辑来运行的，所以有必要理解复杂逻辑指令的特点，掌握其用法。

1．栈装载与指令

ALD，栈装载与指令（与块）。在梯形图中用于将电路块进行串联连接。

指令 ALD 的执行如表 6-8 所示。

2．栈装载或指令

OLD，栈装载或指令（或块），串联电路块（两个以上触点串联形成的支路称为串联电路块）的并联连接。OLD 指令不需要地址，它相当于要并联的两块电路右端的一段垂直连线。

指令 OLD 的执行如表 6-9 所示。

表 6-8　指令 ALD 的执行

名 称	执行前	执行后	说 明
STACK0	1	0	假设执行前，S0=1，1=0。本指令对堆栈中的第一层 S0 和第二层 S1 的值进行逻辑与运算，结果放回栈顶。即：S0=S0×S1=1×0=0。执行完本指令后堆栈串行上移 1 格，深度减 1
STACK1	0	S2	
STACK2	S2	S3	
STACK3	S3	S4	
STACK4	S4	S5	
STACK5	S5	S6	
STACK6	S6	S7	
STACK7	S7	S8	
STACK8	S8	X	

表 6-9　指令 OLD 的执行

名 称	执行前	执行后	说 明
STACK0	1	1	假设执行前，S0=1，S1=0。本指令对堆栈中的第一层 S0 和第二层 S1 的值进行逻辑或运算，结果放回栈顶。即：S0=S0+S1=1+0=1。执行完本指令后堆栈串行上移 1 格，深度减 1
STACK1	0	S2	
STACK2	S2	S3	
STACK3	S3	S4	
STACK4	S4	S5	
STACK5	S5	S6	
STACK6	S6	S7	
STACK7	S7	S8	
STACK8	S8	X	

3．逻辑推入栈指令

LPS，逻辑推入栈指令（分支或主控指令）。在梯形图中的分支结构中，用于生成一条新的母线，左侧为主控逻辑块时，第一个完整的逻辑行从此处开始。

注意：使用 LPS 指令时，本指令为分支的开始，以后必须有分支结束指令 LPP。即 LPS 与 LPP 指令必须成对出现。

指令 LPS 的执行如表 6-10 所示。

4. 逻辑弹出栈指令

LPP，逻辑弹出栈指令（分支结束或主控复位指令）。在梯形图中的分支结构中，用于将 LPS 指令生成一条新的母线进行恢复。

注意：使用 LPP 指令时，必须出现在 LPS 的后面，与 LPS 成对出现。

指令 LPP 的执行如表 6-11 所示。

表 6-10 指令 LPS 的执行

名称	执行前	执行后	说明
STACK0	1	1	假设执行前，S0=1。本指令对堆栈中的栈顶 S0 进行复制，并将这个复制值由栈顶压入堆栈。执行完本指令后堆栈串行下移 1 格，深度加 1，原来的栈底 S8 内容将自动丢失
STACK1	S1	1	
STACK2	S2	S1	
STACK3	S3	S2	
STACK4	S4	S3	
STACK5	S5	S4	
STACK6	S6	S5	
STACK7	S7	S6	
STACK8	S8	S7	

表 6-11 指令 LPP 的执行

名称	执行前	执行后	说明
STACK0	0	1	假设执行前，S0=0，S1=1。本指令将堆栈的栈顶 S0 弹出，则第二层 S1 的值上升进入栈顶，即：S0=S1=1。执行完本指令后堆栈串行上移 1 格，深度减 1，栈底 S8 内容将生成一个随机值
STACK1	1	S1	
STACK2	S1	S2	
STACK3	S2	S3	
STACK4	S3	S4	
STACK5	S4	S5	
STACK6	S5	S6	
STACK7	S6	S7	
STACK8	S7	X	

5. 逻辑读栈指令

LRD，逻辑读栈指令。在梯形图中的分支结构中，当左侧为主控逻辑块时，从第二个逻辑块开始，后边更多的是从逻辑块。

指令 LRD 的执行如表 6-12 所示。

6. 装入堆栈指令

LDS——装入堆栈指令。本指令编程时较少使用。

指令格式： LDS n （n 为 0~8 的整数）

例如， LDS 4。

指令 LDS 的执行如表 6-13 所示。

表 6-12 指令 LRD 的执行

名称	执行前	执行后	说明
STACK0	1	0	假设执行前，S0=1，1=0。本指令将堆栈中的第二层 S1 的值进行复制，然后将这个复制值放入栈顶 S0，本指令不对堆栈进行压入和弹出操作，即：S0=S1=0。执行完本指令后堆栈不串行上移或下移，除栈顶值之外，其他部分的值不变
STACK1	0	0	
STACK2	S2	S2	
STACK3	S3	S3	
STACK4	S4	S4	
STACK5	S5	S5	
STACK6	S6	S6	
STACK7	S7	S7	
STACK8	S8	S8	

表 6-13 指令 LDS 的执行

名称	执行前	执行后	说明
STACK0	1	0	假设执行前，S0=1，S4=0。本指令将堆栈中的第五层 S4 的值进行复制，并将这个复制值由栈顶压入堆栈。即：S0=S4=0。执行完本指令后堆栈串行下移 1 格，深度加 1，原来的栈底 S8 内容将自动丢失
STACK1	S1	1	
STACK2	S2	S1	
STACK3	S3	S2	
STACK4	0	S3	
STACK5	S5	0	
STACK6	S6	S5	
STACK7	S7	S6	
STACK8	S8	S7	

应用举例：图 6-5 是复杂逻辑指令在实际应用中的一段程序的梯形图。

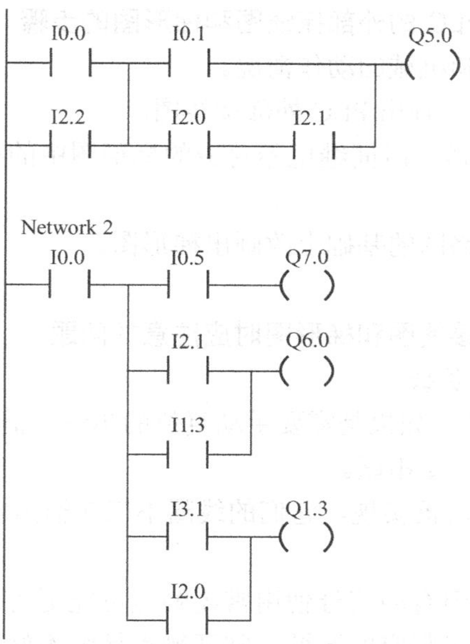

```
        I0.0        I0.1                    Q5.0         LD   I0.0    //装入常开触点
         ┤├──────────┤├─────────────────────( )          O    I2.2    //或常开触点
                                                         LD   I0.1    //被串的块开始
        I2.2        I2.0        I2.1                     LD   I2.0    //被并路开始
         ┤├──────────┤├──────────┤├                      A    I2.1
                                                         OLD           //栈装载或,并路结束
                                                         ALD           //栈装载与,串路结束
            Network 2                                    =    Q5.0
        I0.0        I0.5                    Q7.0         LD   I0.0
         ┤├──────────┤├─────────────────────( )          LPS           //逻辑推入栈,主控
                                                         A    I0.5
                     I2.1                    Q6.0        =    Q7.0
                      ┤├─────────────────────( )         LRD           //逻辑读栈,新母线
                                                         LD   I2.1
                     I1.3                                O    I1.3
                      ┤├                                 ALD           //栈装载与
                                                         =    Q6.0
                     I3.1                    Q1.3        LPP           //逻辑弹出栈,母线复原
                      ┤├─────────────────────( )         LD   I3.1
                                                         O    I2.0
                     I2.0                                ALD
                      ┤├                                 =    Q1.3
```

图 6-5 复杂逻辑指令应用

三、PLC 程序的继电器电路转换法

PLC 程序设计常用的方法主要有继电器控制电路转换为梯形图法、经验设计法、顺序控制设计法等。下面介绍 PLC 程序的继电器电路转换法。

梯形图与继电器电路图极为相似,如果用 PLC 改造继电器控制系统,根据继电器电路图设计梯形图是一条捷径。这是因为原有的继电器控制系统经过长期的使用和考验,已经被证明能完成系统要求的控制功能,而继电器电路图又与梯形图有很多相似之处,因此可以将继电器电路图"翻译"成梯形图,即用 PLC 的外部硬件接线图和梯形图软件来实现继电器系统的功能。这就是 PLC 程序的继电器电路转换法。

这种设计方法一般不需要改动控制面板,保持了系统原有的外部特性,操作人员不用改变长期养成的操作习惯。

在分析 PLC 控制系统的功能时,可以将它想象成一个继电器控制系统中的控制箱,其外部接线图描述了这个控制箱的外部接线,梯形图是这个控制箱的内部"线路图",梯形图中的输入位(I)和输出位(Q)是这个控制箱与外部世界联系的"输入、输出继电器",这样就可以用分析继电器电路图的方法来分析 PLC 控制系统。在分析时可以将梯形图中输入位的触点想象成对应的外部输入器件的触点,将输出位的线圈想象成对应的外部负载的线圈。外部负载的线圈除了受梯形图的控制外,还可能受外部触点的控制。

继电器电路图中的交流接触器和电磁阀等执行机构如果用 PLC 的输出位来控制,它们的线圈接在 PLC 的输出端。按钮、控制开关、限位开关、光电开关等用来给 PLC 提供控制命令和反馈信号,它们的触点接在 PLC 的输入端。继电器电路图中的中间继电器和时间继电器的功能用 PLC 内部的存储器位(M)和定时器(T)来完成,它们与 PLC 的输入位、输出位无关。

1. 继电器电路图转换为功能相同的 PLC 的外部接线图和梯形图的步骤

（1）了解和熟悉被控设备的工艺过程和机械的动作情况。

（2）确定 PLC 的输入信号和输出负载，画出 PLC 外部接线图。

（3）确定与继电器电路图的中间继电器、时间继电器对应的梯形图中的存储器位和定时器的地址。

（4）根据上述对应关系，在继电器电路图的基础上改画出梯形图。

（5）优化梯形图。

2. 根据继电器电路图设计 PLC 外部接线图和梯形图时应注意的问题

（1）正确确定 PLC 的输入信号和输出负载。

热继电器 FR 的触点可以放在输入回路，如果是需要手动复位的热继电器，它的常闭触点也可以放在输出回路，与相应的接触器的线圈串联。

时间继电器 KT 的功能用 PLC 内部定时器实现，它们的线圈不应在输出回路出现。

（2）输入触点类型的选择。

应尽可能用常开触点提供输入信号，但有的信号使用常闭触点可能更可靠一些，如果使用极限开关的常开触点来防止机械设备冲出限定的区域，常开触点接触不好时起不到保护作用，使用常闭触点则更安全一些。

（3）硬件互锁电路。

例如，将电动机的正转、反转接触器的常闭触点串接在对方的线圈回路内。

（4）梯形图结构的选择。

在梯形图中，为了简化电路和分离各线圈的控制电路，可以在梯形图中增加类似"中间继电器"的存储器位。将继电器电路图"翻译"成梯形图后，进一步将梯形图加以优化或简化。

（5）应考虑 PLC 的工作特点。

继电器电路可以并行工作，而 PLC 的 CPU 是串行工作，即 CPU 同时只能处理 1 条指令，而且 PLC 在处理指令时有先后次序。

（6）时间继电器瞬动触点的处理。

时间继电器的瞬动触点在时间继电器的线圈通电的瞬间动作，它们的触点符号上无表示延时的圆弧。PLC 的定时器触点虽然与普通触点的符号相同，但它们是延时动作的。

在梯形图中，可以在时间继电器对应的定时器功能块的两端并联存储器位 M 的线圈，用 M 的触点模拟时间继电器的瞬动触点。

（7）尽量减少 PLC 的输入信号和输出信号。

减少输入信号和输出信号的点数是降低硬件费用的主要措施。

如具有手动复位功能的热继电器的常闭触点可采用与继电器电路相同的方法，将它放在 PLC 输出回路，与相应接触器的线圈串联，而不是将它们作为 PLC 的输入信号，这样可节约 PLC 的一个输入点。

（8）梯形图的优化设计。

① 在触点的串联电路中，单个触点应放在右边。

② 在触点的并联电路中，单个触点应放在下面。

③ 在线圈的并联电路中，单个线圈应放在线圈与触点串联电路的上面。

（9）外部负载的额定电压

PLC 的继电器输出模块和双向晶闸管输出模块只能驱动额定电压 AC 220V 的负载，如原有的交流接触器线圈电压为 380V，应将线圈换成 220V 的，或设置外部中间继电器。

【项目分析】

对于三相异步电动机的单向点动、自锁混合控制，有非常成熟的继电器控制电路，采用继电器电路转换法是一个不错的选择。

电动机主电路如图 6-6 所示，电动机继电器控制电路如图 6-7 所示，可实现电动机单向点动、自锁混合控制。

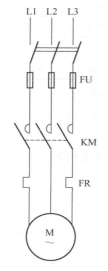

图 6-6　电动机主电路

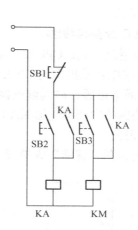

图 6-7　电动机继电器控制电路

继电器单向点动、自锁混合控制电路分析如图 6-8 所示。

按下按钮 SB3，交流接触器 KM 线圈有电、常开触点闭合，三相交流电动机运转；松开按钮 SB3，交流接触器 KM 线圈没电、常开触点断开，三相交流电动机停止。按下按钮 SB2，中间继电器 KA 线圈有电、常开触点闭合并保持自锁，KM 线圈保持有电；松开按钮 SB2，由于 KA 自锁，常开触点一直闭合，KM 线圈保持有电不变，电动机一直保持运转。按下按钮 SB1，KM 线圈没电、常开触点断开，三相交流电动机停止。

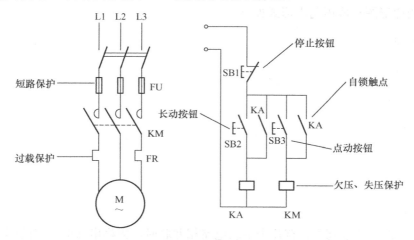

图 6-8　继电器单向点动、自锁混合控制电路分析

采用 PLC 控制后，主电路沿用图 6-6 所示的电路，把图 6-7 所示的继电器控制电路"翻译"成梯形图，即用 PLC 的外部硬件接线图和梯形图软件来实现继电器控制电路的功能。

【项目实施】

1. 分配 I/O 地址

按钮 SB1、SB2、SB3 给 PLC 提供控制命令，它们的触点接在 PLC 的输入端。用 PLC 的输出位 Q0.0 来控制 KM，KM 的线圈接在 PLC 的输出端。I/O 点分配如表 6-14 所示。

表 6-14 I/O 点分配

元件名称	形　式	I/O 点	说　明
SB1	常闭按钮	I0.0	停止按钮
SB2	常开按钮	I0.1	长动按钮
SB3	常开按钮	I0.2	点动按钮
KM	交流接触器	Q0.0	触点容量扩大

2. 画出 PLC 外部接线图

根据 I/O 类型及点数，CPU221 有 6 个数字量输入点、4 个数字量输出点，由于驱动交流接触器，所以选继电器输出型的 CPU221，画出如图 6-9 所示的 PLC 外部接线图，主电路不变。

3. 确定中间继电器、时间继电器的替代者

继电器电路图的中间继电器 KA 用 PLC 中的存储器位 M0.0 来代替。

4. 设计梯形图

将继电器电路图"翻译"成梯形图，如图 6-10 所示。

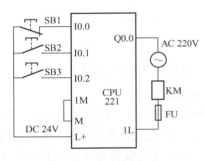

图 6-9 PLC 外部接线图

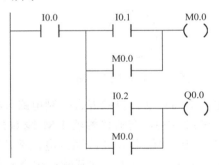

图 6-10 梯形图

5. 优化梯形图

图 6-10 的梯形图写成语句表形式如下：

```
LD    I0.0
LPS
LD    I0.1
O     M0.0
ALD
=     M0.0
LPP
LD    I0.2
O     M0.0
ALD
=     Q0.0
```

PLC 梯形图的优化规则是：有几个串联电路相并联时，应将串联触点多的回路放在上方；有几个并联电路相串联时，应将并联触点多的回路放在左方。这样所编制的程序简洁明了，

语句较少。将图 6-10 中的 I0.0 放在串联电路的右边，并保证功能相同，优化梯形图如图 6-11 所示。

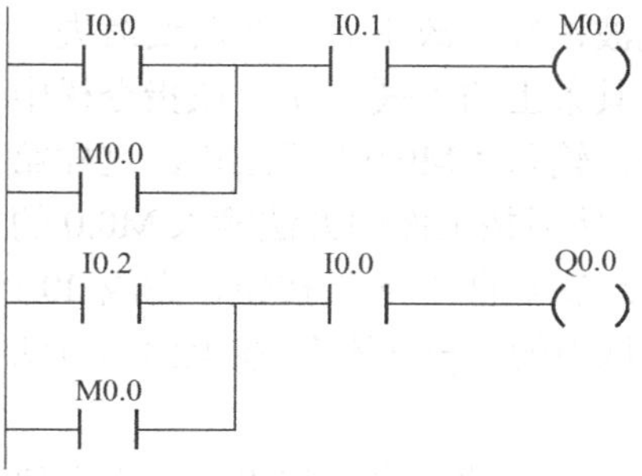

图 6-11 写成语句表形式如下：

```
LD    I0.1
O     M0.0
A     I0.0
=     M0.0
LD    I0.2
O     M0.0
A     I0.0
=     Q0.0
```

图 6-11 优化梯形图

可以看出第二个语句表程序简单得多，为了减少语句条数，提高程序执行速度，应对梯形图程序进行优化。

图 6-12 是图 6-11 梯形图的一部分，称为启保停电路。下面结合图 6-9 的任务分析一下启保停电路的特点。

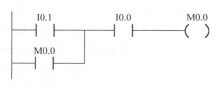

图 6-12 启保停电路

在一般情况下，停止按钮 SB1 一直是闭合的，I0.0 常开触点也是闭合的。按下按钮 SB2，I0.1 常开触点闭合，中间继电器 M0.0 线圈有电、常开触点闭合；松开按钮 SB2，I0.1 常开触点断开，但由于 M0.0 常开触点是闭合的，所以 M0.0 线圈仍然保持有电，电动机一直保持运转。按下 SB1，I0.0 常开触点断开，M0.0 线圈没电并将保持下去。我们把图 6-9 的梯形图程序称为启保停电路，是最简单的启保停电路。该启保停电路的启动电路是 I0.1 常开触点部分，启动条件是启动电路只在启动的瞬间闭合；停止电路是 I0.0 常开触点部分，停止条件是停止电路只在停止的瞬间断开，其他时间是闭合的；保持电路是 M0.0 的常开触点，它与启保停电路中的线圈属于同一个继电器。启保停电路的启动条件和停止条件可以是很复杂的电路，但是必须满足上面所说的特点。

结合启保停电路的特点，同学们思考一下：停止信号使用常开按钮和常闭按钮在软件编程上有何不同？

6．运行调试

（1）在断电的情况下，按图 6-9 进行 PLC 控制线路接线，主电路接法不变。用编程电缆连接 PLC 和计算机的串行通信接口，接通计算机和 PLC 的电源。

（2）运行计算机上的 STEP7-Micro/WIN32 编程软件，如果是英文界面，执行菜单命令"Tools"/"Options"，在"General"对话框的"General"选项卡中，选择"Chinese"语言选项，确认后退出，重新运行编程软件，可转换为中文界面。单击工具条上最左边的"新建项目"图标，生成一个新的项目。

（3）执行菜单命令"PLC"/"类型"，设置 PLC 的型号。设置通信参数，建立起计算机与 PLC 的通信连接。

（4）执行菜单命令"工具"/"选项"，在"一般"对话框的"一般"选项卡中，选择 SIMATIC 指令集和"国际"助记符集，将"梯形图编辑器"设置为默认的程序编辑器。

（5）用"查看"菜单选择"梯形图"语言，用"查看"菜单选择"框架"/"指令树"可打开（或关闭）指令树窗口，找到其中的"项目 1"/"程序块"/"主程序（OB1）"，双击"主程序（OB1）"，在右边"主程序"的编辑窗口中输入图 6-11 所示的梯形图程序。

在"主程序"的编辑窗口中按 F4（也可以单击工具条上的"┤ ├"或指令树中的"项目 1"/"指令"/"位逻辑"）选中"┤ ├"后回车，输入"I0.1"后回车，可以故意输入错误的参数，在错误地址的下面将会出现提醒操作者注意的红色波浪线。改正后，波浪线消失。同样的方法完成 I0.1 常开触点的输入，按 F6（也可以单击工具条上的"─( )"或指令树中的"项目 1"/"指令"/"位逻辑"）选中"─( )"后回车，输入"M0.0"后回车，这样第一行程序输入完毕。在第一行程序 I0.1 常开触点的下方单击，然后按上面的方法输入 M0.0 的常开触点，单击 M0.0 常开触点，单击程序输入窗口上方工具条上的"↑"按钮，完成 I0.1 常开触点与 M0.0 常开触点的并联。单击"网络 2"的输入区域中的"├──┤"，按上面的方法完成网络 2 程序的输入。全部程序完成后，如图 6-13 所示。

（6）单击工具条中的"编译"或"全部编译"按钮，编译输入的程序。如果程序没有错误，将显示"0 错误"。否则，改正程序中的错误后才能下载程序。在下载用户程序之前，编程软件将首先自动执行编译操作。

（7）编译成功后，找到指令树中的"项目 1"/"交叉引用"/"交叉引用"，双击"交叉引用"图标，观察出现的交叉引用表。

（8）打开指令树中的"符号表"/"用户定义 1"的符号表，将 I0.1、I0.2 和 Q0.0 设置符号地址"长动"、"点动"和"电动机"，符号表如图 6-14 所示。双击"主程序（OB1）"标签，执行菜单命令"查看"/"符号寻址"，可以切换在主程序中是否显示符号地址。

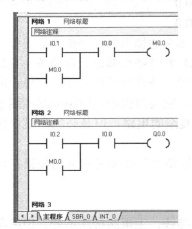

图 6-13　单向点动、自锁混合控制程序

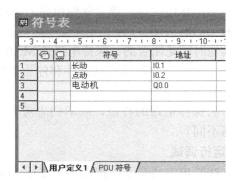

图 6-14　符号表

（9）下载程序与调试程序。下载是从编程计算机将程序装入 PLC；上传则相反，是将 PLC 中存储的程序上传到计算机。计算机与 PLC 建立连接后，将 CPU 模块上的模式开关放在 RUN 位置，单击菜单栏中"文件"/"下载"，或单击工具条中的"▼"按钮，出现图 6-15 所示的下载对话框。在下载对话框中单击"选项"按钮，选择要下载的块。单击"下载"按钮，开始下载。

（10）运行、调试程序。下载成功后，单击"运行"按钮，"RUN" LED 亮，用户程序开始运行。断开数字量输入的全部输入开关，CPU 模块上输入侧的 LED 全部熄灭。用接在端子 I0.2、I0.1 和 I0.0 的开关模拟长动按钮、点动按钮和停止按钮的操作。通过观察各输出点对应的 LED 的状态变化，了解程序的执行情况。

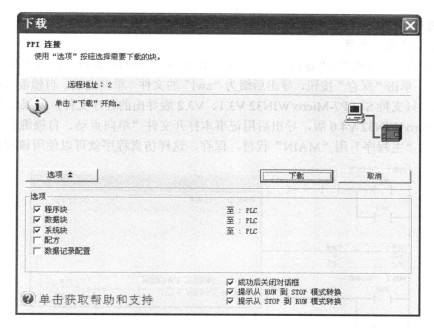

图 6-15　下载程序

（11）程序运行监控。单击程序状态监控按钮"📖"或用菜单命令"调试"→"开始程序状态监控"，在梯形图中显示出各元件的状态。在进入"程序状态"的梯形图中，用彩色块表示位操作数的线圈得电或触点闭合状态。

由于停止按钮为常闭按钮，接在输入端子 I0.0 上，I0.0 线圈有电、常开触点闭合，I0.0 对应的指示灯亮。闭合 I0.2 的开关，Q0.0 指示灯亮，电动机进入点动模式，如图 6-16 所示。断开 I0.2 的开关，Q0.0 指示灯灭，电动机不运行。在 I0.2 开关断开的情况下，接通 I0.1 的开关，Q0.0 指示灯亮，断开 I0.1 的开关，Q0.0 指示灯仍亮，表明长动运行正常，如图 6-17 所示。按下停止按钮，Q0.0 指示灯灭，电动机停止运行。

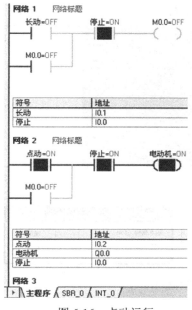

图 6-16　点动运行

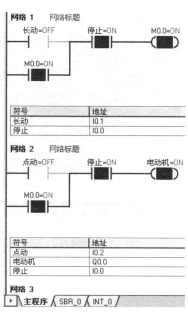

图 6-17　长动运行

7. 仿真运行

1）导出程序文本文件

执行菜单命令"文件"/"导出…"，出现如图 6-18 所示的对话框，输入"单向点动、自锁混合控制"，单击"保存"按钮，导出后缀为"awl"的文件"单向点动、自锁混合控制.awl"。因为仿真程序只支持 STEP7-Micro/WIN32 V3.1、V3.2 版导出的程序文件，如果编程软件用的是 STEP7-Micro/WIN32 V4.0 版，导出后用记事本打开文件"单向点动、自锁混合控制.awl"，将第一行中的"主程序"用"MAIN"代替，保存，这样仿真程序就可以使用该程序文件。

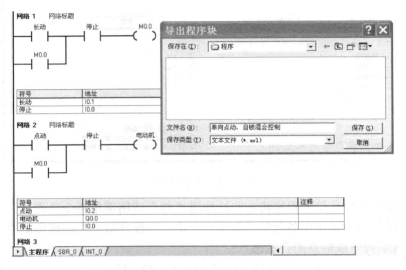

图 6-18 导出文本文件

2）启动仿真程序

双击"S7_200 汉化版.exe"，输入密码，启动仿真程序，如图 6-19 所示。

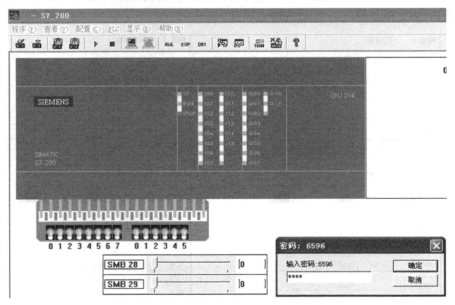

图 6-19 仿真程序的启动

3）选择 CPU

执行菜单命令"配置"/"CPU 型号",弹出如图 6-20 所示的对话框,选取 CPU221。确定后出现如图 6-21 所示的 CPU221 仿真图形。

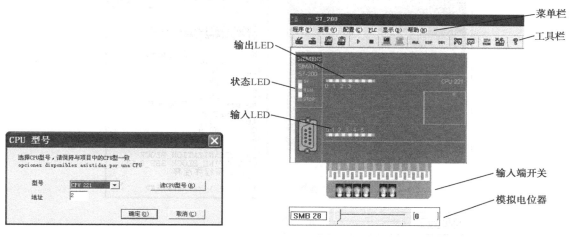

图 6-20　选择 CPU 型号　　　　　图 6-21　CPU221 仿真图形

4）装入待仿真的程序

执行菜单命令"程序"/"载入程序",出现图 6-22 所示的对话框,选中逻辑块,确定后出现如图 6-23 所示的对话框,找到上一步保存的文件"单向点动、自锁混合控制.awl",单击"打开"按钮,进入图 6-24 所示的画面。

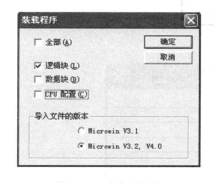

图 6-22　选中逻辑块　　　　　　　图 6-23　选择程序文件

5）仿真运行

执行菜单命令"PLC"/"运行"或工具条上的"▶"按钮,出现如图 6-25 所示的对话框,单击"是"按钮,进入运行模式。

6）仿真调试

闭合 I0.0 的开关,用来模拟用作停止功能的常闭按钮,I0.0 对应的指示灯亮。闭合 I0.2 的开关,Q0.0 指示灯亮,电动机进入点动模式。断开 I0.2 的开关,Q0.0 指示灯灭,电动机不运行。点动运行正常。在 I0.2 开关断开的情况下,接通 I0.1 的开关,Q0.0 指示灯亮,断开 I0.1 的开关,Q0.0 指示灯仍亮,长动运行正常。单击"START"按钮,输入 I0.0、I0.1、I0.2、Q0.0,进行内存变量监控,如图 6-26 所示。

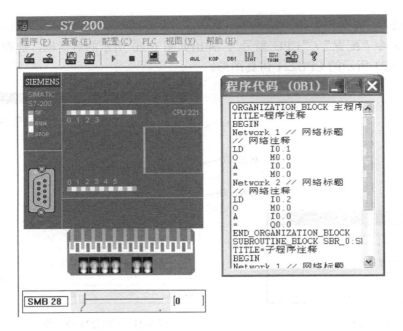

图 6-24 装入程序文件

图 6-25 切换运行模式

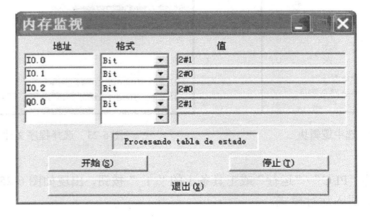

图 6-26 内存变量监控

【评定激励】

按以下标准开展小组自评、互评，成绩填入项目评分细则表，如表 6-15 所示。

表 6-15 项目评分细则表

项目名称					组别	
开始时间			结束时间			
考核内容	考核要求	配分	评分标准		扣分	得分
电路设计	(1) I/O 分配表正确 (2) 输入/输出接线图正确 (3) 主电路正确 (4) 连锁、保护齐全	30 分	(1) 分配表每错一处,扣 5 分 (2) 输入/输出电路图每错一处,扣 5 分 (3) 主电路每错一处,扣 5 分 (4) 连锁、保护每缺一项,扣 5 分			
安装接线	(1) 元件选择、布局合理,安装符合要求 (2) 布线合理美观	10 分	(1) 元件选择、布局不合理,扣 3 分/处;元件安装不牢固,扣 3 分/处 (2) 布线不合理、不美观,扣 3 分/处			
编程调试	(1) 程序编制实现功能 (2) 操作步骤正确 (3) 试车成功	50 分	(1) 输入梯形图错误,扣 2 分/处 (2) 不会设置及下载,分别扣 5 分 (3) 一个功能不实现,扣 10 分 (4) 操作步骤错一步,扣 5 分 (5) 显示运行不正常,扣 5 分/处			
安全文明工作	(1) 安全用电,无人为损坏仪器、元件和设备 (2) 保持环境整洁,秩序井然,操作习惯良好 (3) 小组成员协作和谐,态度正确	10 分	(1) 发生安全事故,扣 10 分 (2) 人为损坏设备、元器件,扣 10 分 (3) 现场不整洁、工作不文明、团队不协作,扣 5 分 (4) 不遵守考勤制度,每次扣 2~5 分			
总成绩						

思考与练习

(1) 简述立即输入指令、立即输出指令的执行过程。
(2) 分别简述 6 条复杂逻辑指令的执行过程。
(3) 正跳变与负跳变指令各有什么用途?
(4) 写出如图 6-27 所示梯形图的语句表程序。
(5) 根据如下语句表写出梯形图程序。

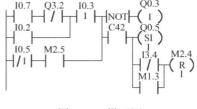

图 6-27 梯形图

```
LDN   C22         ON    Q0.4
O     M1.3        ALD
O     M3.5        O     I1.4
LD    M2.1        LPS
AN    I0.4        EU
A     T21         S     Q3.3, 1
LD    I0.2        LPP
AI    I2.7        A     M2.2
OLD               TON   T37, 100
```

（6）在某一控制系统中，SB0 为停止按钮，SB1、SB2 为点动按钮，当 SB1 按下时电动机 M1 启动，此时再按下 SB2，电动机 M2 启动而电动机 M1 仍然工作，如果按下 SB0，则两个电动机都停止工作，试用 PLC 实现这一控制功能。

（7）简述继电器电路图转换为功能相同的 PLC 的外部接线图和梯形图的步骤。

（8）图 6-28 为一机床基本控制电路，采用继电器电路转换法将其改为 PLC 控制，试进行 I/O 分配，画出相应的控制电路输入/输出接线图、梯形图及对应的语句表程序并上机调试。

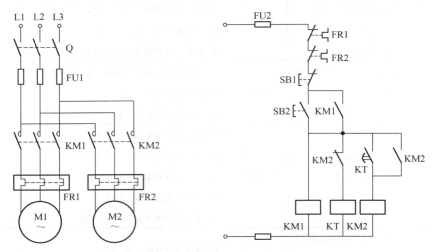

图 6-28　某机床基本控制电路

三相异步电动机 Y/△ 降压启动的控制

■【项目目标】

用 S7-200 PLC 实现三相异步电动机 Y/△ 降压启动的控制，控制要求如下。
（1）按下启动按钮，电动机做星形连接启动；6s 后电动机转为三角形运行方式运行。
（2）按下停止按钮，电动机立即停止。

■【学习目标】

（1）掌握 PLC 接通延时定时器的用法。
（2）通过 Y/△ 降压启动控制的学习，进一步掌握继电器控制电路转换为梯形图法建立控制系统的方法，提高编程能力。
（3）熟练运用 STEP7-Micro/WIN32 软件对控制系统进行联机调试。
（4）学会利用 PLC 仿真软件进行 PLC 程序的仿真调试。

■【相关知识】

定时器是 PLC 的重要元件，S7-200 PLC 共有三种定时器：接通延时定时器（TON）、断开延时定时器（TOF）、带有记忆接通延时定时器（TONR），如表 7-1 所示。本课学习 TON、TONR。

表 7-1 定时器号与分辨率

类　型	分辨率/ms	定时范围/s	定时器号
TONR	1	32.767	T0 和 T64
	10	327.67	T1~T4 和 T65~T68
	100	3276.7	T5~T31 和 T69~T95
TON TOF	1	32.767	T32 和 T96
	10	327.67	T33~T36 和 T97~T100
	100	3276.7	T37~T63 和 T101~T255

1. 接通延时定时器（TON）

1）梯形图符号及语句表格式

在图 7-1 中，TON 为接通延时定时器标识符，IN 为定时器的启动电平输入端，PT 为时间设定值（可用整数型的常量或变量赋值），Tn 为定时器编号。

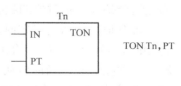

图 7-1 TON 的梯形图符号及语句表格式

2）功能

当定时器的启动信号 IN 的状态为 0 时，定时器的当前值 SV=0，定时器 Tn 的状态也是 0（常开触点断开，常闭触点闭合），定时器没有工作。

当 Tn 的启动信号由 0 变为 1 时，定时器开始工作，每过一个时基时间，定时器的当前值 SV=SV+1，当定时器的当前值 SV 等于或大于定时器的设定值 PT 时，定时器的延时时间到了，这时定时器的状态由 0 转换为 1，在定时器输出状态改变后，定时器继续计时，直到 SV=32767（最大值）时，才停止计时，SV 将保持不变。只要 SV≥PT 值，定时器的状态就为 1，如果不满足这个条件，定时器的状态应为 0。

3）例题

在图 7-2 中，当 I0.0=0 时，T33=0，T33 的当前值 SV=0。

当 I0.0=1 时，T33 开始计时，SV 在增加，当 SV=3（计时到 30ms）时，T33 由 0 变为 1。当 I0.0 从 1 变为 0 以后，这时 SV=0，T33 由 1 变为 0。当 SV 没有到 3 时，T33 不会出现 1 状态。执行结果如图 7-3 所示。

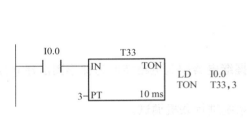

图 7-2　TON 定时器程序

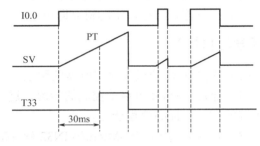

图 7-3　执行结果

2. 带有记忆接通延时定时器（TONR）

1）梯形图符号及语句表格式

在图 7-4 中，TONR 为带有记忆的接通延时定时器标识符，IN 为定时器的启动电平输入端，PT 为时间设定值（可用整数型的常量或变量赋值），Tn 为定时器编号。

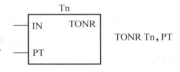

图 7-4　TONR 的梯形图符号及语句表格式

2）功能

当定时器的启动信号 IN 的状态为 0 时，定时器的当前值 SV=0，定时器 Tn 的状态也是 0（常开触点断开，常闭触点闭合），定时器没有工作。

当 Tn 的启动信号由 0 变为 1 时，定时器开始工作，每过一个时基时间，定时器的当前值 SV=SV+1，当定时器的当前值 SV 等于或大于定时器的设定值 PT 时，定时器的延时时间到了，这时定时器的状态由 0 转换为 1，在定时器输出状态改变后，定时器继续计时，直到 SV=32767（最大值）时，才停止计时，SV 将保持不变。只要 SV≥PT 值，定时器的状态就为 1，如果不满足这个条件，定时器的状态应为 0。

带有记忆接通延时定时器用于对许多间隔的累计定时。首次使能输入接通时，定时器位为 OFF，当前值从 0 开始计数时间。使能输入断开，定时器位和当前值保持最后状态。使能输入再次接通时，当前值从上次的保持值继续计数，当累计当前值达到预设值时，定时器位 ON，当前值连续计数到 32767。

TONR 定时器只能用复位指令进行复位操作。

3）举例

图 7-5 梯形图程序的输入/输出执行时序关系如图 7-6 所示。与 TON 的不同在于，TONR 可以实现累计定时，IN 端不再具有复位功能。

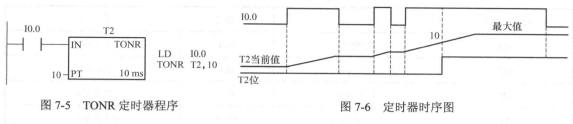

图 7-5　TONR 定时器程序　　　　　　　图 7-6　定时器时序图

【项目分析】

对于三相异步电动机的 Y/△ 降压启动控制电路，有非常成熟的继电器控制电路，采用继电器电路转换法是一个不错的选择。

图 7-7 为电动机 Y/△ 降压启动控制主电路和电气控制电路。工作原理：按下启动按钮 SB2，KM1、KT、KM3 通电并自保，电动机接成星形启动，6s 后，KT 动作，使 KM3 断电，KM2 通电吸合，电动机接成三角形运行。按下停止按钮 SB1，电动机停止运行。

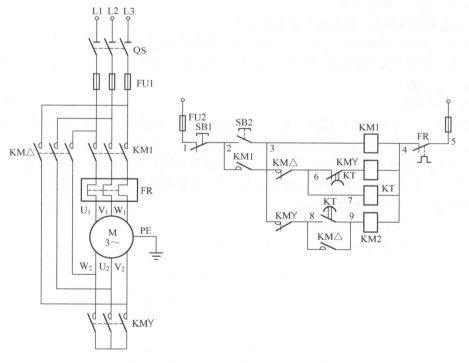

图 7-7　电动机 Y/△ 降压启动控制主电路和电气控制电路

采用 PLC 控制后，主电路沿用图 7-7 所示的电路，继电器控制电路图"翻译"成梯形图，即用 PLC 的外部硬件接线图和梯形图软件来实现继电器控制电路的功能。

【项目实施】

1．分配 I/O 地址

按钮 SB1、SB2 及热继电器常闭触点 FR 给 PLC 提供控制命令，它们接在 PLC 的输入端。

用 PLC 的输出位 Q0.0、Q0.1、Q0.2 控制 KM1、KM2、KM3，它们的线圈接在 PLC 的输出端。I/O 点分配如表 7-2 所示。

表 7-2 I/O 点分配

元件名称	形 式	I/O 点	说 明
SB1	常闭按钮	I0.0	停止按钮
SB2	常开按钮	I0.1	启动按钮
FR	常闭触点	I0.2	过载保护
KM1	交流接触器	Q0.0	触点容量扩大
KM2	交流接触器	Q0.1	触点容量扩大
KM3	交流接触器	Q0.2	触点容量扩大

2．画出 PLC 外部接线图

根据 I/O 类型及点数，PLC 选继电器输出型的 CPU222，交流接触器线圈的额定电压要不大于 AC 220V，画出如图 7-8 所示的 PLC 外部接线图，主电路不变。

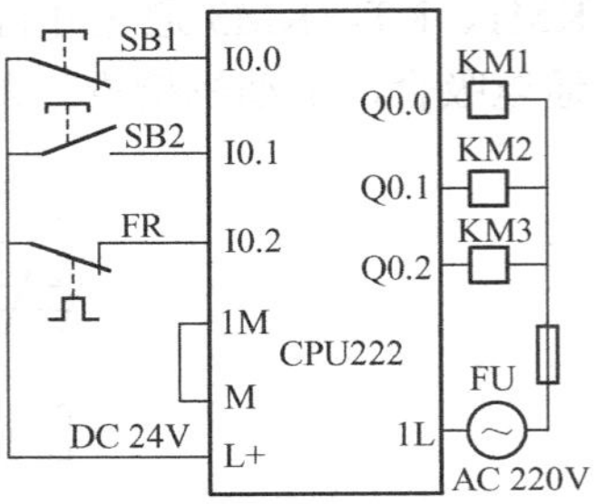

3．确定中间继电器、时间继电器的替代者

继电器电路图的时间继电器 KT 用 PLC 中的接通延时定时器 T38 来代替，使 T38 的启动电平输入端在接通 6s 后，其常开触点闭合，常闭触点断开。

4．设计梯形图

将继电器电路图"翻译"成梯形图，如图 7-9 所示。由于停止按钮采用常闭按钮，在没有按下时始终处于闭合状态，所以该按钮使 I0.0 线圈有电，常开闭合，程序中用 I0.0 的常开触点对应继电器电路图中的常闭按钮 SB1。同理，用 I0.2 的常开触点对应继电器电路图中 FR 的常闭触点。程序中其他部分对照着继电器电路图一一对应地翻译过来即可。

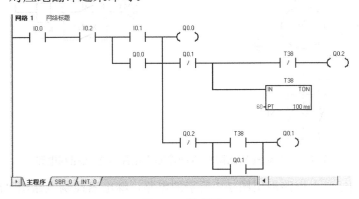

图 7-8 PLC 外部接线图

图 7-9 梯形图

5．优化梯形图

图 7-9 的梯形图写成语句表形式如下。

```
LD    I0.0              AN    T38
A     I0.2              =     Q0.2
LD    I0.1              LPP
O     Q0.0              TON   T38, 60
ALD                     LPP
LPS                     AN    Q0.2
=     Q0.0              LD    T38
AN    Q0.1              O     Q0.1
LPS                     ALD
                        =     Q0.1
```

为了简化电路,当多个线圈都受某一串并联电路控制时,可在梯形图中设置该电路控制的存储器位,如 M0.0。再参考 PLC 梯形图的优化规则进行简化,优化梯形图如图 7-10 所示。

图 7-10 写成语句表形式如下:

```
Network 1 // 网络标题
// 网络注释
LD    I0.1
O     M0.0
A     I0.0
A     I0.2
=     M0.0
Network 2
LD    M0.0
=     Q0.0
Network 3 // 网络标题
// 网络注释
LD    M0.0
AN    Q0.1
TON   T38, 60
AN    T38
=     Q0.2
Network 4 // 网络标题
// 网络注释
LD    T38
O     Q0.1
A     M0.0
AN    Q0.2
=     Q0.1
```

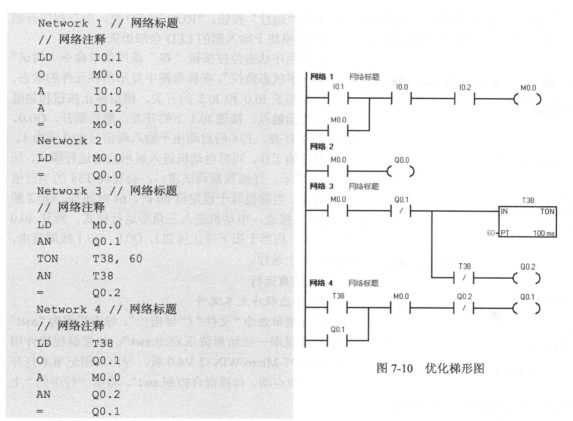

图 7-10 优化梯形图

本质上 PLC 是按语句表的形式执行程序的。对比两个语句表程序,可以看出第二个语句表程序简单,没有复杂的堆栈指令,执行速度快,这是优化后的结果。

6. 运行调试

(1) 在断电的情况下,按图 7-8 进行 PLC 控制线路接线,主电路接法不变。用编程电缆连接 PLC 和计算机的串行通信接口,接通计算机和 PLC 的电源。

(2) 运行计算机上的 STEP7-Micro/WIN32 编程软件,单击工具条上最左边的"新建项目"图标,生成一个新的项目。

(3) 执行菜单命令"PLC"/"类型",设置 PLC 的型号。设置通信参数,建立起计算机与

PLC 的通信连接。

（4）执行菜单命令"工具"/"选项"，在"一般"对话框的"一般"选项卡中，选择 SIMATIC 指令集和"国际"助记符集，将"梯形图编辑器"设置为默认的程序编辑器。

（5）用"查看"菜单选择"梯形图"语言，用"查看"菜单选择"框架"/"指令树"可打开（或关闭）指令树窗口，找到其中的"项目 1"/"程序块"/"主程序（OB1）"，双击"主程序（OB1）"，在右边"主程序"的编辑窗口中输入图 7-10 所示的梯形图程序。

（6）单击工具条中的"编译"或"全部编译"按钮，编译输入的程序。如果程序没有错误，将显示"0 错误"。否则，改正程序中的错误后才能下载程序。在下载用户程序之前，编程软件将首先自动执行编译操作。

（7）下载程序与调试程序。计算机与 PLC 建立连接后，将 CPU 模块上的模式开关放在 RUN 位置，单击菜单栏中"文件"/"下载"，或单击工具条中的"▼"按钮，进行程序下载。

（8）运行、调试程序。下载成功后，单击"运行"按钮，"RUN" LED 亮，用户程序开始运行。断开数字量输入的全部输入开关，CPU 模块上输入侧的 LED 全部熄灭。

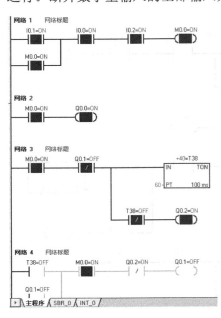

图 7-11　星形启动运行

单击程序状态监控按钮"▣"或用菜单命令"调试"/"开始程序状态监控"，在梯形图中显示出各元件的状态。闭合接在端子 I0.0 和 I0.2 的开关，模拟停止按钮和热继电器的常闭触点。接通 I0.1 上的开关，然后断开，Q0.0、Q0.2 指示灯亮，T38 的启动电平输入端信号由 0 变为 1，定时器开始工作，同时电动机进入星形启动运行模式，如图 7-11 所示。仔细观察调试窗口，会发现 T38 的当前值不断增加，当前值等于设定值 60 时，6s 时间到，Q0.2 断开，Q0.1 接通，电动机进入三角形运行模式。断开 I0.0 上的开关（相当于按下停止按钮），Q0.0、Q0.1 线圈没电，电动机停止运行。

7．仿真运行

1）导出程序文本文件

执行菜单命令"文件"/"导出…"，导出后缀为"awl"的文件"星形—三角形降压启动.awl"。如果编程软件用的是 STEP7-Micro/WIN32 V4.0 版，导出后用记事本打开文件"单向点动、自锁混合控制.awl"，将第一行中的"主程序"用"MAIN"代替，保存。

2）启动仿真程序

双击"S7_200 汉化版.exe"，输入密码，启动仿真程序。

3）选择 CPU

执行菜单命令"配置"/"CPU 型号"，选取所需型号的 CPU。

4）装入待仿真的程序

执行菜单命令"程序"/"载入程序"，选中逻辑块，找到保存的文件"星形—三角形降压启动.awl"，打开。

5）仿真调试

执行菜单命令"PLC"/"运行"或工具条上的"▶"按钮，进入运行模式。单击"▦"

按钮，输入 I0.0、I0.1、I0.2、Q0.0，进行内存变量监控，如图 7-12 所示。

闭合接在端子 I0.0 和 I0.2 的开关，模拟停止按钮和热继电器的常闭触点。接通 I0.1 上的开关，然后断开，Q0.0、Q0.2 指示灯亮，T38 的启动电平输入端信号由 0 变为 1，定时器开始工作，表示电动机进入星形启动运行模式。仔细观察调试窗口，会发现 T38 的当前值不断增加，当前值等于设定值 60 时，6s 时间到，Q0.2 断开，Q0.1 接通，表示电动机进入三角形运行模式。断开 I0.0 上的开关（相当于按下停止按钮），Q0.0、Q0.1 线圈没电，表示电动机停止运行。

图 7-12 内存变量监控

【评定激励】

按以下标准开展小组自评、互评，成绩填入项目评分细则表，如表 7-3 所示。

表 7-3 项目评分细则表

项目名称					组别	
开始时间			结束时间			
考核内容	考核要求	配分	评分标准		扣分	得分
电路设计	（1）I/O 分配表正确 （2）输入/输出接线图正确 （3）主电路正确 （4）连锁、保护齐全	30 分	（1）分配表每错一处，扣 5 分 （2）输入/输出电路图每错一处，扣 5 分 （3）主电路每错一处，扣 5 分 （4）连锁、保护每缺一项，扣 5 分			
安装接线	（1）元件选择、布局合理，安装符合要求 （2）布线合理美观	10 分	（1）元件选择、布局不合理，扣 3 分/处；元件安装不牢固，扣 3 分/处 （2）布线不合理、不美观，扣 3 分/处			
编程调试	（1）程序编制实现功能 （2）操作步骤正确 （3）试车成功	50 分	（1）输入梯形图错误，扣 2 分/处 （2）不会设置及下载，分别扣 5 分 （3）一个功能不实现，扣 10 分 （4）操作步骤错一步，扣 5 分 （5）显示运行不正常，扣 5 分/处			
安全文明工作	（1）安全用电，无人为损坏仪器、元件和设备 （2）保持环境整洁，秩序井然，操作习惯良好 （3）小组成员协作和谐，态度正确	10 分	（1）发生安全事故，扣 10 分 （2）人为损坏设备、元器件，扣 10 分 （3）现场不整洁、工作不文明、团队不协作，扣 5 分 （4）不遵守考勤制度，每次扣 2～5 分			
总成绩						

思考与练习

（1）写出如图 7-13 所示的梯形图语句表程序。
（2）TON、TONR 定时器的 IN 和 PT 的输入可取哪些值？

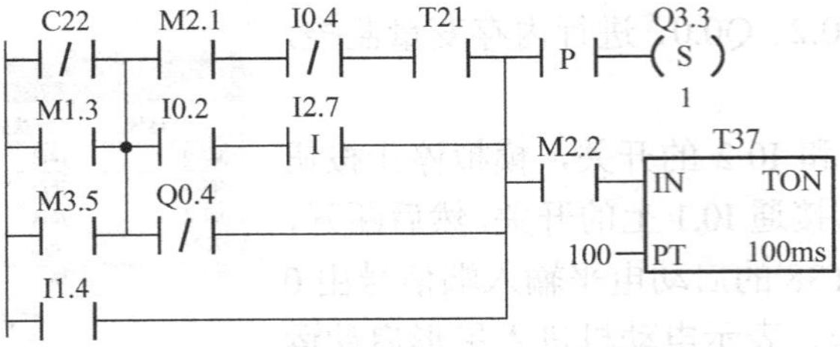

```
  C22   M2.1   I0.4   T21              Q3.3
├──/├───┤├────┤/├────┤├────┬──┤P├──────( S )
  M1.3  I0.2   I2.7         │            1
├──┤├─┬─┤├────┤I├───────────┤   M2.2  ┌─────────┐
  M3.5│ Q0.4                └──┤├─────┤IN    TON│
├──┤├─┤ ┤/├                              │         │
  I1.4│                              100─┤PT  100ms│
├──┤├─┘                                  └─────────┘
```

图 7-13 梯形图

（3）简述 TON 的工作过程。

（4）简述 TONR 的工作过程。

（5）定时器号和分辨率有对应关系吗？

（6）图 7-14 为自耦变压器降压启动电路，采用继电器电路转换法将其改为 PLC 控制，试进行 I/O 分配，画出相应的控制电路输入/输出接线图、梯形图及对应的语句表程序并进行调试。

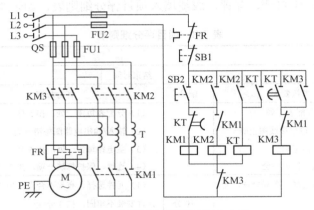

图 7-14 自耦变压器降压启动电路

项目八

三相异步电动机的正、反转运行控制

【项目目标】

用 S7-200 PLC 实现三相异步电动机的正、反转运行控制,控制要求如下。
(1) 按下正转按钮,如果电动机处于停止状态则立即启动,否则先停止 20s,再正转。
(2) 按下反转按钮,如果电动机处于停止状态则立即启动,否则先停止 20s,再反转。
(3) 按下停止按钮,电动机立即停止。

【学习目标】

(1) 掌握 PLC 定时器的用法。
(2) 了解 PLC 程序的经验设计法。
(3) 熟练运用 STEP7-Micro/WIN32 软件对电动机正、反转控制系统进行联机调试。
(4) 学会利用 PLC 仿真软件进行 PLC 程序的仿真调试。

【相关知识】

1. 断开延时定时器(TOF)

1)梯形图符号及语句表格式

在图 8-1 中,TOF 为接通延时定时器标识符,IN 为定时器的启动电平输入端,PT 为时间设定值(可用整数型的常量或变量赋值),Tn 为定时器编号。TOF 的分辨率及编号分配见表 7-1。

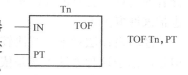

图 8-1 TOF 的梯形图符号及语句表格式

2)功能

当定时器的启动信号 IN 的状态为 1 时,定时器的当前值 SV=0,定时器 Tn 的状态也是 1(常开触点闭合,常闭触点断开),定时器没有工作。

当 Tn 的启动信号由 1 变为 0 时,定时器开始工作,每过一个时基时间,定时器的当前值 SV=SV+1,当定时器的当前值 SV 等于定时器的设定值 PT 时,定时器的延时时间到了,这时定时器的状态由 1 转换为 0,在定时器输出状态改变后,定时器停止计时,SV 将保持不变,定时器的状态为 0。

TON 与 TOF 不能共享相同的定时器号,如不能同时对 T37 使用指令 TON 和 TOF。

可以用复位指令复位定时器。复位指令使定时器位变为 OFF,定时器当前值被清零。在第一个扫描周期,所有的定时器位被清零,TON 与 TOF 的当前值也被清零。

3）举例

在图 8-2 中，当 I0.0=1 时，T33=1，T33 的 SV=0。

当 I0.0=0 时，T33 开始计时，SV 在增加，当 SV=3（计时到 30ms）时，T33 由 1 变为 0。当 I0.0 从 0 变为 1 以后，SV=0，T33=1。当 I0.0 由 1 再次变为 0，但是 I0.0=0 的时间没达到 30ms 时，T33 不会出现 0 状态。执行结果如图 8-3 所示。

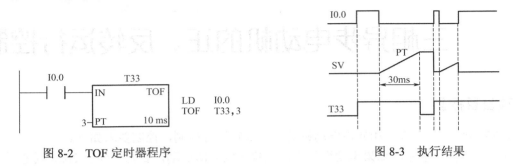

图 8-2　TOF 定时器程序　　　　　　　图 8-3　执行结果

2. PLC 程序的经验设计法

在 PLC 发展的初期，沿用了设计继电器电路图的方法来设计梯形图程序，即在已有的一些典型梯形图的基础上，根据被控对象对控制的要求，不断地修改和完善梯形图。有时需要多次反复地调试和修改梯形图，不断地增加中间编程元件和触点，最后才能得到一个较为满意的结果。这种方法没有普遍的规律可以遵循，设计所用的时间、设计的质量与编程者的经验有很大的关系，所以有人把这种设计方法称为经验设计法。它可以用于逻辑关系较简单的梯形图程序设计。

用经验设计法设计 PLC 程序时大致可以按下面几步来进行：分析控制要求、选择控制原则；设计主令元件和检测元件，确定输入/输出设备；设计执行元件的控制程序；检查修改和完善程序。

用经验设计法设计的梯形图是按设计者的经验和习惯的思路进行设计。因此，即使是设计者的同行，要分析这种程序也非常困难，更不用说维修人员了，这给 PLC 系统的维护和改进带来许多困难。

经验设计法对于一些比较简单程序的设计是比较奏效的，可以收到快速、简单的效果。但是，由于这种方法主要是依靠设计人员的经验进行设计，所以对设计人员的要求也就比较高，特别是要求设计者有一定的实践经验，对工业控制系统和工业上常用的各种典型环节比较熟悉。经验设计法没有规律可遵循，具有很大的试探性和随意性，往往需经多次反复修改和完善才能符合设计要求，所以设计的结果往往不很规范，因人而异。

经验设计法一般适合于设计一些简单的梯形图程序或复杂系统的某一局部程序（如手动程序等）。如果用来设计复杂系统梯形图，则存在以下问题。

1）考虑不周、设计麻烦、设计周期长

用经验设计法设计复杂系统的梯形图程序时，要用大量的中间元件来完成记忆、连锁、互锁等功能，由于需要考虑的因素很多，它们往往又交织在一起，分析起来非常困难，并且很容易遗漏一些问题。修改某一局部程序时，很可能会对系统其他部分程序产生意想不到的影响，往往花了很长时间，还得不到一个满意的结果。

2）梯形图的可读性差、系统维护困难

由于经验设计法没有规律可遵循，具有很大的试探性和随意性，导致梯形图的可读性差、系统维护困难。

【项目分析】

按钮、接触器双重互锁的电动机正、反转控制电路如图 8-4 所示。采用按钮互锁,将复合按钮动合触点作为启动按钮,而将其动断触点作为互锁触点串接在另一个接触器线圈支路中。这样,要使电动机改变转向,只要直接按正反转按钮就可以了,而不必先按停止按钮,可简化操作、提高工作效率;采用接触器互锁,使 KM1 与 KM2 的主触点不会同时接通,防止主电路的相间短路。

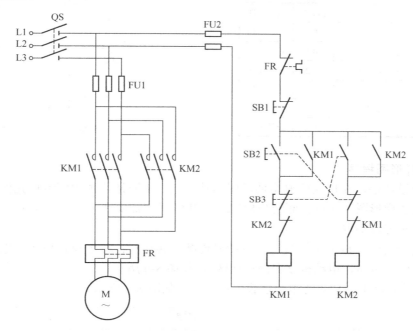

图 8-4 按钮、接触器双重互锁的电动机正、反转控制电路

上述电路实现的控制功能如下。

(1)按下正转按钮,电动机连续正转运行;按下反转按钮,电动机连续反转运行;按下停止按钮,电动机立即停止运转。

(2)通过热继电器实现了过载保护。

(3)通过接触器互锁避免了操作引起的相间短路。

(4)通过按钮互锁实现正、反转即时切换。

用 PLC 控制,除实现上面这些功能外,还要具有下面的功能。

(5)按下正转按钮,如果电动机处于停止状态则立即启动,否则先停止 20s,再启动。

(6)按下反转按钮,如果电动机处于停止状态则立即启动,否则先停止 20s,再启动。

由于新增了一些功能,控制逻辑不完全一样,不能再用继电器电路转换法进行设计,可在参考原有控制逻辑的基础上,用经验设计法进行设计。

【项目实施】

1. 分配 I/O 地址

按钮 SB1、SB2、SB3 给 PLC 提供控制命令,它们的触点接在 PLC 的输入端。热继电器的常闭触点 FR 接在 PLC 的输入端 I0.3，当过载时，程序控制电动机电源断开。I/O 点分配如表 8-1 所示。

2．画出 PLC 外部接线图

根据 I/O 类型及点数，考虑到将来的性能扩充，PLC 选 S7-200 系列的 CPU222，画出如图 8-5 所示的 PLC 外部接线图，为安全起见，控制电路采用了 KM1、KM2 接触器硬件互锁，主电路不变。

表 8-1　I/O 点分配

元件名称	形式	I/O 点	说明
SB1	常闭按钮	I0.0	停止按钮
SB2	常开按钮	I0.1	正转按钮
SB3	常开按钮	I0.2	反转按钮
FR	常闭触点	I0.3	热继电器
KM1	交流接触器	Q0.0	正转控制
KM2	交流接触器	Q0.1	反转控制

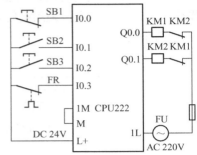

图 8-5　PLC 外部接线图

3．设计梯形图程序

采用经验设计法，在启保停典型梯形图的基础上，不断地增加中间编程元件和触点，不断地修改和完善梯形图。通过上面的分析知道，PLC 程序需实现 6 个功能，由简到难，采用启保停电路分别加以实现。

实现第一个功能（按下正转按钮，电动机连续正转运行；按下反转按钮，电动机连续反转运行；按下停止按钮，电动机立即停止运转），如图 8-6 所示。

在图 8-6 的基础上增加热继电器过载保护功能，如图 8-7 所示。

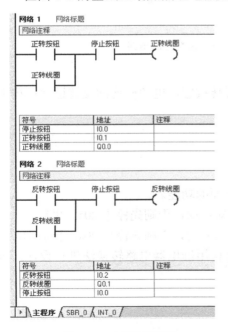

图 8-6　正反转梯形图 1

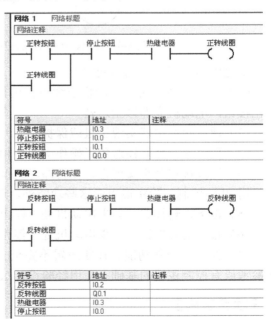

图 8-7　正反转梯形图 2

图 8-5 实现了接触器的硬件互锁，为安全起见，程序中增加正、反转的软件互锁，如图 8-8 所示。

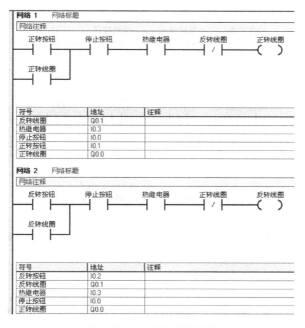

图 8-8　正、反转梯形图 3

在程序中将 I0.1 的常闭触点串入正、反转梯形图程序中，将 I0.2 的常闭触点串入正转梯形图程序中，实现按钮互锁，使正、反转直接切换，如图 8-9 所示。

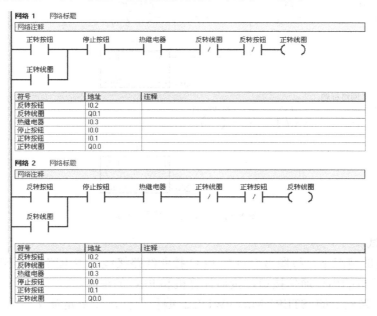

图 8-9　正反转梯形图 4

增加两个定时时间为 20s 的断开延时定时器（TOF），把它们的常闭触点分别串入对方所在的网络中，从而实现分析中提到的功能（5）、（6），如图 8-10 所示。这个程序是有问题的，假设电动机现正在正转，只有按下反转按钮并且一直不放开，20s 后电动机才反转。如果不到

20s 松手了，程序不知道你曾经按下过反转按钮，所以要增加一个中间变量，用于记下有无按下过按钮。改进后的程序如图 8-11 所示，这是最终的程序。

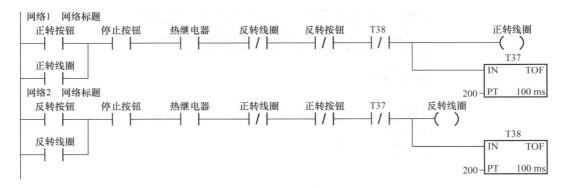

图 8-10　正、反转梯形图 5

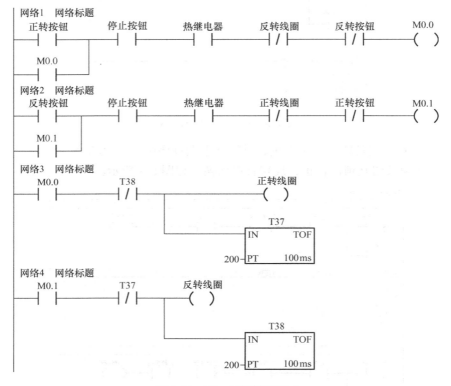

图 8-11　正、反转梯形图 6

4．运行调试

（1）在断电的情况下，按图 8-5 进行 PLC 控制线路接线，主电路接法不变。用编程电缆连接 PLC 和计算机的串行通信接口，接通计算机和 PLC 的电源。

（2）运行计算机上的 STEP7-Micro/WIN32 编程软件，如果是英文界面，执行菜单命令"Tools"/"Options"，在"General"对话框的"General"选项卡中，选择"Chinese"语言选项，确认后退出，重新运行编程软件，可转换为中文界面。单击工具条上最左边的"新建项目"图标，生成一个新的项目。

（3）执行菜单命令"PLC"/"类型"，设置 PLC 的型号。设置通信参数，建立起计算机与

PLC 的通信连接。

（4）执行菜单命令"工具"/"选项"，在"一般"对话框的"一般"选项卡中，选择 SIMATIC 指令集和"国际"助记符集，将"梯形图编辑器"设置为默认的程序编辑器。

（5）用"查看"菜单选择"梯形图"语言，用"查看"菜单选择"框架"/"指令树"可打开（或关闭）指令树窗口，找到其中的"项目 1"/"程序块"/"主程序（OB1）"，双击"主程序（OB1）"，在右边"主程序"的编辑窗口中输入图 8-11 所示的梯形图程序。

（6）单击工具条中的"编译"或"全部编译"按钮，编译输入的程序。如果程序没有错误，将显示"0 错误"。否则，改正程序中的错误后才能下载程序。在下载用户程序之前，编程软件将首先自动执行编译操作。

（7）编译成功后，找到指令树中的"项目 1"/"交叉引用"/"交叉引用"，双击"交叉引用"图标，观察出现的交叉引用表。

（8）打开指令树中的"符号表"/"用户定义 1"的符号表，建立如图 8-12 所示的符号表。双击"主程序（OB1）"标签，执行菜单命令"查看"/"符号寻址"，可以切换在主程序中是否显示符号地址。

（9）下载程序。计算机与 PLC 建立连接后，将 CPU 模块上的模式开关放在 RUN 位置，单击工具条中的"下载"按钮，在下载对话框中单击"选项"按钮，选择要下载的块，一般只下载程序块。单击"下载"按钮，开始下载。

（10）调试程序。下载成功后，单击"运行"按钮，"RUN" LED 亮，用户程序开始运行。断开数字量输入的全部输入开关，CPU 模块上输入侧的 LED 全部熄灭。用接在端子 I0.1、I0.2、I0.0、I0.3 的开关模拟正转按钮、反转按钮和停止按钮、热继电器。通过观察各输出点对应的 LED 的状态变化，了解程序的执行情况。

闭合 I0.0 上的开关，模拟停止按钮的自然状态；闭合 I0.3 上的开关，表示热继电器工作在正常状态；闭合 I0.1 上的开关，然后断开，表示按下了正转按钮，Q0.0 灯一直亮，表示电动机连续正转；单击状态表监控按钮"📊"或用菜单命令"调试"→"开始状态表监控"，在状态表中输入如图 8-13 所示的信息；闭合 I0.2 上的开关，然后断开，表示按下了反转按钮，观察状态表中正转、反转线圈的值以及 T37 状态位及当前值的变化，20s 后 Q0.0 的值为 0、Q0.1 的值为 1，由正转切换到反转。按同样的步骤进行反转到正转的调试。

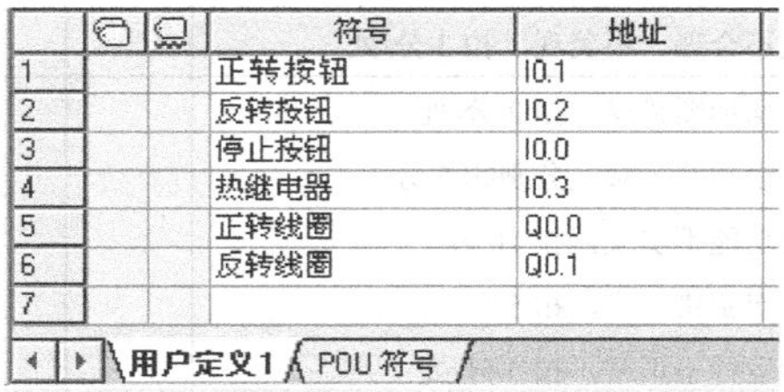

符号	地址
正转按钮	I0.1
反转按钮	I0.2
停止按钮	I0.0
热继电器	I0.3
正转线圈	Q0.0
反转线圈	Q0.1

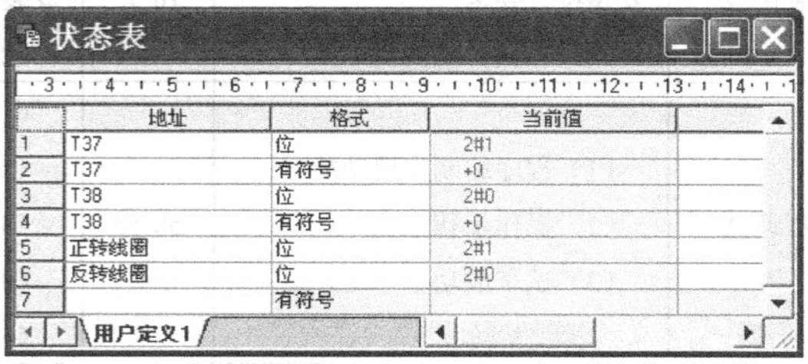

图 8-12　符号表

地址	格式	当前值
T37	位	2#1
T37	有符号	+0
T38	位	2#0
T38	有符号	+0
正转线圈	位	2#1
反转线圈	位	2#0
	有符号	

图 8-13　状态表

5. 控制逻辑仿真

1）导出程序文本文件

执行菜单命令"文件"/"导出…"，导出后缀为"awl"的文件"三相异步电动机的正反转运行控制.awl"。

2）启动仿真程序

启动仿真程序，执行菜单命令"配置"/"CPU 型号"，选取所需型号的 CPU。

3）装入待仿真的程序

执行菜单命令"程序"/"载入程序",选中逻辑块,打开文件"三相异步电动机的正、反转运行控制.awl"。

4）仿真调试

执行菜单命令"PLC"/"运行"或工具条上的" ▶ "按钮,进入运行模式。

单击" "按钮,输入如图 8-14 所示信息,进行内存变量监控,如图 8-14 所示。闭合 I0.0 上的开关,模拟停止按钮的自然状态;闭合 I0.3 上的开关,表示热继电器工作在正常状态;闭合 I0.1 上的开关,然后断开,表示按下了正转按钮,Q0.0 灯一直亮,表示电动机连续正转;闭合 I0.2 上的开关,然后断开,表示按下了反转按钮,观察状态表中正、反转线圈的值,以及 T37 状态位和当前值的变化,20s 后 Q0.0 的值为 0、Q0.1 的值为 1,由正转切换到反转。按同样的步骤进行反转到正转的调试。

图 8-14　内存变量监控

【评定激励】

按以下标准开展小组自评、互评,成绩填入项目评分细则表,如表 8-2 所示。

表 8-2　项目评分细则表

项目名称					组别	
开始时间			结束时间			
考核内容	考核要求	配分	评分标准		扣分	得分
电路设计	（1）I/O 分配表正确 （2）输入/输出接线图正确 （3）主电路正确 （4）连锁、保护齐全	30 分	（1）分配表每错一处,扣 5 分 （2）输入/输出电路图每错一处,扣 5 分 （3）主电路错一处,扣 5 分 （4）连锁、保护每缺一项,扣 5 分			
安装接线	（1）元件选择、布局合理,安装符合要求 （2）布线合理美观	10 分	（1）元件选择、布局不合理,扣 3 分/处;元件安装不牢固,扣 3 分/处 （2）布线不合理、不美观,扣 3 分/处			
编程调试	（1）程序编制实现功能 （2）操作步骤正确 （3）试车成功	50 分	（1）输入梯形图错误,扣 2 分/处 （2）不会设置及下载,分别扣 5 分 （3）一个功能不实现,扣 10 分 （4）操作步骤错一步,扣 5 分 （5）显示运行不正常,扣 5 分/处			
安全文明工作	（1）安全用电,无人为损坏仪器、元件和设备 （2）保持环境整洁,秩序井然,操作习惯良好 （3）小组成员协作和谐,态度正确	10 分	（1）发生安全事故,扣 10 分 （2）人为损坏设备、元器件,扣 10 分 （3）现场不整洁、工作不文明、团队不协作,扣 5 分 （4）不遵守考勤制度,每次扣 2~5 分			
总成绩						

思考与练习

（1）TOF 定时器的 IN 和 PT 的输入可取哪些值？

（2）简述 TOF 的工作过程。

（3）图 8-15 是两台电动机顺序启动控制的继电器控制电路，请采用 PLC 实现其控制原理（要求设计外围接线图、I/O 点分配、编制梯形图）。

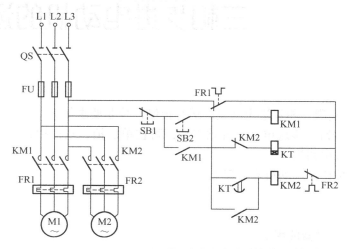

图 8-15　两台电动机顺序启动控制的继电器控制电路

（4）设计一个抢答器，要求：有 4 个答题人，出题人提出问题，答题人按动按钮开关，仅仅是最早按的人输出信号，出题人按复位按钮，引出下一个问题，试画出 PLC 的 I/O 接线图并编制梯形图程序。

（5）按钮闭合后，6.5s 后 L 灯亮，按下停止按钮，灯灭。试画出 PLC 的 I/O 接线图并编制梯形图程序。

（6）按钮 SB1 接通后，灯亮，5.5s 后，灯灭。试画出梯形图及 PLC 的 I/O 接线图。

（7）用 PLC 控制一个工作台运行，其动作程序为：工作台由原位开始前进，到终端后自动停止；在终端停留 2min 后自动返回原位停止；在前进或后退途中任意位置都能停止或再次启动；电网停电后再来电工作台不会自行运动。请画出主电路、PLC 接线图、PLC 梯形图并进行调试（有必要的保护措施）。

项目九

三相步进电动机的运行控制

■【项目目标】

用 S7-200 PLC 实现三相步进电动机的运行控制,控制要求如下。

(1)按下启动按钮,步进电动机开始工作:可在单三拍、双三拍、单六拍方式中任自由切换,也可正反转自由切换。

(2)按下停止按钮,电动机立即停止。

■【学习目标】

(1)掌握 PLC 定时器的用法。
(2)理解步进电动机的工作原理及控制原理。
(3)掌握数据传送指令的用法。
(4)掌握移位与循环移位指令的用法。
(5)熟练运用 STEP7-Micro/WIN32 软件对电动机正、反转控制系统进行联机调试。

■【相关知识】

一、步进电动机简介

步进电动机是一种将数字脉冲信号转换成机械角位移或者线位移的数模转换元件。步进电动机的运行是在专用的脉冲电源供电下进行的,其转子走过的步数,或者说转子的角位移量,与输入脉冲数严格成正比。另外,步进电动机动态响应快,控制性能好,只要改变输入脉冲的顺序,就能方便地改变其旋转方向。这些特点使得步进电动机与其他电动机有很大的差别。因此,步进电动机的上述特点使得由它和驱动控制器组成的开环数控系统,既具有较高的控制精度、良好的控制性能,又能稳定可靠地工作。因此,在数字控制系统出现之初,步进电动机经历过一个大的发展阶段。

在经历了一个大的发展阶段后,目前其发展趋于平缓。由于工作原理和其他电动机有很大的差别,因而具有其他电动机所没有的特性,步进电动机正沿着小型、高效、低价的方向发展。

1.步进电动机的分类

(1)永磁式步进电动机一般为两相,转矩和体积较小,步距角一般为 7.5°或 15°。

(2)反应式步进电动机一般为三相,可实现大转矩输出,步距角一般为 1.5°,但噪声和振动都很大。

（3）混合式步进电动机是指混合了永磁式和反应式的优点，它又分为两相和五相。两相步距角一般分为 1.8°，而五相步距角一般为 0.72°，这种步进电动机的应用最为广泛。

2. 步进电动机的原理

以三相反应式步进电动机为例，其结构如图 9-1 所示。定子、转子是用硅钢片或其他软磁材料制成的。定子的每对极上都绕有一对绕组，构成一相绕组，共三相称为 A、B、C 相。

在定子磁极和转子上都开有齿分度相同的小齿，采用适当的齿数配合，当 A 相磁极的小齿与转子小齿一一对应时，B 相磁极的小齿与转子小齿相互错开 1/3 齿距，C 相则错开 2/3 齿距，如图 9-2 所示。

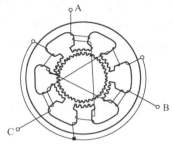

图 9-1　三相反应式步进电动机的结构

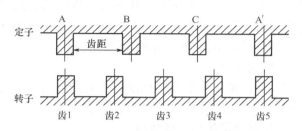

图 9-2　A 相通电定转子错开示意图

步进电动机的位置和速度与绕组通电次数（脉冲数）和频率成一一对应关系。而方向由绕组通电的顺序决定。不过，出于对力矩、平稳、噪声及减小角度等方面考虑，三相步进电动机往往采用 A→AB→B→BC→C→CA→A 这种导电状态，这叫三相六拍。这样将原来每步 $1/3\tau$ 改变为 $1/6\tau$。甚至于通过二相电流不同的组合，使其 $1/3\tau$ 变为 $1/12\tau$、$1/24\tau$，这就是电动机细分驱动的基本理论依据。

不难推出：电动机定子上有 m 相励磁绕组，其轴线分别与转子齿轴线偏移 $1/m$，$2/m$，…，$(m-1)/m$，1，并且导电按一定的相序就能控制电动机的正、反转，这是步进电动机旋转的物理条件。只要符合这一条件，理论上可以制造任何相的步进电动机，出于成本等多方面考虑，市场上一般以二、三、四、五相为多。

3. 步进电动机的基本参数

1）电动机固有步距角

它表示控制系统每发一个步进脉冲信号，电动机所转动的角度。电动机出厂时给出了一个步距角的值，这个步距角可以称为"电动机固有步距角"，它不一定是电动机实际工作时的真正步距角，真正的步距角和驱动器有关。

固有步距角也称为整步，这种驱动方式的每个脉冲使电动机移动一个基本步矩角。例如，标准两相电动机的一圈共有 200 个步距角，则整步驱动方式下，每个脉冲使电动机移动 1.8°。

在单相激磁时，电动机转轴停至整步位置上，驱动器收到下一个脉冲后，若给另一相激磁且保持原来相继续处在激磁状态，则电动机转轴将移动半个基本步距角，停在相邻两个整步位置的中间，这称为半步。如此循环地对两相线圈进行单相然后两相激磁，步进电动机将以每个脉冲半个基本步距角的方式转动。

2）步进电动机的相数

步进电动机的相数是指电动机内部的线圈组数，目前常用的有二相、三相、四相、五相步进电动机。电动机相数不同，其步距角也不同，一般二相电动机的步距角为 0.9°/1.8°、三相的为

0.75°/1.5°、五相的为 0.36°/0.72°。在没有细分驱动器时，用户主要靠选择不同相数的步进电动机来满足自己步距角的要求。如果使用细分驱动器，则"相数"将变得没有意义，用户只需在驱动器上改变细分数，就可以改变步距角。

细分就是指电动机运行时的实际步距角是基本步距角的几分之一。例如，驱动器工作在 10 细分状态时，其步距角只为电动机固有步距角的十分之一，细分功能完全是由驱动器靠精确控制电动机的相电流所产生的，与电动机无关。

3）保持转矩

保持转矩是指步进电动机通电但没有转动时，定子锁住转子的力矩。它是步进电动机最重要的参数之一，通常步进电动机在低速时的力矩接近保持转矩。由于步进电动机的输出力矩随速度的增大而不断衰减，输出功率也随速度的增大而变化，所以保持转矩就成为了衡量步进电动机最重要的参数之一。比如，当人们说 2N·m 的步进电动机，在没有特殊说明的情况下是指保持转矩为 2N·m 的步进电动机。

4）钳制转矩

钳制转矩是指步进电动机没有通电的情况下，定子锁住转子的力矩。由于反应式步进电动机的转子不是永磁材料，所以它没有钳制转矩。

4．步进电动机的主要特点

（1）一般步进电动机的精度为步距角的 3%～5%，且不累积。

（2）步进电动机外表允许的最高温度取决于不同电动机磁性材料的退磁点，步进电动机温度过高时会使电动机的磁性材料退磁，从而导致力矩下降乃至于失步，因此电动机外表允许的最高温度应取决于不同电动机磁性材料的退磁点。一般来讲，磁性材料的退磁点都在 130℃以上，有的甚至高达 200℃以上，所以步进电动机外表温度在 80～90℃完全正常。

（3）步进电动机的力矩会随转速的升高而下降。当步进电动机转动时，电动机各相绕组的电感将形成一个反向电动势；频率越高，反向电动势越大。在它的作用下，电动机随频率（或速度）的增大而相电流减小，从而导致力矩下降。

（4）步进电动机低速时可以正常运转，但若高于一定速度就无法启动，并伴有啸叫声。

步进电动机有一个技术参数称为空载启动频率，即步进电动机在空载情况下能够正常启动的脉冲频率，如果脉冲频率高于该值，电动机不能正常启动，可能发生丢步或堵转。在有负载的情况下，启动频率应更低。如果要使电动机达到高速转动，脉冲频率应有加速过程，即启动频率较低，然后按一定加速度升到所希望的高频。

5．步进电动机在工业控制领域的主要应用

步进电动机作为执行元件，是机电一体化的关键产品之一，广泛应用在各种家电产品中，如打印机、磁盘驱动器、玩具、雨刷、机械手臂和录像机等。另外步进电动机也广泛应用于各种工业自动化系统中。由于通过控制脉冲个数可以很方便地控制步进电动机转过的角位移，且步进电动机的误差不积累，可以达到准确定位的目的。还可以通过控制频率很方便地改变步进电动机的转速和加速度，达到任意调速的目的，因此步进电动机可以广泛应用于各种开环控制系统中。

二、步进电动机控制原理

1．步进电动机的工作方式

以三相步进电动机为例，工作方式主要有以下三种。

(1) 三相单三拍（如图 9-3 所示）：A→B→C→A。
(2) 三相双三拍（如图 9-4 所示）：AB→BC→CA→AB。

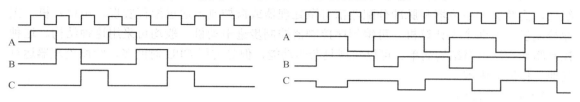

图 9-3　三相单三拍正序换相工作方式时序图　　图 9-4　三相双三拍正序换相工作方式时序图

(3) 三相六拍（如图 9-5 所示）：A→AB→B→BC→C→CA→A。

这三种方式的主要区别是：电动机绕组的通电、放电时间不同。单三拍时通电时间最短，双三拍时允许放电时间最短，六拍时通电时间和放电时间最长。因此，同一脉冲频率时，六拍的工作方式出力最大。而且，步进电动机是三拍的工作方式时，其分辨率为 3°，六拍的工作方式时，分辨率是 1.5°，在这种控制方式下工作，步进电动机的运行特性好，步进电动机分辨率最高。

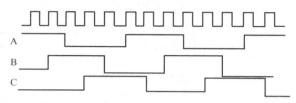

图 9-5　三相六拍正序换相工作方式时序图

可根据步进电动机的工作方式以及所要求的频率（步进电动机的速度），画出 A、B、C 各相的时序图，并使用 PLC 产生各种时序的脉冲。

2．步进电动机的转向

如果给定工作方式正序换相通电，步进电动机正转，如果按反序换相通电，则步进电动机就反转，如图 9-6 所示。

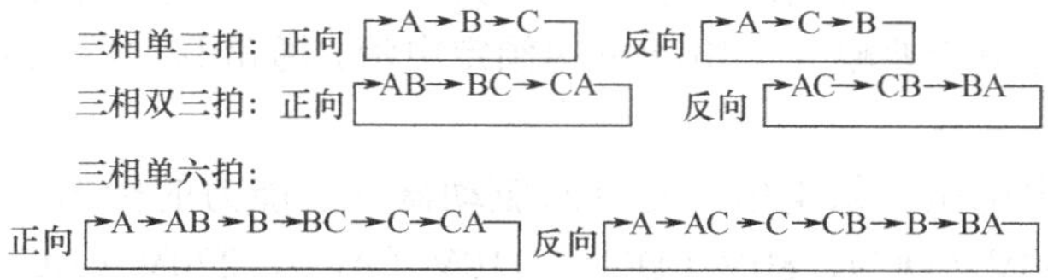

三相单三拍：正向 ┌A→B→C┐　反向 ┌A→C→B┐
三相双三拍：正向 ┌AB→BC→CA┐　反向 ┌AC→CB→BA┐
三相单六拍：
正向 ┌A→AB→B→BC→C→CA┐　反向 ┌A→AC→C→CB→B→BA┐

图 9-6　正、反向步序

3．步进电动机的速度

如果给步进电动机发一个控制脉冲，它就转一步，再发一个脉冲，它会再转一步。两个脉冲的间隔越短，步进电动机就转得越快。调整发出的脉冲频率，就可以对步进电动机进行调速。

4．步进电动机的控制和驱动方法

步进电动机的控制和驱动方法很多，按照使用的控制装置来分可分为普通集成电路控制、单片机控制、工业控制机控制、可编程序控制器控制等几种；按照控制结构可分为硬脉冲生成器—硬脉冲分配结构（硬—硬结构）、软脉冲生成器—软脉冲分配器结构（软—软结构）、软脉冲生成器—硬脉冲分配器结构（软—硬结构）。

1）硬—硬结构

如图 9-7 所示，这种步进电动机的控制驱动系统由硬脉冲生成器、硬脉冲分配器、驱动器组成。这种控制驱动方式运行速度比较快，但是电路复杂，功能单一。

2）软—软结构

如图 9-8 所示，这种步进电动机的控制驱动系统由软脉冲生成器、软脉冲分配器、驱动器组成，而软脉冲生成器和脉冲分配器都有微处理器或微控制器通过编程实现。用单片机、工业控制机、普通个人计算机、可编程序控制器控制步进电动机一般均可采用这种结构。这种控制驱动方法电路结构简单、可以实现复杂的功能，但是占用 CPU 时间多，给微处理器运行其他工作造成困难。

3）软—硬结构

如图 9-9 所示，这种步进电动机的控制驱动系统由软脉冲生成器、硬脉冲分配器和硬件驱动器组成。硬脉冲分配器是通过脉冲分配器芯片来实现通电换相控制的。这种控制驱动方法电路结构简单、可以实现复杂的功能，同时占用 CPU 时间较少。

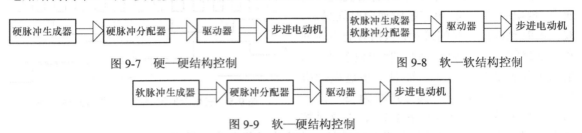

图 9-7　硬—硬结构控制　　　　　图 9-8　软—软结构控制

图 9-9　软—硬结构控制

控制步进电动机最重要的就是要产生出符合要求的控制脉冲。西门子 PLC 本身带有高速脉冲计数器和高速脉冲发生器，其发出的频率最大为 10kHz，能够满足步进电动机的要求。对输入电动机的相关脉冲进行控制，从而达到对步进电动机各相绕组的直流电源的依次通、断，形成旋转磁场，使步进电动机转动。

4）步进电动机驱动器的选型

（1）驱动器的电流。电流是判断驱动器能力大小的依据，是选择驱动器的重要指标之一，通常驱动器的最大额定电流要略大于电动机的额定电流，通常驱动器电流有 2.0A、3.5A、6.0A 和 8.0A。

（2）驱动器的供电电压。供电电压是判断驱动器升速能力的标志，常规电压供给有 24V（DC）、40V（DC）、60V（DC）、80V（DC）、110V（AC）、220V（AC）等。

（3）驱动器的细分。细分是控制精度的标志，通过增大细分能改善精度。步进电动机都有低频振荡的特点，如果电动机需要在低频共振区工作，细分驱动器是很好的选择。此外，细分和不细分相比，输出转矩对各种电动机都有不同程度的提升。

三、PLC 的功能指令

位逻辑指令、定时器与计数器指令是 PLC 最基本和最常用的指令，一般的逻辑控制系统用软继电器、定时器和计数器等基本指令就可以实现。功能指令又称应用指令，一般是指上述指令之外的指令。

利用功能指令可以开发出更复杂的控制系统。这些功能指令实际上是厂商为满足各种客户的特殊需要而开发的通用子程序。功能指令的丰富程度及其合用的方便程度是衡量 PLC 性能的一个重要指标。

S7-200 PLC 的功能指令很丰富，大致包括这几方面：程序流程控制、中断、高速计数、数据处理、PID 指令、通信以及实时时钟等。

功能指令的助记符与汇编语言相似，略具计算机知识的人学习起来也不会有太大困难。但 S7-200 PLC 功能指令毕竟太多，一般读者不必准确记忆其详尽用法。在编程时要想了解指令的详细信息，可以查阅 S7-200 PLC 的系统手册。在编程软件的指令树或程序编辑区中选中某条指令按 F1 键可以得到该指令详细的使用方法。

在学习功能指令时，应重点了解指令的基本功能和有关的基本概念，而不是指令的细节。与其他计算机编程语言一样，应通过读程序、编程序和调试程序来学习指令。仅仅阅读和背诵指令有关的信息，是无法掌握指令的使用方法的。

在梯形图中用方框表示某些指令，在 SIMATIC 指令系统中将这些方框称为"盒子"（Box），在 IEC 61131-3 指令系统中将它们称为"功能块"。功能块的输入端均在左边，输出端均在右边。梯形图中有一条提供"能流"的左侧垂直电源线。

在图 9-10 中，若 I2.4 的常开触点接通，能流流到功能块 SQRT（求实数平方根）的使能输入端 EN（Enable in），指令被执行。如果执行时无错误，则通过使能输出端 ENO（Enable Output）将能流传递给下一个元件。

图 9-10 能流概念示例

数据处理指令涉及最基本的数据操作，如数据的传送、比较、移位、循环移位、数学运算和逻辑运算等，这类指令与基本指令中数字的表示方法有很大的关系。指令的使用涉及很多细节问题，如每个操作数允许的存储器区、寻址方式和数据类型、受影响的特殊存储器位、该指令支持的 CPU 型号、执行时出错的条件等。先学习数据传送、移位与循环移位指令。这类指令在梯形图中表示为图 9-10 的形式，由于内容较多，梯形图形式占用篇幅较大，下面只给出语句表形式。这些指令只需理解，编程的时候在指令树中找到它们双击即可应用。

1. 数据传送指令

数据传送指令如表 9-1 所示。

表 9-1 数据传送指令

名 称	指令格式（语句表）	功 能	操 作 数
单一传送指令	MOVB IN, OUT	将 IN 的内容复制到 OUT 中 IN 和 OUT 的数据类型应相同，可分别为字节、字、双字、实数	IN, OUT: VB, IB, QB, MB, SB, SMB, LB, AC, *VD, *AC, *LD IN 还可以是常数
	MOVW IN, OUT		IN, OUT: VW, IW, QW, MW, SW, SMW, LW, T, C, AC, *VD, *AC, *LD IN 还可以是 AIW 和常数 OUT 还可以是 AQW
	MOVD IN, OUT		IN, OUT: VD, ID, QD, MD, SD, SMD, LD, AC, *VD, *AC, *LD IN 还可以是 HC、常数、&VB、&IB、&QB、&MB、&T、&C
	MOVR IN, OUT		IN, OUT: VD, ID, QD, MD, SD, SMD, LD, AC, *VD, *AC, *LD IN 还可以是常数

续表

名 称	指令格式（语句表）	功 能	操 作 数
单一传送指令	BIR IN, OUT	立即读取输入 IN 的值，将结果输出到 OUT	IN: IB OUT: VB, IB, QB, MB, SB, SMB, LB, AC, *VD, *AC, *LD
	BIW IN, OUT	立即将 IN 单元的值写到 OUT 所指的物理输出区	IN: VB, IB, QB, MB, SB, SMB, LB, AC, *VD, *AC, *LD 和常数 OUT: QB
块传送指令	BMB IN, OUT, N	将从 IN 开始的连续 N 个字节数据复制到从 OUT 开始的数据块 N 的有效范围是 1~255	IN, OUT: VB, IB, QB, MB, SB, SMB, LB, *VD, *AC, *LD N: VB, IB, QB, MB, SB, SMB, LB, AC, *VD, *AC, *LD 和常数
	BMW IN, OUT, N	将从 IN 开始的连续 N 个字数据复制到从 OUT 开始的数据块 N 的有效范围是 1~255	IN, OUT: VW, IW, QW, MW, SW, SMW, LW, T, C, *VD, *AC, *LD IN 还可以是 AIW，OUT 还可以是 AQW N: VB, IB, QB, MB, SB, SMB, LB, AC, *VD, *AC, *LD 和常数
	BMD IN, OUT, N	将从 IN 开始的连续 N 个双字数据复制到从 OUT 开始的数据块 N 的有效范围是 1~255	IN, OUT: VD, ID, QD, MD, SD, SMD, LD, *VD, *AC, *LD N: VB, IB, QB, MB, SB, SMB, LB, AC, *VD, *AC, *LD 和常数

例如：

```
MOVB VB100, VB101         //将字节单元 VB100 的值送入 VB102 中
MOVW VW100, VW102         //将字单元 VW100 的值送入 VW102 中
BIR  IB0, VB200           //立即读取 IB0 所对应的输入端的值，将结果输出到 VB200
BIW  VB100, QB0           //立即将 VB100 的值写到 QB0 所对应的物理输出口，同时刷新输出映
                          //像区
BMB  VB200, VB100, 5      //将 VB200~VB204 中的数据传送到 VB100~VB104 中
```

2. 移位与循环移位指令

移位与循环移位指令如表 9-2 所示。

表 9-2 移位与循环移位指令

名 称	指令格式（语句表）	功 能	操 作 数
字节移位指令	SRB OUT, N	将字节 OUT 右移 N 位，最左边的位依次用 0 填充	IN, OUT, N: VB, IB, QB, MB, SB, SMB, LB, AC, *VD, *AC, *LD IN 和 N 还可以是常数
	SLB OUT, N	将字节 OUT 左移 N 位，最右边的位依次用 0 填充	
	RRB OUT, N	将字节 OUT 循环右移 N 位，从最右边移出的位送到 OUT 的最左位	
	RLB OUT, N	将字节 OUT 循环左移 N 位，从最左边移出的位送到 OUT 的最右位	

续表

名　称	指令格式 （语句表）	功　能	操　作　数
字移位指令	SRW OUT, N	将字 OUT 右移 N 位，最左边的位依次用 0 填充	IN, OUT: VW, IW, QW, MW, SW, SMW, LW, T, C, AC, *VD, *AC, *LD IN 还可以是 AIW 和常数 N: VB, IB, QB, MB, SB, SMB, LB, AC, *VD, *AC, *LD, 常数
	SLW OUT, N	将字 OUT 左移 N 位，最右边的位依次用 0 填充	
	RRW OUT, N	将字 OUT 循环右移 N 位，从最右边移出的位送到 OUT 的最左位	
	RLW OUT, N	将字 OUT 循环左移 N 位，从最左边移出的位送到 OUT 的最右位	
双字移位指令	SRD OUT, N	将双字 OUT 右移 N 位，最左边的位依次用 0 填充	IN, OUT: VD, ID, QD, MD, SD, SMD, LD, AC, *VD, *AC, *LD IN 还可以是 HC 和常数 N: VB, IB, QB, MB, SB, SMB, LB, AC, *VD, *AC, *LD, 常数
	SLD OUT, N	将双字 OUT 左移 N 位，最右边的位依次用 0 填充	
	RRD OUT, N	将双字 OUT 循环右移 N 位，从最右边移出的位送到 OUT 的最左位	
	RLD OUT, N	将双字 OUT 循环左移 N 位，从最左边移出的位送到 OUT 的最右位	
位移位寄存器指令	SHRB DATA, S_BIT, N	将 DATA 的值（位型）移入移位寄存器；S_BIT 指定移位寄存器的最低位，N 指定移位寄存器的长度（正向移位=N，反向移位=-N）	DATA, S_BIT: I, Q, M, SM, T, C, V, S, L N: VB, IB, QB, MB, SB, SMB, LB, AC, *VD, *AC, *LD, 常数

【项目分析】

步进电动机的控制和驱动方法很多，这里选用可编程序控制器直接对三相步进电动机的每一相进行脉冲的生成与分配，使用放大电路驱动步进电动机工作。通过 PLC 实现三相步进电动机的启动和停止控制、正转和反转控制，以及三种工作方式的切换（设每相通电时间为 1s）。

使用定时器产生不同工作方式下的换相时间，使用移位指令实现各相所需的脉冲信号，PLC 输出的信号接驱动器，通过驱动器控制步进电动机的运行。

步进电动机驱动电路如图 9-11 所示，这里仅为一相的驱动电路，其余两相与之相同，三个电路合起来构成功率放大器。在图 9-11 中三极管 VT1 起开关作用。由 VT2、VT3 两个三极管组成达林顿式功放电路，驱动步进电动机的 3 个绕组，使电动机绕组的静态电流达到近 2A。电路中使用光电耦合器将控制和驱动信号隔离。当控制输入信号为低电平时，VT1 截止，输出高电平，则红外发光二极管截止，光敏三极管不导通，因此绕组中无电流流过；当输入信号为高电平时，VT1 饱和导通，于是红外发光二极管被点亮，使光敏三极管导通，向功率驱动级晶体管提供基极电流，使其导通，绕组被通以电流。在实际应用中，应根据电动机功率的大小计算图中各元件的参数，也可购买相应的步进电动机驱动器。

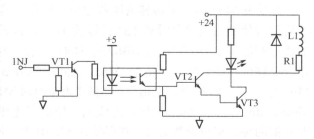

图 9-11　步进电动机驱动电路

【项目实施】

1. 分配 I/O 地址

I/O 点分配如表 9-3 所示。按下按钮 SB1，系统开始工作；按下按钮 SB2，系统停止工作；合上开关 SA1，步进电动机正转，否则反转；合上开关 SA2，步进电动机工作于单三拍方式；合上开关 SA3，步进电动机工作于双三拍方式；合上开关 SA4，步进电动机工作于单六拍方式；Q0.0、Q0.1、Q0.2 的输出通过功放电路分别接步进电动机的 A、B、C 相。

表 9-3 I/O 点分配

元件名称	形 式	I/O 点	说 明
SB1	常开按钮	I0.0	启动按钮
SA1	选择开关	I0.1	闭合正转
SB2	常闭按钮	I0.2	停止按钮
SA2	选择开关	I0.3	单三拍方式
SA3	选择开关	I0.4	双三拍方式
SA4	选择开关	I0.5	单六拍方式
功率放大器	晶体管	Q0.0	A 相控制信号
功率放大器	晶体管	Q0.1	B 相控制信号
功率放大器	晶体管	Q0.2	C 相控制信号

2. 画出 PLC 外部接线图

根据 I/O 类型及点数，考虑到将来的性能扩充，PLC 选晶体管输出型的 CPU222，PLC 外部接线图如图 9-12 所示。

3. 设计梯形图程序

采用经验设计法，使用移位指令实现各相所需的脉冲信号并输出。先考虑步进电动机正转的控制。每次移位的时间间隔为 1s，在 MB6 中进行移位，移位后将数据输出给 Q0.0～Q0.2。如图 9-13（a）为三相单六拍正向时序流程图，从 M6.0 开始移位；三相单三拍可利用相同的流程图，从 M6.0 开始移位，每次移两位；而三相双三拍从 M6.1 开始，每次移两位。图 9-13（b）为三相单六拍反向时序流程图。

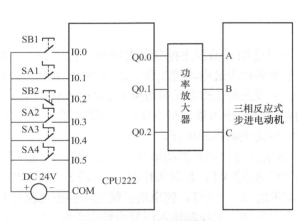
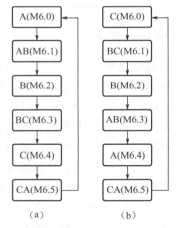

图 9-12　PLC 外部接线图　　　　图 9-13　三相单六拍正反向时序流程图

如图 9-14 所示，正转梯形图程序中，网络 1 利用启保停电路，M0.0 作为总控制状态位，当启动后使接通延时定时器 T37 持续输出周期 1s 的定时脉冲；网络 2 使三相单三拍、单六拍的移位初值为 1，并存储在 MB6 中，同时，判断当移位指令使 M6.6 为 1 时对 MB6 赋初值 1，以保证移位始终发生在 M6.0～M6.5 之间；网络 3 使三相双三拍的移位初值为 2，并存储在 MB6 中，同时，判断当移位指令使 M6.7 为 1 时对 MB6 赋初值 2，以保证移位始终发生在 M6.1、M6.3、M6.5 之间；网络 4 使停止或无工作状态选择时移位初值为 0；网络 5 设定三相单三拍、双三拍的每次移位位数为 2，并存储在 MB10 中；网络 6 使三相单六拍的每次移位位数为 1，并存储在 MB10 中；网络 7 在每个时钟脉冲的上升沿执行一次移位指令；网络 8、9、10 分别实现在不同工作方式下对步进电动机 A、B、C 相的输出。

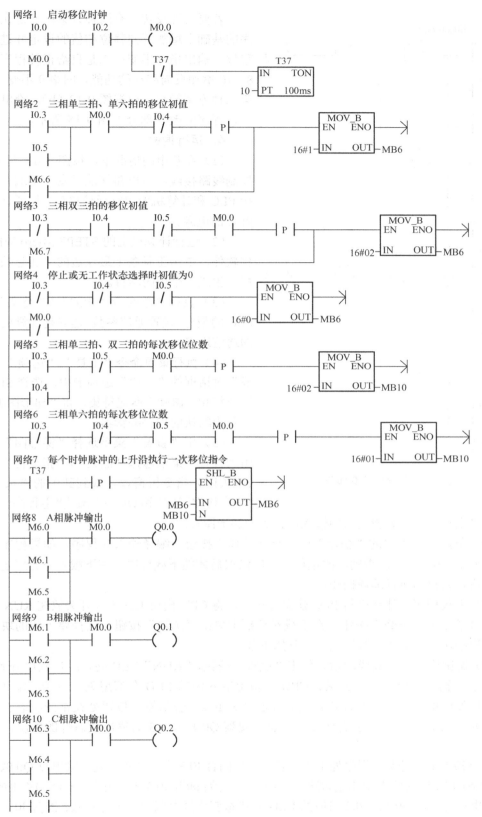

图 9-14　正转梯形图

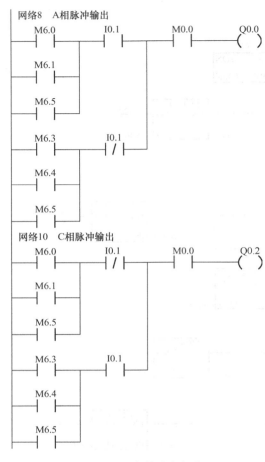

图 9-15 程序的改变部分

若要实现反转,有两种方案:一是在正转程序的基础上增加反向移位初值的设定并进行反向移位,输出指令不变;二是只给正转程序的网络8、10 增加反向移动的功能,网络 9 不变。显然,第二种方案简单。根据图 9-13(b),给出反向程序,程序的改变部分如图 9-15 所示。

4．运行调试

(1)在断电的情况下,按图 9-12 进行 PLC 控制线路接线,主电路接法不变。用编程电缆连接 PLC 和计算机的串行通信接口,接通计算机和 PLC 的电源。

(2)运行计算机上的 STEP7-Micro/WIN32 编程软件,单击工具条上最左边的"新建项目"图标,生成一个新的项目。

(3)执行菜单命令"PLC"/"类型",设置 PLC 的型号。设置通信参数,建立起计算机与 PLC 的通信连接。

(4)执行菜单命令"工具"/"选项",在"一般"对话框的"一般"选项卡中,选择 SIMATIC 指令集和"国际"助记符集,将"梯形图编辑器"设置为默认的程序编辑器。

(5)用"查看"菜单选择"梯形图"语言,用"查看"菜单选择"框架"/"指令树"可打开(或关闭)指令树窗口,找到其中的"项目 1"/"程序块"/"主程序(OB1)",双击"主程序(OB1)",在右边"主程序"的编辑窗口中输入修正后的梯形图程序。

(6)单击工具条中的"编译"或"全部编译"按钮,编译输入的程序。如果程序没有错误,将显示"0 错误"。否则,改正程序中的错误后才能下载程序。在下载用户程序之前,编程软件将首先自动执行编译操作。

(7)下载程序。计算机与 PLC 建立连接后,将 CPU 模块上的模式开关放在 RUN 位置,单击工具条中的"下载"按钮,在下载对话框中单击"选项"按钮,选择要下载的块,一般只下载程序块。单击"下载"按钮,开始下载。

(8)调试程序。下载成功后,单击"运行"按钮,"RUN" LED 亮,用户程序开始运行。断开数字量输入的全部输入开关,CPU 模块上输入侧的 LED 全部熄灭。用接在端子 I0.0、I0.2 的开关模拟启动按钮和停止按钮。接通开关 I0.2,表示停止按钮处在常闭状态。接通开关 I0.0 再断开,表示按下了启动按钮。通过观察 Q0.1~Q0.3 的输出状态灯的情况,了解程序的执行情况。

闭合 I0.1 上的开关,程序处于正转状态。先闭合 I0.3 上的开关,观察输出点 Q0.0、Q0.1、Q0.2 对应的 LED 的状态变化是否跟单三拍方式一致;断开 I0.3 上的开关,闭合 I0.4 上的开关,观察输出点 Q0.0、Q0.1、Q0.2 对应的 LED 的状态变化是否跟双三拍方式致;断开 I0.4 上的开关,闭合 I0.5 上的开关,观察输出点 Q0.0、Q0.1、Q0.2 对应的 LED 的状态变化是否跟单六拍方式致。若不一致，单击程序状态监控按钮"🔲"或用菜单命令"调试"/"开始程序状态监控"，在梯形图中显示出各元件的状态。仔细观察调试窗口，会发现T37的当前值不断增加，当前值等于设定值10时，1s时间到，重新计时，移位指令执行一次。图中导通的触点或有电的线圈以高亮蓝背景显示。也可结合状态表进行调试。单击状态表监控按钮"🔲"或用菜单命令"调试"/"开始状态表监控"，在状态表中输入如图 9-16 所示的信息，观察程序执行中相应值的变化。按同样的步骤进行反转的调试。通过以上调试过程加以分析，可以找到问题语句的所在，若有问题，改正后重新下载调试。

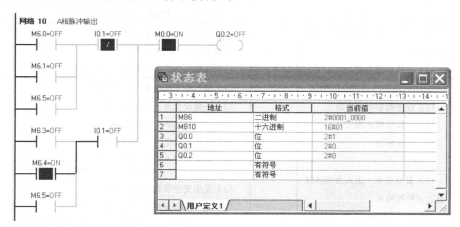

图 9-16　状态表中输入的信息

5．控制逻辑仿真

1）导出程序文本文件

执行菜单命令"文件"/"导出…"，导出后缀为"awl"的文件"三相步进电动机的正、反转运行控制.awl"。

2）启动仿真程序

启动仿真程序，执行菜单命令"配置"/"CPU 型号"，选取所需型号的CPU。

3）装入待仿真的程序

执行菜单命令"程序"/"载入程序"，选中逻辑块，打开文件"三相步进电动机的正、反转运行控制.awl"。

4）仿真调试

执行菜单命令"PLC"/"运行"或工具条上的"▶"按钮，进入运行模式。单击"🔲"按钮，输入如图所示信息，进行内存变量监控，调试过程与 STEP7-Micro/WIN32 中相似，不再赘述。

【评定激励】

按以下标准开展小组自评、互评，成绩填入项目评分细则表，如表 9-4 所示。

表 9-4　项目评分细则表

项目名称				组别	
开始时间			结束时间		
考核内容	考核要求	配分	评分标准	扣分	得分
电路设计	（1）I/O 分配表正确 （2）输入/输出接线图正确 （4）主电路正确 （4）连锁、保护齐全	30 分	（1）分配表每错一处，扣 5 分 （2）输入/输出电路图每错一处，扣 5 分 （3）主电路每错一处，扣 5 分 （4）连锁、保护每缺一项，扣 5 分		
安装接线	（1）元件选择、布局合理，安装符合要求 （2）布线合理美观	10 分	（1）元件选择、布局不合理，扣 3 分/处，元件安装不牢固，扣 3 分/处 布线不合理、不美观，扣 3 分/处		
编程调试	（1）程序编制实现功能 （2）操作步骤正确 （3）试车成功	50 分	（1）输入梯形图错误，扣 2 分/处 （2）不会设置及下载，分别扣 5 分 （3）一个功能不实现，扣 10 分 （4）操作步骤错一步，扣 5 分 （5）显示运行不正常，扣 5 分/处		
安全文明工作	（1）安全用电，无人为损坏仪器、元件和设备 （2）保持环境整洁，秩序井然，操作习惯良好 （3）小组成员协作和谐，态度正确	10 分	（1）发生安全事故，扣 10 分 （2）人为损坏设备、元件，扣 10 分 （3）现场不整洁、工作不文明、团队不协作，扣 5 分 （4）不遵守考勤制度，每次扣 2～5 分		
总成绩					

思考与练习

（1）简述步进电动机的工作原理。
（2）三相步进电动机的工作方式有哪些？
（3）步进电动机的控制和驱动方法有哪些？
（4）简述数据传送指令的特点。
（5）简述移位与循环移位指令的特点。
（6）控制接在 Q0.0～Q0.7 上的 8 个彩灯循环移位，每秒移 1 位，首次扫描时用接在 I0.0～I0.7 的小开关设置彩灯的初值，用 I1.1 控制彩灯移位的方向，设计出梯形图程序。

第三单元　PLC 的典型应用

交通信号灯的控制

■【项目目标】

用 S7-200 PLC 构成交通灯控制系统，运用 STEP7-Micro/WIN32 软件对控制系统进行联机调试。控制要求如下。

（1）接通启动按钮后，信号灯开始工作，南北向红灯、东西向绿灯同时亮。
（2）南北向红灯亮 25s，期间东西向绿灯亮 20s 后闪烁 3s，之后东西向黄灯亮 2s。
（3）接下来东西向红灯亮 25s，期间南北向绿灯亮 20s 后闪烁 3s，之后南北向黄灯亮 2s。
（4）上面两步反复执行，直到按下停止按钮。

■【学习目标】

（1）了解 PLC 控制系统设计的基本原则与步骤。
（2）掌握 PLC 的选用方法。
（3）掌握顺序控制梯形图的画法。
（4）掌握以启保停电路的编程方式编制梯形图程序的方法。
（5）熟练运用 S7-200 PLC 的编程软件 STEP7-Micro/WIN32 进行程序的下载与调试。

■【相关知识】

一、PLC 控制系统设计的基本原则与步骤

PLC 控制系统的设计主要包括系统分析、系统设计和安装调试等方面的内容。

1. PLC 控制系统设计的基本原则

任何一种控制系统都是为了实现被控对象的工艺要求，以提高生产效率和产品质量。因此，在设计 PLC 控制系统时，应遵循以下基本原则。

1）最大限度地满足被控对象的控制要求

充分发挥 PLC 的功能，最大限度地满足被控对象的控制要求，是设计 PLC 控制系统的首要前提，这也是设计中最重要的一条原则。这就要求设计人员在设计前就要深入现场进行调查研究，收集控制现场的资料，收集相关先进的国内外资料。同时要注意和现场的工程管理

人员、工程技术人员、现场操作人员紧密配合，拟定控制方案，共同解决设计中的重点问题和疑难问题。

2）保证 PLC 控制系统安全可靠

保证 PLC 控制系统能够长期安全、可靠、稳定运行，是设计控制系统的重要原则。这就要求设计者在系统设计、元器件选择、软件编程上要全面考虑，以确保控制系统安全可靠。例如，应该保证 PLC 程序不仅在正常条件下运行，而且在非正常情况下（如突然掉电再上电、按钮按错等）也能正常工作。

3）力求简单、经济、使用及维修方便

一个新的控制工程固然能提高产品的质量和数量，带来巨大的经济效益和社会效益，但新工程的投入、技术的培训、设备的维护也将导致运行资金的增加。因此，在满足控制要求的前提下，一方面要注意不断扩大工程的效益，另一方面也要注意不断降低工程的成本。这就要求设计者不仅应该使控制系统简单、经济，而且要使控制系统的使用和维护方便、成本低，不宜盲目追求自动化和高指标。

4）适应发展的需要

由于技术的不断发展，控制系统的要求也将会不断地提高，设计时要适当考虑到今后控制系统发展和完善的需要。这就要求在选择 PLC、输入/输出模块、I/O 点数和内存容量时，要适当留有裕量，以满足今后生产的发展和工艺的改进。

2. PLC 控制系统设计与调试的步骤

1）分析被控对象并提出控制要求

详细分析被控对象的工艺过程及工作特点，了解被控对象机、电、液之间的配合，提出被控对象对 PLC 控制系统的控制要求，确定控制方案，拟定设计任务书。

2）确定输入/输出设备

根据系统的控制要求，确定系统所需的全部输入设备（如按钮、位置开关、转换开关及各种传感器等）和输出设备（如接触器、电磁阀、信号指示灯及其他执行器等），从而确定与PLC 有关的输入/输出设备，以确定 PLC 的 I/O 点数。

3）选择 PLC

PLC 选择包括对 PLC 的机型、容量、I/O 模块、电源等的选择，接下来详细讲解。

4）分配 I/O 点并设计 PLC 外围硬件线路

（1）分配 I/O 点

画出 PLC 的 I/O 点与输入/输出设备的连接图或对应关系表。

（2）设计 PLC 外围硬件线路

画出系统其他部分的电气线路图，包括主电路和未进入 PLC 的控制电路等。

由 PLC 的 I/O 连接图和 PLC 外围电气线路图组成系统的电气原理图。到此为止系统的硬件电气线路已经确定。

5）程序设计

（1）程序设计

根据系统的控制要求，采用合适的设计方法来设计 PLC 程序。程序要以满足系统控制要求为主线，逐一编写实现各控制功能或各子任务的程序，逐步完善系统指定的功能。除此之外，程序通常还应包括以下内容。

① 初始化程序。在 PLC 上电后，一般都要做一些初始化的操作，为启动做必要的准备，避免系统发生误动作。初始化程序的主要内容：对某些数据区、计数器等进行清零，对某些

数据区所需数据进行恢复，对某些继电器进行置位或复位，对某些初始状态进行显示等。

② 检测、故障诊断和显示等程序。这些程序相对独立，一般在程序设计基本完成时再添加。

③ 保护和连锁程序。保护和连锁程序是程序中不可缺少的部分，必须认真加以考虑。它可以避免由于非法操作而引起的控制逻辑混乱。

（2）程序模拟调试

程序模拟调试的基本思想：以方便的形式模拟产生现场实际状态，为程序的运行创造必要的环境条件。根据产生现场信号的方式不同，模拟调试有硬件模拟法和软件模拟法两种形式。

① 硬件模拟法是使用一些硬件设备（如用另一台 PLC 或一些输入元器件等）模拟产生现场的信号，并将这些信号以硬接线的方式连到 PLC 系统的输入端，其时效性较强。

② 软件模拟法是在 PLC 中另外编写一套模拟程序，以提供现场信号，其简单易行，但时效性不易保证。模拟调试过程中，可采用分段调试的方法，并利用编程器的监控功能。

6）硬件实施

硬件实施方面主要是进行控制柜（台）等硬件的设计及现场施工，主要内容如下。

（1）设计控制柜和操作台等部分的电器布置图及安装接线图。

（2）设计系统各部分之间的电气互连图。

（3）根据施工图进行现场接线，并进行详细检查。

由于程序设计与硬件实施可同时进行，因此 PLC 控制系统的设计周期可大大缩短。

7）联机调试

联机调试是将通过模拟调试的程序再进行在线统调。联机调试过程应循序渐进，从 PLC 只连接输入设备、再连接输出设备、再接上实际负载等逐步进行调试。如不符合要求，则对硬件和程序做出调整。通常只需修改部分程序即可。

全部调试完毕后，交付试运行。经过一段时间运行，如果工作正常、程序不需要修改，应将程序固化到 EPROM 中，以防程序丢失。

8）整理和编写技术文件

技术文件包括设计说明书、硬件原理图、安装接线图、电气元件明细表、PLC 程序及使用说明书等。

二、PLC 的选择

随着 PLC 技术的发展，PLC 产品的种类也越来越多。不同型号的 PLC，其结构形式、性能、容量、指令系统、编程方式、价格等也各有不同，适用的场合也各有侧重。因此，合理选用 PLC，对于提高 PLC 控制系统的技术经济指标有着重要意义。

PLC 的选择主要应从 PLC 的机型、容量、I/O 模块、电源模块、特殊功能模块、通信联网能力等方面加以综合考虑。

1. PLC 机型的选择

PLC 机型选择的基本原则是在满足功能要求及保证可靠、维护方便的前提下，力争最佳的性能价格比。选择时主要考虑以下几点。

1）合理的结构形式

PLC 主要有整体式和模块式两种结构形式。

整体式 PLC 的每一个 I/O 点的平均价格比模块式的便宜，且体积相对较小，一般用于系统工艺过程较为固定的小型控制系统中；而模块式 PLC 的功能扩展灵活方便，在 I/O 点数、输入点数与输出点数的比例、I/O 模块的种类等方面选择余地大，且维修方便，一般用于较复杂的控制系统。

2）安装方式的选择

PLC 系统的安装方式分为集中式、远程 I/O 式及多台 PLC 联网的分布式。

集中式安装不需要设置驱动远程 I/O 硬件，系统反应快、成本低；远程 I/O 式安装适用于大型系统，系统的装置分布范围很广，远程 I/O 可以分散安装在现场装置附近，连线短，但需要增设驱动器和远程 I/O 电源；多台 PLC 联网的分布式安装适用于多台设备分别独立控制，又要相互联系的场合，可以选用小型 PLC，但必须要附加通信模块。

3）相应的功能要求

一般小型（低档）PLC 具有逻辑运算、定时、计数等功能，对于只需要开关量控制的设备都可满足。

对于以开关量控制为主，带少量模拟量控制的系统，可选用能带 A/D 和 D/A 转换单元、具有加减算术运算、数据传送功能的增强型低档 PLC。

对于控制较复杂，要求实现 PID 运算、闭环控制、通信联网等功能，可视控制规模大小及复杂程度，选用中档或高档 PLC。但是中、高档 PLC 价格较贵，一般用于大规模过程控制和集散控制系统等场合。

4）响应速度要求

PLC 是为工业自动化设计的通用控制器，不同档次 PLC 的响应速度一般都能满足其应用范围内的需要。如果要跨范围使用 PLC，或者某些功能或信号有特殊的速度要求时，则应该慎重考虑 PLC 的响应速度，可选用具有高速 I/O 处理功能的 PLC，或选用具有快速响应模块和中断输入模块的 PLC 等。

5）系统可靠性的要求

对于一般系统 PLC 的可靠性均能满足。对可靠性要求很高的系统，应考虑是否采用冗余系统或热备用系统。

6）机型尽量统一

一个企业，应尽量做到 PLC 的机型统一，主要考虑以下三方面的问题。

（1）机型统一，其模块可互为备用，便于备品备件的采购和管理。

（2）机型统一，其功能和使用方法类似，有利于技术力量的培训和技术水平的提高。

（3）机型统一，其外部设备通用，资源可共享，易于联网通信，配上位计算机后易于形成一个多级分布式控制系统。

2．PLC 容量的选择

PLC 的容量包括 I/O 点数和用户存储容量两个方面。

1）I/O 点数的选择

PLC 平均的 I/O 点的价格还比较高，因此应该合理选用 PLC 的 I/O 点的数量，在满足控制要求的前提下力争使用的 I/O 点最少，但必须留有一定的裕量。

通常 I/O 点数是根据被控对象的输入、输出信号的实际需要，再加上 10%～15% 的裕量来确定。

2）存储容量的选择

用户程序所需的存储容量大小不仅与 PLC 系统的功能有关，而且还与功能实现的方法、程序编写水平有关。一个有经验的程序员和一个初学者，在完成同一复杂功能时，其程序量可能相差 25%之多，所以对于初学者应该在存储容量估算时多留裕量。

PLC I/O 点数的多少，在很大程度上反映了 PLC 系统的功能要求，因此可在 I/O 点数确定的基础上，按下式估算存储容量后，再加 20%～30%的裕量。

存储容量（字节）=开关量 I/O 点数×10+模拟量 I/O 通道数×100

另外，在存储容量选择的同时，注意对存储器类型的选择。

3．I/O 模块的选择

一般 I/O 模块的价格占 PLC 价格的一半以上。PLC 的 I/O 模块有开关量 I/O 模块、模拟量 I/O 模块及各种特殊功能模块等。不同的 I/O 模块，其电路及功能也不同，直接影响 PLC 的应用范围和价格，应当根据实际需要加以选择。

1）开关量输入模块的选择

开关量输入模块是用来接收现场输入设备的开关信号，将信号转换为 PLC 内部接受的低电压信号，并实现 PLC 内外信号的电气隔离。选择时主要应考虑。

（1）输入信号的类型及电压等级。

开关量输入模块有直流输入、交流输入和交流/直流输入三种类型。选择时主要根据现场输入信号和周围环境因素等。直流输入模块的延迟时间较短，还可以直接与接近开关、光电开关等电子输入设备连接；交流输入模块可靠性好，适合于有油雾、粉尘的恶劣环境下使用。

开关量输入模块的输入信号的电压等级有：直流 5V、12V、24V、48V、60V 等；交流 110V、220V 等。选择时主要根据现场输入设备与输入模块之间的距离来考虑。一般 5V、12V、24V 用于传输距离较近场合，如 5V 输入模块最远不得超过 10m。距离较远的应选用输入电压等级较高的模块。

（2）输入接线方式。

开关量输入模块主要有汇点式和分组式两种接线方式：汇点式的开关量输入模块所有输入点共用一个公共端（COM）；而分组式的开关量输入模块是将输入点分成若干组，每一组（几个输入点）有一个公共端，各组之间是分隔的。分组式的开关量输入模块价格较汇点式的高，如果输入信号之间不需要分隔，一般选用汇点式。

（3）注意同时接通的输入点数量。

对于选用高密度的输入模块（如 32 点、48 点等），应考虑该模块同时接通的点数一般不要超过输入点数的 60%。

（4）输入门槛电平。

为了提高系统的可靠性，必须考虑输入门槛电平的大小。门槛电平越高，抗干扰能力越强，传输距离也越远，具体可参阅 PLC 说明书。

2）开关量输出模块的选择

开关量输出模块是将 PLC 内部低电压信号转换成驱动外部输出设备的开关信号，并实现 PLC 内外信号的电气隔离。选择时主要应考虑以下几个方面。

（1）输出方式。

开关量输出模块有继电器输出、晶闸管输出和晶体管输出三种方式。

继电器输出的价格便宜，既可以用于驱动交流负载，又可用于直流负载，而且适用的电压大小范围较宽、导通压降小，同时承受瞬时过电压和过电流的能力较强，但其属于有触点元件，动作速度较慢（驱动感性负载时，触点动作频率不得超过 1Hz）、寿命较短、可靠性较差，只能适用于不频繁通断的场合。

对于频繁通断的负载，应该选用晶体管输出或晶闸管输出，它们属于无触点元件。前者适用于高速、小功率直流负载，后者适用于高速、大功率交流负载。

（2）输出接线方式。

开关量输出模块主要有分组式和分隔式两种接线方式：分组式输出是几个输出点为一组，一组有一个公共端，各组之间是分隔的，可分别用于驱动不同电源的外部输出设备；分隔式输出是每一个输出点就有一个公共端，各输出点之间相互隔离。选择时主要根据 PLC 输出设备的电源类型和电压等级的多少而定。一般整体式 PLC 既有分组式输出，也有分隔式输出。

（3）驱动能力。

开关量输出模块的输出电流（ 驱动能力） 必须大于 PLC 外接输出设备的额定电流。用户应根据实际输出设备的电流大小来选择输出模块的输出电流。如果实际输出设备的电流较大，输出模块无法直接驱动，可增加中间放大环节。

（4）同时接通的输出点数量。

选择开关量输出模块时，还应考虑能同时接通的输出点数量。同时接通输出设备的累计电流值必须小于公共端所允许通过的电流值。例如，一个 220V/2A 的 8 点输出模块，每个输出点可承受 2A 的电流，但输出公共端允许通过的电流并不是 16A（8×2A），通常要比此值小得多。一般来讲，同时接通的点数不要超出同一公共端输出点数的 60%。

（5）输出的最大电流与负载类型、环境温度等因素有关。

开关量输出模块的技术指标，它与不同的负载类型密切相关，特别是输出的最大电流。另外，晶闸管的最大输出电流随环境温度升高会降低，在实际使用中也应注意。

3）模拟量 I/O 模块的选择

模拟量 I/O 模块的主要功能是数据转换，并与 PLC 内部总线相连，同时为了安全也有电气隔离功能。模拟量输入（A/D）模块是将现场由传感器检测而产生的连续模拟量信号转换成 PLC 内部可接受的数字量；模拟量输出（D/A）模块是将 PLC 内部的数字量转换为模拟量信号输出。

典型模拟量 I/O 模块的量程为-10V～+10V、0～+10V、4～20mA 等，可根据实际需要选用，同时还应考虑其分辨率和转换精度等因素。

一些 PLC 制造厂家还提供特殊模拟量输入模块，可用来直接接收低电平信号（如 RTD、热电偶等信号）。

4）特殊功能模块的选择

目前，PLC 制造厂家相继推出了一些具有特殊功能的 I/O 模块，有的还推出了自带 CPU 的智能型 I/O 模块，如高速计数器、凸轮模拟器、位置控制模块、PID 控制模块、通信模块等。

4．电源模块及其他外设的选择

1）电源模块的选择

电源模块选择仅对于模块式结构的 PLC 而言，对于整体式 PLC 不存在电源的选择。

电源模块的选择主要考虑电源输出额定电流和电源输入电压。电源模块的输出额定电流必须大于 CPU 模块、I/O 模块和其他特殊模块等消耗电流的总和，同时还应考虑今后 I/O 模块扩展等因素；电源输入电压一般根据现场的实际需要而定。

2）编程器的选择

对于小型控制系统或不需要在线编程的系统，一般选用价格便宜的简易编程器。对于由中、高档 PLC 构成的复杂系统或需要在线编程的 PLC 系统，可以选配功能强、编程方便的智能编程器，但智能编程器价格较贵。如果有现成的个人计算机，也可以选用 PLC 的编程软件，在个人计算机上实现编程器的功能。

3）写入器的选择

为了防止由于干扰或锂电池电压不足等原因破坏 RAM 中的用户程序，可选用 EPROM 写入器，通过它将用户程序固化在 EPROM 中。有些 PLC 或其编程器本身就具有 EPROM 写入的功能。

三、PLC 程序的顺序控制设计法与顺序功能图

如果一个控制系统可以分解成几个独立的控制动作，且这些动作必须严格按照一定的先后次序执行才能保证生产过程的正常运行，这种系统称为顺序控制系统，也称为步进控制系统。

顺序控制设计法是针对顺序控制系统的一种专门的设计方法。这种设计方法很容易被初学者接受，对于有经验的工程师，也会提高设计的效率，程序的调试、修改和阅读也很方便。

PLC 的设计者们为顺序控制系统的程序编制提供了大量通用和专用的编程元件，开发了专门供编制顺序控制程序用的顺序功能图，使这种先进的设计方法成为当前 PLC 程序设计的主要方法。

1. 顺序控制设计法的设计步骤

顺控设计法的设计步骤分为步的划分、转换条件的确定、顺序功能图的绘制、梯形图的编制四步。具体就是用转换条件控制代表各步的编程元件（位存储器 M），让它们的状态按一定的顺序变化，然后用代表各步的编程元件（位存储器 M）去控制 PLC 的输出位。

1）步的划分

将系统的一个工作周期划分为若干个顺序相连的阶段，这些阶段称为步，并且用编程元件来代表各步。步是根据 PLC 输出状态的变化来划分的，在任何一步内，各输出状态不变，但是相邻步之间输出状态是不同的，如图 10-1 所示。

步也可根据被控对象工作状态的变化来划分，如图 10-2 所示，但被控对象工作状态的变化应该是由 PLC 输出状态变化引起的，否则就不能这样划分。例如，从快进到工进与 PLC 输出无关，那么快进和工进只能算一步。

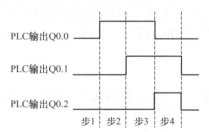
图 10-1　根据输出状态划分

图 10-2　根据工作状态划分

2）转换条件的确定

使系统由当前步转入下一步的信号称为转换条件。转换条件可能是外部输入信号，如按钮、指令开关、限位开关的接通/断开等，也可能是 PLC 内部产生的信号，如定时器、计数器触点的接通/断开等，转换条件也可能是若干个信号的与、或、非逻辑组合。

3）顺序功能图的绘制

根据以上分析和被控对象工作内容、步骤、顺序和控制要求画出顺序功能图。绘制顺序

功能图是顺序控制设计法中最为关键的一步。

顺序功能图又称为状态转移图，它是描述控制系统的控制过程、功能和特性的一种图形。顺序功能图不涉及所描述控制功能的具体技术，是一种通用的技术语言，可用于进一步设计和不同专业的人员之间进行技术交流。

各个 PLC 厂家都开发了相应的顺序功能图，各国也都制定了国家标准。我国 1986 年颁布了顺序功能图国家标准（GB 6988.6—1986）。

顺序功能图主要由步、有向连线、转换、转换条件和动作（命令）组成，如图 10-3 所示。

4）梯形图的编制

根据顺序功能图，按某种编程方式写出梯形图程序。如果 PLC 支持顺序功能图语言，则可直接使用该顺序功能图作为最终程序。

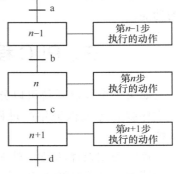

图 10-3　顺序功能图的组成

2．顺序控制设计法中顺序功能图的基本概念

1）步与动作（如图 10-4 所示）

步：矩形框表示步，方框内是该步的编号。编程时一般用 PLC 内部编程元件来代表各步。

初始步：与系统的初始状态相对应的步称为初始步。初始步用双线方框表示，每一个顺序功能图至少应该有一个初始步。

动作：一个控制系统可以划分为被控系统和施控系统。对于被控系统，在某一步中要完成某些"动作"；对于施控系统，在某一步中则要向被控系统发出某些"命令"，将动作或命令简称为动作。

动作的表示：用矩形框中的文字或符号表示，该矩形框应与相应的步的符号相连。

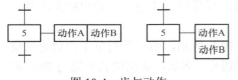

图 10-4　步与动作

活动步：当系统正处于某一步时，该步处于活动状态，称该步为"活动步"。步处于活动时，相应的动作被执行。

保持型动作：若为保持型动作，则该步不活动时继续执行该动作。

非保持型动作：若为非保持型动作则指该步不活动时，动作也停止执行。一般在顺序功能图中保持型的动作应该用文字或助记符标注，而非保持型动作不要标注。

2）有向连线、转换与转换条件

有向连线：顺序功能图中步的活动状态的顺序进展按有向连线规定的路线和方向进行。活动状态的进展方向习惯上是从上到下或从左至右，在这两个方向有向连线上的箭头可以省略。如果不是上述的方向，应在有向连线上用箭头注明进展方向。

转换：用有向连线上与有向连线垂直的短画线来表示，转换将相邻两步分隔开。步的活动状态的进展是由转换的实现来完成的，并与控制过程的发展相对应。

转换条件：转换条件可以用文字语言、布尔代数表达式或图形符号标注在表示转换的短线的旁边。

3）转换实现的基本规则

在顺序功能图中步的活动状态的进展是由转换实现来完成。转换实现必须同时满足以下两个条件。

（1）该转换所有的前级步都是活动步。
（2）相应的转换条件得到满足。
4）转换实现应完成的操作
（1）使所有的后续步都变为活动步。
（2）使所有的前级步都变为不活动步。

3．顺序功能图的基本结构

（1）单序列：单序列由一系列相继激活的步组成，每一步的后面仅接有一个转换，每一个转换的后面只有一个步，如图10-5（a）所示。

（2）选择序列：选择序列的开始称为分支，如图10-5（b）所示，转换符号只能标在水平连线之下。如果步5是活动的，并且转换条件e=1，则发生由步5→步6的进展；如果步5是活动的，并且f=1，则发生由步5→步9的进展。在某一时刻一般只允许选择一个序列。

选择序列的结束称为合并，如图10-5（c）所示。如果步5是活动步，并且转换条件m=1，则发生由步5→步12的进展；如果步8是活动步，并且n=1，则发生由步8→步12的进展。

（3）并行序列：当转换条件的实现导致几个序列同时激活时，这些序列称为并行序列，如图10-6所示，并行序列的开始称为分支。为了强调转换的同步实现，水平连线用双线表示。并行序列的结束称为合并，在表示同步的水平双线之下，只允许有一个转换符号。

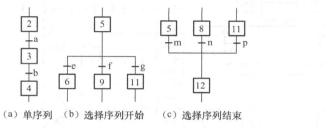

(a) 单序列　(b) 选择序列开始　(c) 选择序列结束

图10-5　单序列与选择序列

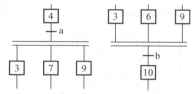

图10-6　并行序列的分支与合并

（4）子步：某一步可以包含一系列子步和转换，通常这些序列表示整个系统的一个完整的子功能，如图10-7所示。

子步的使用使系统的设计者在总体设计时容易抓住系统的主要矛盾，用更加简洁的方式表示系统的整体功能和概貌，而不是一开始就陷入某些细节之中。

子步中还可以包含更详细的子步，这使设计方法的逻辑性很强，可以减少设计中的错误，缩短总体设计和查错所需要的时间。

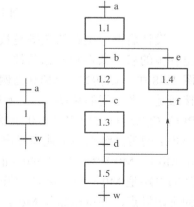

图10-7　子步

4．绘制顺序功能图应注意的问题

两个步绝对不能直接相连，必须用一个转换将它们隔开。两个转换也不能直接相连，必须用一个步将它们隔开。顺序功能图中初始步是必不可少的。

只有当某一步所有的前级步都是活动步时，该步才有可能变成活动步。PLC开始进入RUN方式时各步均处于"0"状态，因此必须要有初始化信号，将初始步预置为活动步，否则顺序功能图中永远不会出现活动步，系统将无法工作。

四、顺序控制梯形图的编程方法

顺序控制梯形图的编程方法是指根据顺序功能图设计出梯形图的方法，主要有使用启保停电路的编程方法、以转换为中心的编程方法、使用 SCR 指令的编程方法。

前面分析过启保停电路，主要由启动电路、停止电路和保持电路组成。启动条件是启动电路只在启动的瞬间导通；停止条件是停止电路只在停止的瞬间断开，其他时间是闭合的；保持电路是被控继电器的常开触点，它与启保停电路中的线圈一样属于同一个继电器。启保停电路的启动电路和停止电路可以是很复杂的电路，但是必须满足上面所说的特点。

顺控设计法就是用转换条件控制代表各步的编程元件（位存储器 M），让它们的状态按一定的顺序变化，然后用代表各步编程元件（位存储器 M）去控制 PLC 的输出位。可以利用启保停电路控制代表各步的编程元件，启动电路是前级步的常开触点与转换条件串联，停止电路是所有的后续步的常闭触点，再用代表各步的编程元件去控制 PLC 的输出位，这样就可以设计出满足要求的梯形图。

先学习使用启保停电路的编程方法。

1. 单序列的编程方法（如图 10-8 所示）

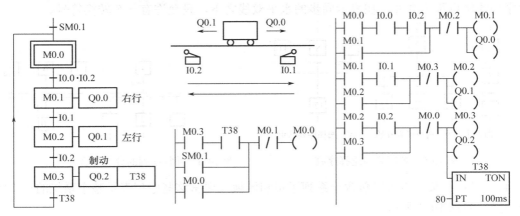

图 10-8 小车运动的顺序功能图及梯形图

设计启保停电路的关键是找出它的启动条件和停止条件。根据转换实现的基本规则，找出各步的启动条件和停止条件，利用上述的编程方法和顺序功能图，很容易画出梯形图。在图 10-8 中，以初始步 M0.0 为例，由顺序功能图可知，M0.3 是它的前级步，T38 的常开触点接通是二者之间的转换条件，所以应将 M0.3 和 T38 的常开触点串联，作为 M0.0 的启动电路。PLC 初始运行时应将 M0.0 置为 ON，否则系统无法工作，故将仅在第一个扫描周期接通的 SM0.1 的常开触点与上述串联电路并联，启动电路还并联了 M0.0 的自保持触点。后续步只有步 M0.1，M0.1 为 ON 时 M0.0 的线圈"断电"，初始步变为不活动步。所以，步 M0.0 启动条件的电路是 M0.3 和 T38 的常开触点串联后与 SM0.1 并联，步 M0.0 停止条件的电路是 M0.1 的常闭触点，保持电路是 M0.0 本身的常开触点。

下面介绍设计顺序控制梯形图的输出电路的方法。由于步是根据输出变量的状态变化来划分的，它们之间的关系极为简单，可以分为两种情况来处理。

某一输出量仅在某一步中为 ON，可以将它的线圈与对应步的存储器位的线圈并联。图 10-8 中的各输出 Q 与定时器都是这样处理的。

有人也许会认为，既然如此，不如用这些输出 Q 来代表该步，如用 Q0.1 代替 M0.2。当然这样做可以节省一些编程元件，但是存储器位 M 是完全够用的，多用一些不会增加硬件费用，在设计和输入程序时也多花不了多少时间。全部用存储器位来代表步具有概念清楚、编程规范、梯形图易于阅读和查错的优点。

某一输出 Q 如果在几步中都为 ON，应将代表这几步的存储器位 M 的常开触点并联后，来驱动该输出位的线圈。

综上所述，单序列的编程方法就是把每一步存储器位 M 的线圈用启保停电路加以驱动，最后用 M 的常开触点去控制输出位即可。

2．选择序列的编程方法

1）选择序列的分支的编程方法

如图 10-9 所示，步 M0.0 之后有一个选择序列的分支，设 M0.0 为活动步，当它的后续步 M0.1 或 M0.2 变为活动步时，它都应变为不活动步，即 M0.0 变为 OFF，所以应将 M0.1 和 M0.2 的常闭触点与 M0.0 的线圈串联。

如果某一步的后面有一个由 N 条分支组成的选择序列，该步可能转换到不同的 N 步去，则应将这 N 个后续步对应的存储器位的常闭触点与该步的线圈串联，作为结束该步的条件。

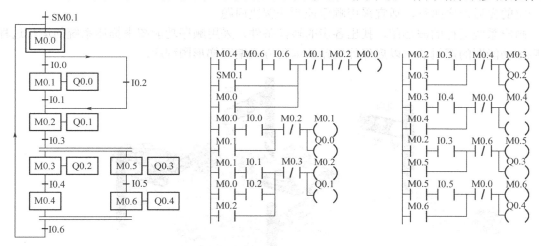

图 10-9 选择序列与并行序列

2）选择序列的合并的编程方法

在图 10-9 中，步 M0.2 之前有一个选择序列的合并，当步 M0.1 为活动步（M0.1 为 ON），并且转换条件 I0.1 满足，或者步 M0.0 为活动步，并且转换条件 I0.2 满足，步 M0.2 都应变为活动步，即控制该步的存储器位 M0.2 的启保停电路的启动条件应为 M0.1·I0.1+M0.0·I0.2，对应的启动电路由两条并联支路组成。

一般来说，对于选择序列的合并，如果某一步之前有 N 个转换，即有 N 条分支进入该步，则控制代表该步的存储器位的启保停电路的启动电路由 N 条支路并联而成，各支路由某一前级步对应的存储器位的常开触点与相应转换条件对应的触点或电路串联而成。

3．并行序列的编程方法

1）并行序列的分支的编程方法

图 10-9 中的步 M0.2 之后有一个并行序列的分支，当步 M0.2 是活动步并且转换条件 I0.3 满足时，步 M0.3 和 M0.5 应同时变为活动步，这是用 M0.2 和 I0.3 的常开触点组成的串联电

路分别作为 M0.3 和 M0.5 的启动电路来实现的；与此同时，步 M0.2 应变为不活动步。步 M0.3 和 M0.5 是同时变为活动步的，只需将 M0.3 或 M0.5 的常闭触点与 M0.2 的线圈串联就行了。

2）并行序列的合并的编程方法

步 M0.0 之前有一个并行序列的合并，该转换实现的条件是所有的前级步（即步 M0.4 和 M0.6）都是活动步和转换条件 I0.6 满足。由此可知，应将 M0.4、M0.6 和 I0.6 的常开触点串联，作为控制 M0.0 的启保停电路的启动电路。

任何复杂的顺序功能图都是由单序列、选择序列和并行序列组成的，掌握了单序列的编程方法和选择序列、并行序列的分支、合并的编程方法，就不难迅速地设计出任意复杂的顺序功能图描述的数字量控制系统的梯形图。

■【项目分析】

图 10-10 是交通信号灯示意图。交叉的道路是南北向及东西向的，每个方向各有红绿黄三盏信号灯。东西方向红灯亮 25s；与此同时，南北方向的绿灯亮 20s、闪烁 3s，之后其黄灯亮 2s，反之亦然，按这个规律不断循环。

从控制要求可以看出，控制过程可以分解成多个独立的控制动作，这些动作之间严格按照一定的先后次序执行，适宜采用顺序控制法解决问题。

画出系统运行的波形图，找出各步的转换条件，采用顺序功能图来描述系统的运行过程，然后按功能图的逻辑要求以启保停电路的编程方式编写梯形图程序。

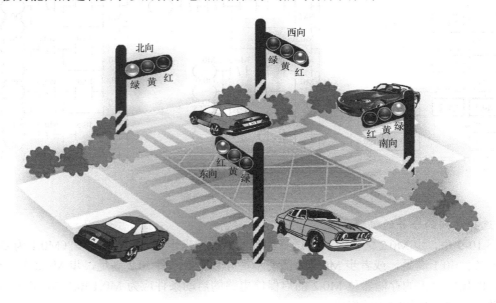

图 10-10　交通信号灯示意图

■【项目实施】

1. 确定输入/输出设备

本系统有两个按钮，一个用于给出启动信号，一个用于给出停止信号，要用到 PLC 的 2 个输入点；有红、绿、黄各两盏，分别用于东西、南北方向的信号灯，要用到 PLC 的 6 个输出点；最多要用到 PLC 的 6 个定时器。

2. PLC 选择

查阅表 4-1 知道，CPU222 有 8 个数字量输入、6 个数字量输出，CPU224 有 14 个数字量输入、10 个数字量输出、256 个定时器。考虑到将来的性能扩充，要留有余量，选择 CPU224 PLC。查表 4-5，可以看到晶体管输出型与继电器输出型 PLC 的额定输出电压、电流、功率等情况，每个输出点的功率输出比较小，如果负载功率较大且负载较多，输出端不能直接连负载。若选用直流交通灯，可选晶体管输出型 PLC，输出端通过固态继电器去控制交通灯；若选用交流交通灯，可选继电器输出型 PLC，输出端通过交流接触器去控制交通灯。注意所选固态继电器控制端或交流接触器线圈的工作电压不能超出 PLC 输出点的额定电压。假设用交流交通灯，则 PLC 选 CPU224 AC/DC/RELY，输出点接入交流电的额定电压不能超过 AC 220V，交流接触器线圈的额定电压不能超过 AC 220V。

3. 分配 I/O 地址及定时器

分配 I/O 地址及定时器如表 10-1 所示。

表 10-1　分配 I/O 地址及定时器

元件名称	I/O 点	说明	定时器	类型	说明
SB1	I0.0	启动按钮	KM6	Q0.6	南北黄灯
SB2	I0.1	停止按钮	T33	TON	南北红灯工作 25s
KM1	Q0.1	南北红灯	T34	TON	南北绿灯工作 20s
KM2	Q0.2	东西绿灯	T35	TON	南北绿灯闪烁 3s
KM3	Q0.3	东西黄灯	T97	TON	东西红灯工作 25s
KM4	Q0.4	东西红灯	T98	TON	东西绿灯工作 20s
KM5	Q0.5	南北绿灯	T99	TON	东西绿灯闪烁 3s

4. 画出 PLC 外部接线图

画出如图 10-11 所示的 PLC 外部接线图。

5. 画出波形图

根据项目要求，画出十字路口交通信号灯时序波形图，如图 10-12 所示。

6. 画出顺序功能图

根据波形图画出顺序功能图。在波形图中，随着时间的推移，所有输出中只要有一个状态发生了变化，就进入了下一步，这个变化时间点的条件（如定时时间到）就是转换条件。将东西与南北方向的交通灯看作两条并行推进的序列，每个序列都按照一个方向 25s 的红灯亮，另一个方向 20s 的绿灯亮、3s 的绿灯闪烁，接着是该方向 2s 的黄灯亮，两个序列如此反复循环。划分步，确定相应转换条件，用转换条件控制代表各步的编程元件（位存储器 M），让它们的状态按一定的顺序变化，然后用代表各步的编程元件（位存储器 M）去控制 PLC 的输出位及定时器。

PLC 由 STOP 状态进入 RUN 状态时，SM0.1 将初始步 M0.0 置为 ON，按下启动按钮 I0.0，步 M0.1 和步 M0.2 同时变为活动步，南北红灯和东西绿灯同时亮。

在顺序功能图中，为了避免从并行序列的合并处直接转换到并行序列的分支处，在步 M0.5 和 M1.0 的后面设置了一个虚设步 M1.1，该步没有具体的操作，进入该步后，将马上转移到

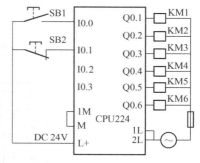

图 10-11　PLC 外部接线图

下一步。交通灯顺序功能图如图 10-13 所示。

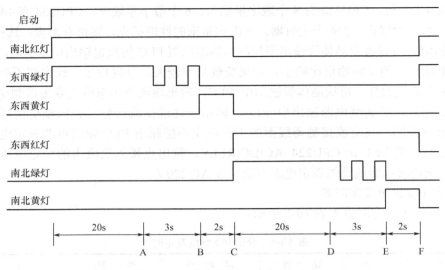

图 10-12 交通信号灯时序波形图

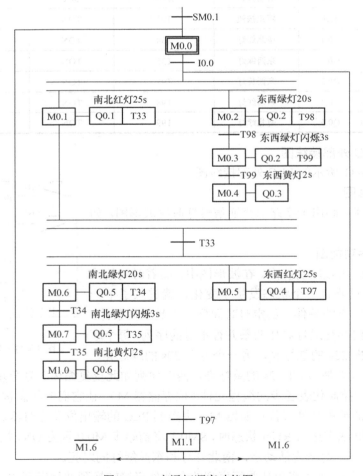

图 10-13 交通灯顺序功能图

7．设计梯形图程序

使用启保停电路的编程方法编写梯形图程序。启保停电路，主要由启动电路、停止电路和保持电路组成。找出每一步的启动电路、停止电路和保持电路，写出每一步的梯形图，如图 10-14 所示。

按下按钮 I0.0，交通灯将按顺序功能图所示的顺序变化。交通灯的闪动是用周期为 1s 的时钟脉冲 SM0.5 的触点实现的。在梯形图中用启保停电路和启动、停止按钮来控制 M1.6，按下启动按钮 I0.0，M1.6 变为 ON 并保持，按下停止按钮 I0.1，M1.6 变为 OFF，但是系统不会马上返回初始步，因为 M1.6 只是在步 M1.1 之后才起作用。按下停止按钮 I0.1，在完成顺序功能图中一个工作周期的最后一个步（虚设步）的工作后返回初始状态，所有的灯熄灭。由于程序中不能出现双线圈输出，网络 4、5 中应出现的 Q0.2 的线圈在网络 6 中进行了统一处理。网络 11 的作用跟网络 6 是相似的。

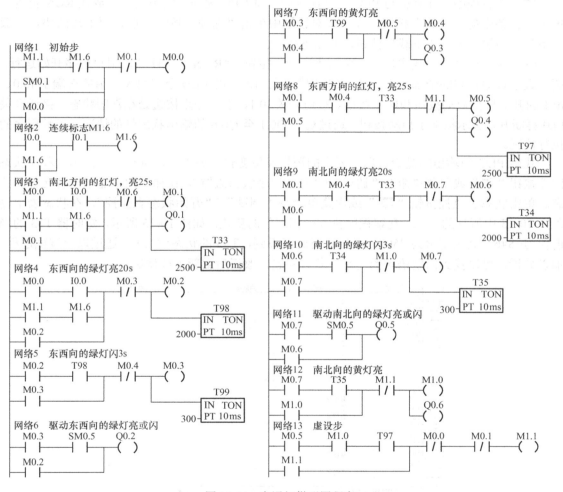

图 10-14　交通灯梯形图程序

8．运行调试

（1）在断电的情况下，按图 10-11 进行 PLC 控制线路接线。用编程电缆连接 PLC 和计算机的串行通信接口，接通计算机和 PLC 的电源。

（2）运行计算机上的 STEP7-Micro/WIN32 编程软件，单击工具条上最左边的"新建项目"

图标，生成一个新的项目。

（3）执行菜单命令"PLC"/"类型"，设置 PLC 的型号。设置通信参数，建立起计算机与 PLC 的通信连接。

（4）执行菜单命令"工具"/"选项"，在"一般"对话框的"一般"选项卡中，选择 SIMATIC 指令集和"国际"助记符集，将"梯形图编辑器"设置为默认的程序编辑器。

（5）用"查看"菜单选择"梯形图"语言，用"查看"菜单选择"框架"/"指令树"可打开（或关闭）指令树窗口，找到其中的"项目 1"/"程序块"/"主程序（OB1）"，双击"主程序（OB1）"，在右边"主程序"的编辑窗口中输入图 10-14 所示的梯形图程序。

（6）单击工具条中的"编译"或"全部编译"按钮，编译输入的程序。如果程序没有错误，将显示"0 错误"。否则，改正程序中的错误后才能下载程序。在下载用户程序之前，编程软件将首先自动执行编译操作。

（7）下载程序。计算机与 PLC 建立连接后，将 CPU 模块上的模式开关放在 RUN 位置，单击工具条中的"下载"按钮，在下载对话框中单击"选项"按钮，选择要下载的块，一般只下载程序块。单击"下载"按钮，开始下载。

（8）调试程序。下载成功后，单击"运行"按钮，"RUN" LED 亮，用户程序开始运行。断开数字量输入端的全部输入开关，CPU 模块上输入侧的 LED 全部熄灭。用接在端子 I0.0、I0.1 的开关模拟启动按钮和停止按钮。接通开关 I0.1，表示停止按钮处在常闭状态。接通开关 I0.0 再断开，表示按下了启动按钮。通过观察 Q0.1 至 Q0.6 的输出状态灯的情况，了解程序的执行情况。

观察 PLC 的输出端是否按题目要求的逻辑发生变化，如不是，进行调试。单击程序状态监控按钮" "或用菜单命令"调试"/"开始程序状态监控"，在梯形图中显示出各元件的状态。单击状态表监控按钮" "或用菜单命令"调试"/"开始状态表监控"，在状态表中输入图 10-15 中所列的信息，观察程序执行中相应值的变化。如图 10-15 所示，定时器 T33 的当前值为+846，其设定值为 2500，所以定时时间不到，T33 的状态位为 0。通过以上调试过程，加以分析，可以找到问题语句的所在，若有问题，改正后重新下载调试。

	地址	格式	当前值	新值
1	I0.0	位	2#0	
2	I0.1	位	2#1	
3	Q0.1	位	2#1	
4	Q0.2	位	2#1	
5	Q0.3	位	2#0	
6	Q0.4	位	2#0	
7	Q0.5	位	2#0	
8	Q0.6	位	2#0	
9	T33	位	2#0	
10	T33	有符号	+846	
11	T34	位	2#0	
12	T34	有符号	+0	
13	T35	位	2#0	
14	T35	有符号	+0	
15	T97	位	2#0	
16	T97	有符号	+0	
17	T98	位	2#0	
18	T98	有符号	+846	
19	T99	位	2#0	
20	T99	有符号	+0	

图 10-15 状态表

9．控制逻辑仿真

1）导出程序文本文件

执行菜单命令"文件"/"导出…"，导出后缀为"awl"的文件"交通信号灯的运行控制.awl"。

2）启动仿真程序

启动仿真程序，执行菜单命令"配置"/"CPU 型号"，选取所需型号的 CPU。

3）装入待仿真的程序

执行菜单命令"程序"/"载入程序"，选中逻辑块，打开文件"交通信号灯的运行控制.awl 三相异步电动机的正反转运行控制.awl"。

4）仿真调试

执行菜单命令"PLC"/"运行"或工具条上的"▷"按钮，进入运行模式。单击"▦"按钮，输入如图 10-15 所示信息，进行内存变量监控，调试过程与 STEP7-Micro/WIN32 中相似，不再赘述。

■【评定激励】

按以下标准开展小组自评、互评，成绩填入项目评分细则表，如表 10-2 所示。

表 10-2 项目评分细则表

项目名称					组别	
开始时间			结束时间			
考核内容	考核要求	配分	评分标准		扣分	得分
电路设计	（1）I/O 分配表正确 （2）输入/输出接线图正确 （3）主电路正确 （4）连锁、保护齐全	30 分	（1）分配表每错一处，扣 5 分 （2）输入/输出电路图每错一处，扣 5 分 （3）主电路错一处，扣 5 分 （4）连锁、保护每缺一项，扣 5 分			
安装接线	（1）元件选择、布局合理，安装符合要求 （2）布线合理美观	10 分	（1）元件选择、布局不合理，扣 3 分/处；元件安装不牢固，扣 3 分/处 （2）布线不合理、不美观，扣 3 分/处			
编程调试	（1）程序编制实现功能 （2）操作步骤正确 （3）试车成功	50 分	（1）输入梯形图错误，扣 2 分/处 （2）不会设置及下载，分别扣 5 分 （3）一个功能不实现，扣 10 分 （4）操作步骤错一步，扣 5 分 （5）显示运行不正常，扣 5 分/处			
安全文明工作	（1）安全用电，无人为损坏仪器、元件和设备 （2）保持环境整洁，秩序井然，操作习惯良好 （3）小组成员协作和谐，态度正确	10 分	（1）发生安全事故，扣 10 分 （2）人为损坏设备、元器件，扣 10 分 （3）现场不整洁、工作不文明，团队不协作，扣 5 分 （4）不遵守考勤制度，每次扣 2～5 分			
总成绩						

思考与练习

（1）简述 PLC 控制系统设计的基本原则与步骤。

（2）简述 PLC 的机型、容量、I/O 模块、电源模块、特殊功能模块、通信联网模块等方面的选用原则。

（3）简述划分步的原则。

（4）简述转换实现的条件和转换实现时应完成的操作。

（5）分别简述单序列、选择序列及并行序列的启保停电路的编程方法。

（6）液体混合装置如图 10-16 所示，上限位、下限位和中限位传感器被液体淹没时为 ON，阀 A、阀 B 和阀 C 为电磁阀，线圈通电时打开，线圈断电时关闭。开始时容器是空的，各阀门均为 OFF。按下启动按钮后，打开阀 A，液体 A 流入容器，中限位开关变为 ON 时，关闭阀 A，打开阀 B，液体 B 流入容器。当到达上限位开关时，关闭阀 B，电动机 M 开始运行，搅动液体，60s 后停止搅动，打开阀 C，放出混合液，当降至下限位开关之后再过 5s，容器放空，关闭阀 C，打开阀 A，又开始下一周期的工作。按下停止按钮，在当前工作周期的工作结束后，才停止工作（停在初始状态）。试用 PLC 对小车进行控制，试进行 I/O 分配、绘出 PLC 外部电路接线图、系统运行波形图、顺序功能图，设计梯形图程序并上机调试。

（7）某组合机床动力头进给运动示意图如图 10-17 所示。设动力头在初始状态时停在左边，限位开关 I0.1 为 ON。按下启动按钮 I0.0 后，Q0.0 和 Q0.2 为 ON，动力头向右快速进给（简称快进），碰到限位开关 I0.2 后变为工作进给（简称工进），仅 Q0.0 为 ON，碰到限位开关 I0.3 后，暂停 5s；5s 后 Q0.2 和 Q0.1 为 ON，工作台快速退回（简称快退），返回初始位置后停止。试用 PLC 对小车进行控制，试进行 I/O 分配，绘出 PLC 外部电路接线图、系统运行波形图、顺序功能图，设计梯形图程序并上机调试。

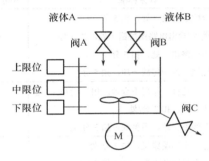

图 10-16　液体混合装置

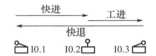

图 10-17　某组合机床动力头进给运动示意图

项目十一

停车场管理

【项目目标】

用 S7-200 PLC 构成停车场管理系统，运用 STEP7-Micro/WIN32 软件对控制系统进行联机调试。控制要求如下。

（1）停车场容量为 100 辆车，不允许进入更多；当停车场车停满后，显示车位已满信号，不允许车再进入。

（2）每当进入一辆车时，入口传感器向 PLC 发送一个信号，入口门开启（设开启时间 3s），停车场的当前车辆数加一，30s 后入口门关闭（关闭时间 3s）。

（3）每当出去一辆车时，出口传感器向 PLC 发送一个信号，出口门开启（开启时间 3s），停车场的当前车辆数减一，30s 后出口门关闭（关闭时间 3s）。

【学习目标】

（1）掌握增减计数器的用法。
（2）掌握 PLC 的接线方法。
（3）掌握顺序控制梯形图的画法。
（4）掌握以转换为中心的编程方式编制梯形图程序的方法。
（5）熟练运用 S7-200 PLC 的编程软件 STEP7-Micro/WIN32 进行程序的下载与调试。

【相关知识】

一、计数器

计数器用来累计输入脉冲的次数，是应用非常广泛的编程元件，经常用来对产品进行计数。计数器指令有三种：增计数 CTU、增减计数 CTUD 和减计数 CTD。指令操作数有编号、预设值、脉冲输入和复位输入。

1．增计数器

CTU——增计数器指令。首次扫描，计数器位为 OFF，当前值为 0。

R=0 时，计数器开始计数。CU 端有一个输入脉冲上升沿到来，计数器的 SV=SV+1。当 SV≥PV 时，Cn 状态位为 1，CU 端再有脉冲到来时，SV 继续累加，直到 SV=32767 时，停止计数。

R=1 时，计数器复位，当前值 SV=0，Cn 状态位为 0。

指令格式：CTU C×××，PV

程序实例：增计数器的程序片断如图 11-1 所示，其时序图如图 11-2 所示。

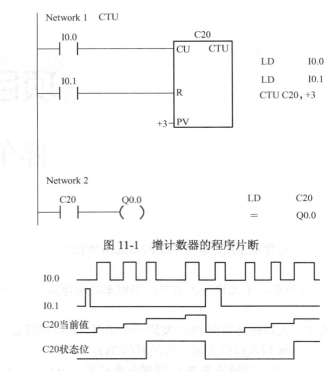

图 11-1 增计数器的程序片断

图 11-2 增计数器的时序图

2．减计数器

CTD——减计数器指令。脉冲输入端 CD 用于递减计数。首次扫描，计数器位为 OFF，当前值等于预设值 PV。计数器检测到 CD 输入的每个上升沿时，计数器当前值减小 1 个单位，当前值减到 0 时，计数器为 ON。

LD=1 时，其计数器的设定值 PV 被装入计数器的当前值寄存器，此时 SV=PV，计数器复位，Cn 状态位为 0。

LD=0 时，计数器开始计数。CD 端有一个输入脉冲上升沿到来，计数器的 SV=SV-1。当 SV=0 时，Cn 状态为 1，并停止计数。

复位输入有效或执行复位指令，计数器自动复位，即计数器位为 OFF，当前值复位为预设值，而不是 0。

指令格式：CTD　C×××，PV

程序实例：减计数器的程序片断如图 11-3 所示，其时序图如图 11-4 所示。

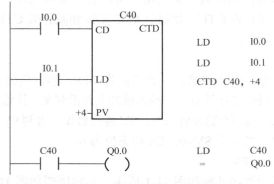

图 11-3 减计数器的程序片断

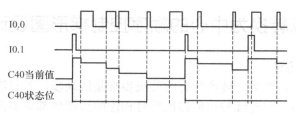

图 11-4　时序图

3. 增减计数器

CTUD——增减计数器指令。有两个脉冲输入端：CU 输入端用于递增计数，CD 输入端用于递减计数。当前值大于或等于预设值时，计数器位为 ON。复位输入有效或执行复位指令，计数器复位，即计数器为 OFF，当前值为 0。

R=1 时，当前值 SV=0，计数器复位，Cn 状态位为 0。

R=0 时，计数器开始计数：

当 CU 端有一个输入脉冲上升沿到来，计数器的 SV=SV+1。当 SV≥PV 时，Cn 状态位为 1，CU 端再有脉冲到来时，SV 继续累加。

当 CD 端有一个输入脉冲上升沿到来，计数器的 SV=SV-1。当 SV<PV 时，Cn 状态位为 0，CD 端再有脉冲到来时，计数器的当前值仍不断地递减。

当前值为 32 767 时，CU 输入端来一个脉冲，当前值变为-32 768。当前值为-32 768 时，CD 输入端来一个脉冲，当前值变为 32 767。

指令格式：CTUD C×××，PV

程序实例：增减计数器的程序片断如图 11-5 所示，其时序图如图 11-6 所示。

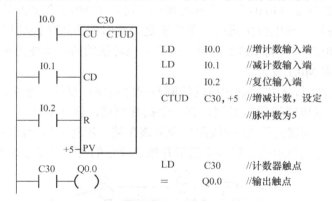

图 11-5　增减计数器程序

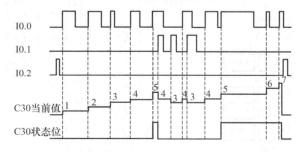

图 11-6　增减计数器为其时序图

二、以转换为中心的顺序控制梯形图设计方法

1. 单序列的编程方法

在顺序功能图中,如果某一转换所有的前级步都是活动步,并且满足相应的转换条件,则转换实现。即所有由有向连线与相应转换符号相连的后续步都变为活动步,而所有由有向连线与相应转换符号相连的前级步都变为不活动步。在以转换为中心的编程方法中,用该转换所有前级步对应的存储器位的常开触点与转换条件对应的触点或电路串联(该串联电路即启保停电路中的启动电路),用它作为使所有后续步对应的存储器位置位(使用置位指令)和使所有前级步对应的存储器位复位(使用复位指令)的条件。在任何情况下,代表步的存储器位的控制电路都可以用这一原则来设计,每一个转换对应一个这样的控制置位和复位的电路块,有多少个转换就有多少个这样的电路块。这种设计方法特别有规律,梯形图与转换实现的基本规则之间有着严格的对应关系,在设计复杂的顺序功能图的梯形图时既容易掌握,又不容易出错。

图 11-7 中的两条传送带用来传送较长的物体,要求尽可能地减少传送带的运行时间。在传送带端部设置了两个光电开关,有物体经过时 I0.0 和 I0.1 为 ON,传送带 A、B 的电动机分别用 Q0.0 和 Q0.1 控制。SM0.1 使初始步 M0.0 为 ON;按下启动按钮 I0.2,传送带 A 开始运行,被传送物体的前沿使 I0.0 变为 ON 时,系统进入步 M0.2,两条传送带同时运行。被传送物体的后沿离开光电开关 I0.0 时,传送带 A 停止运行,物体的后沿离开光电开关 I0.1 时,传送带 B 停止运行,系统返回初始步。

实现图 11-7 中 I0.0 对应的转换需要同时满足两个条件,即该转换的前级步是活动步(M0.1=1)和转换条件满足(I0.0=1)。在梯形图中,可以用 M0.1 和 I0.0 的常开触点组成的串联电路来表示上述条件。该电路接通时,条件满足,此时应将该转换的后续步变为活动步,即用置位指令"S M0.2,1"将 M0.2 置位;还应将该转换的前级步变为不活动步,即用复位指令"R M0.1,1"将 M0.1 复位。

使用这种编程方法时,不能将输出位的线圈与置位指令和复位指令并联,这是因为图 11-7 中控制置位复位的串联电路接通的时间只有一个扫描周期,转换条件满足后前级步马上被复位,该串联电路断开,而输出位 Q 的线圈至少应该在某一步对应的全部时间内被接通。所以应根据顺序功能图,用代表步的存储器位的常开触点或它们的并联电路来驱动输出位的线圈。

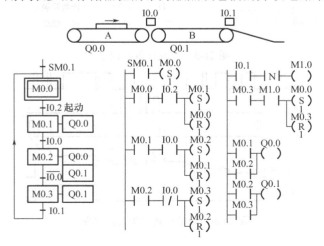

图 11-7 运输带控制系统顺序功能图与梯形图

当物体的后沿离开限位开关 I0.1 时，应实现步 M0.3 之后的转换。为什么不能用 I0.1 的常闭触点作为转换条件呢？通过分析系统的输入—输出波形图可知，当系统由步 M0.2 转换到步 M0.3 时，I0.1 正处于"0"状态，如果在步 M0.3 之后用它的常闭触点作为转换条件，将使系统马上错误地由步 M0.3 转换到步 M0.0，物体尚未运出，运输带 B 就停下来了。梯形图中的下降沿检测触点使 M1.0 在 I0.1 由 1 状态变为 0 状态的下降沿时，在一个扫描周期内为 ON，再用 M1.0 的常开触点作为步 M0.3 与步 M0.0 之间的转换条件，可以防止出现上述的错误。

2．选择序列的编程方法

如果某一转换与并行序列的分支、合并无关，它的前级步和后续步都只有一个，需要复位、置位的存储器位也只有一个，因此对选择序列的分支与合并的编程方法实际上与对单序列的编程方法完全相同。

图 11-8 所示的顺序功能图中，除 I0.3 与 I0.6 对应的转换以外，其余的转换均与并行序列的分支、合并无关，I0.0～I0.2 对应的转换与选择序列的分支、合并有关，它们都只有一个前级步和一个后续步。与并行序列的分支、合并无关的转换对应的梯形图是非常标准的，每一个控制置位、复位的电路块都由前级步对应的一个存储器位的常开触点和转换条件对应的触点组成的串联电路、一条置位指令和一条复位指令组成。

3．并行序列的编程方法

如图 11-8 所示，步 M0.2 之后有一个并行序列的分支，当 M0.2 是活动步，并且转换条件 I0.3 满足时，步 M0.3 与步 M0.5 应同时变为活动步，这是用 M0.2 和 I0.3 的常开触点组成的串联电路使 M0.3 和 M0.5 同时置位来实现的；与此同时，步 M0.2 应变为不活动步，这是用复位指令来实现的。

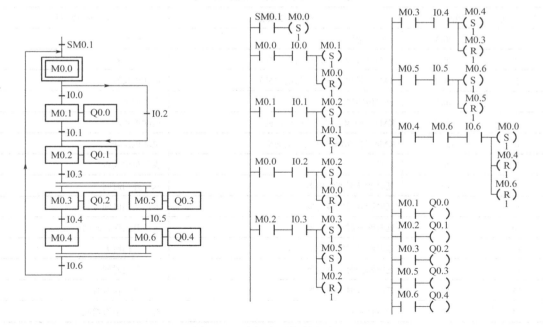

图 11-8　选择序列与并行序列

I0.6 对应的转换之前有一个并行序列的合并，该转换实现的条件是所有的前级步（即步 M0.4 和 M0.6）都是活动步和转换条件 I0.6 满足。由此可知，应将 M0.4、M0.6 和 I0.6 的常开触点串联，作为使后续步 M0.0 置位和使 M0.4、M0.6 复位的条件。

■【项目分析】

从控制要求可以看出，本项目可以采用顺序控制法来解决。先进行分析，找出所用到的输入/输出设备，确定 I/O 点数，进行 PLC 选型，画出电路图；之后根据控制逻辑画出时序波形图，根据波形图进行步的划分，画出顺序功能图，描述系统的运行过程；最后按功能图的逻辑要求采用以转换为中心的顺序控制梯形图设计方法编写梯形图程序。

■【项目实施】

1. 确定 I/O 设备

入口处有入口传感器、入口开关门电动机、车位已满信号灯，出口处有出口传感器、出口开关门电动机。

要用到的 PLC 内部元件：入口开门时间继电器、入口开门保持时间继电器、入口关门时间继电器、出口开门时间继电器、出口开门保持时间继电器、出口关门时间继电器、增减计数器（对现有车辆数进行增减）。

2. PLC 的内部资源分配

根据 I/O 设备情况，由于现有大多数电动门的电动机为交流电动机，PLC 的输出口功率太小，不能直接去控制交流电动机，可让其输出口先控制交流接触器，通过交流接触器再去控制交流电动机。根据 I/O 点数，考虑到将来的扩充，PLC 可选用西门子的 CPU224 AC/DC/RELY。PLC 的内部资源分配如表 11-1 所示。

表 11-1 PLC 的内部资源分配

序 号	PLC 元件	对应 I/O 设备	功 能 说 明
1	I0.0	入口传感器	来车检测
2	Q0.0	KM1（控制入口开关门电动机）	电动机正转
3	Q0.1	KM2（控制入口开关门电动机）	电动机反转
4	I0.1	出口传感器	去车检测
5	Q0.2	KM3（控制出口开关门电动机）	电动机正转
6	Q0.3	KM4（控制出口开关门电动机）	电动机反转
7	Q0.4	信号灯	表示车位满否
8	T41	延时断开时间继电器	入口开门时间
9	T42	延时断开时间继电器	入口关门时间
10	T45	延时断开时间继电器	入口开门保持时间
11	T43	延时断开时间继电器	出口开门时间
12	T44	延时断开时间继电器	出口关门时间
13	T46	延时断开时间继电器	出口开门保持时间
14	C0	增减计数器	对现有车辆数增减

3. 画出 PLC 外部接线图及主电路图

根据 I/O 类型及点数，考虑到将来的性能扩充，选用 S7-200 PLC 系列的 CPU224，要求信号灯的额定电流不超过输出点的额定电流，否则要通过继电器或接触器去控制信号灯。画出如图 11-9 所示的 PLC 控制电路图。停车场的主电路如图 11-10 所示。

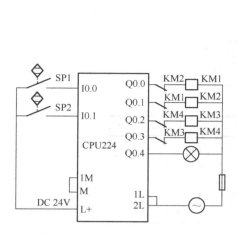

图 11-9 停车场 PLC 外部接线图

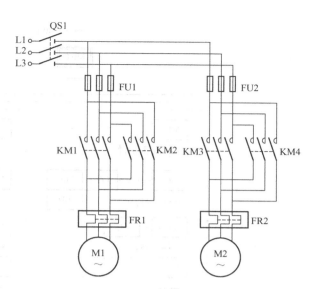

图 11-10 停车场的主电路

4．画出波形图

根据项目要求，画出时序波形图，如图 11-11 所示。由于出入停车场的车辆是随机的，所以将二者的时序图分开来画。

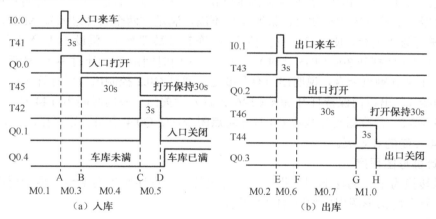

图 11-11 停车场时序波形图

5．绘制顺序功能图

从前面的学习我们知道，步是根据 PLC 输出状态的变化来划分的，在任何一步内，各输出状态不变，但是相邻步之间输出状态是不同的。下面根据这个原则划分步。用转换条件控制代表各步的编程元件（位存储器 M），让它们的状态按一定的顺序变化，然后用代表各步的编程元件（位存储器 M）去控制 PLC 的输出位。PLC 的输出只有 Q0.0、Q0.1、Q0.2、Q0.3、Q0.4，I0.0、I0.1 与各定时器是转换条件。图 11-11（a）为车辆进入停车场的时序波形图，图 11-11（b）为车辆离开停车场的时序波形图。在图 11-11（a）中，A 点之前为车辆入库的起始步，用 M0.1 表示；A、B 之间为第二步，用 M0.3 表示，往下依此类推。在图 11-11（b）中，E 点之前为车辆出库的起始步，用 M0.2 表示；E、F 之间为第二步，用 M0.6 表示，往下依此类推。据此，可轻松画出顺序功能图，如图 11-12 所示。由于出入停车场的过程先后是随机的，所以把两部分的顺序功能图作为并行序列来处理，共同的初始步为 M0.0。

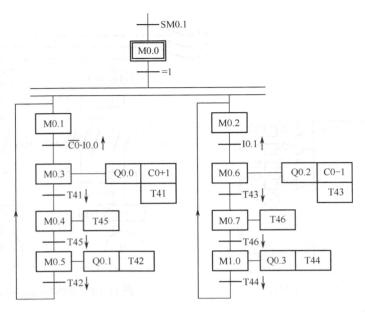

图 11-12 停车场顺序功能图

SM0.1 只在 PLC 启动后的第一个扫描周期闭合，在这个周期程序进入 M0.0 这一步，接着无条件前进到 M0.1 和 M0.2。在车库未满的情况下，若 I0.0 出现上升沿，说明有车辆到来，同时若计数器 C0 的常闭触点闭合，说明车位不满，满足这两个条件进入步 M0.3，使输出继电器 Q0.0 常开触点闭合，使入口电机正转开门，车辆计数器加 1。假设 3s 后入库门打开（T41 计时），入口门保持打开 30s（T45 计时）后关门（关门时间由 T42 计时 3s），然后回到起始步 M0.1。若 I0.1 常开触点闭合，说明出口有车要走，通过 Q0.2 控制出口门打开（由 T43 计时），车辆计数器减 1，出口门保持打开 30s（T46 计时）后关门（关门时间由 T44 计时 3s），然后回到起始步 M0.2。若检测到计数器 C0 常开触点闭合，使 Q0.4 控制的灯点亮，表示车位已满，否则使 Q0.4 控制的灯熄灭。

6．设计梯形图程序

采用以转换为中心的梯形图编程方法进行设计，写程序时先实现步，最后再用步标识去驱动动作。停车场梯形图程序如图 11-13 所示。

7．运行调试

（1）在断电的情况下，按图 11-9 进行 PLC 控制线路接线，按图 11-10 进行主电路接线。用编程电缆连接 PLC 和计算机的串行通信接口，接通计算机和 PLC 的电源。

（2）运行计算机上的 STEP7-Micro/WIN32 编程软件，单击工具条上最左边的"新建项目"图标，生成一个新的项目。

（3）执行菜单命令"PLC"/"类型"，设置 PLC 的型号。设置通信参数，建立起计算机与 PLC 的通信连接。

（4）执行菜单命令"工具"/"选项"，在"一般"对话框的"一般"选项卡中，选择 SIMATIC 指令集和"国际"助记符集，将"梯形图编辑器"设置为默认的程序编辑器。

（5）用"查看"菜单选择"梯形图"语言，用"查看"菜单选择"框架"/"指令树"可打开（或关闭）指令树窗口，找到其中的"项目 1"/"程序块"/"主程序（OB1）"，双击"主程序（OB1）"，在右边"主程序"的编辑窗口中输入图 11-13 所示的梯形图程序。

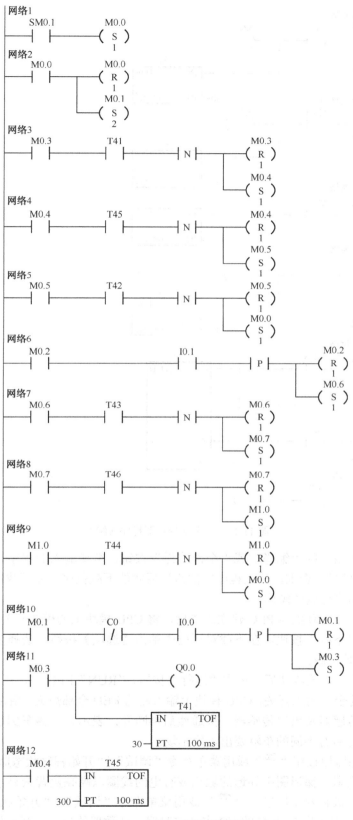

图 11-13 停车场梯形图程序

```
网络13
  M0.5              Q0.1
───┤├──────────────( )
         │
         │              ┌─────────┐
         │              │T42      │
         └──────────────┤IN    TOF│
                    30──┤PT  100ms│
                        └─────────┘

网络14
  M0.6              Q0.2
───┤├──────────────( )
         │
         │              ┌─────────┐
         │              │T43      │
         └──────────────┤IN    TOF│
                    30──┤PT  100ms│
                        └─────────┘

网络15
  M0.7                  ┌─────────┐
───┤├─────────────────  │T46      │
                        │IN    TOF│
                   300──┤PT  100ms│
                        └─────────┘

网络16
  M1.0              Q0.3
───┤├──────────────( )
         │
         │              ┌─────────┐
         │              │T44      │
         └──────────────┤IN    TOF│
                    30──┤PT  100ms│
                        └─────────┘

网络17
  M0.3                  ┌─────────┐
───┤├────┤P├────────────┤CU       │C0
                        │      CTUD│
  M0.6                  │         │
───┤├────┤P├────────────┤CD       │
                        │         │
  SM0.1                 │         │
───┤├───────────────────┤R        │
                   100──┤PV       │
                        └─────────┘

网络18
  C0               Q0.4
───┤├──────────────( )
```

图 11-13　停车场梯形图程序（续）

（6）单击工具条中的"编译"或"全部编译"按钮，编译输入的程序。如果程序没有错误，将显示"0 错误"。否则，改正程序中的错误后才能下载程序。在下载用户程序之前，编程软件将首先自动执行编译操作。

（7）下载程序。计算机与 PLC 建立连接后，将 CPU 模块上的模式开关放在 RUN 位置，单击工具条中的"下载"按钮，在下载对话框中单击【选项】按钮，选择要下载的块。单击"下载"按钮，开始下载。

（8）调试程序。下载成功后，单击"运行"按钮，"RUN" LED 亮，用户程序开始运行。断开数字量输入的全部输入开关，CPU 模块上输入侧的 LED 全部熄灭。用接在端子 I0.0、I0.1 的开关模拟入口传感器及出口传感器。接通然后再断开，表示有一辆车到达。可以多次通断 I0.0、I0.1，表示先后有不同的车辆要出入停车场。

单击程序状态监控按钮"▦"或用菜单命令"调试"/"开始程序状态监控"，在梯形图中显示出各元件的状态。梯形图中导通的触点或有电的线圈以高亮蓝背景显示。也可结合状态表进行调试。单击状态表监控按钮"▦"或用菜单命令"调试"/"开始状态表监控"，在状态表中输入表 11-1 中列出的 PLC 的 I/O 点及定时器、计数器的信息，观察程序执行中相应值的变化。通过以上调试过程，查看程序执行过程是否与顺序功能图的描述一致。加以分析，可以找到问题语句的所在，若有问题，改正后重新下载调试。

8．控制逻辑仿真

（1）导出程序文本文件。

执行菜单命令"文件"/"导出..."，导出后缀为"awl"的文件"停车场管理.awl"。

（2）启动仿真程序。

启动仿真程序，执行菜单命令"配置"/"CPU 型号"，选取所需型号的 CPU。

（3）装入待仿真的程序

执行菜单命令"程序"/"载入程序"，选中逻辑块，打开文件"交通信号灯的运行控制.awl 三相异步电动机的正、反转运行控制.awl"。

（4）仿真调试。

执行菜单命令"PLC"/"运行"或工具条上的"▶"按钮，进入运行模式。单击"▦"按钮，输入表 11-1 中所示信息，进行内存变量监控，调试过程与 STEP7-Micro/WIN32 中相似，不再赘述。

【评定激励】

按以下标准开展小组自评、互评，成绩填入项目评分细则表，如表 11-2 所示。

表 11-2 项目评分细则表

项目名称					组别	
开始时间			结束时间			
考核内容	考核要求	配分	评分标准		扣分	得分
电路设计	（1）I/O 分配表正确 （2）输入/输出接线图正确 （3）主电路正确 （4）连锁、保护齐全	30 分	（1）分配表每错一处，扣 5 分 （2）输入/输出电路图每错一处，扣 5 分 （3）主电路每错一处，扣 5 分 （4）连锁、保护每缺一项扣 5 分			
安装接线	（1）元件选择、布局合理，安装符合要求 （2）布线合理美观	10 分	（1）元件选择、布局不合理，扣 3 分/处；元件安装不牢固，扣 3 分/处 （2）布线不合理、不美观，扣 3 分/处			
编程调试	（1）程序编制实现功能 （2）操作步骤正确 （3）试车成功	50 分	（1）输入梯形图错误，扣 2 分/处 （2）不会设置及下载分别扣 5 分 （3）一个功能不实现，扣 10 分 （4）操作步骤错一步，扣 5 分 （5）显示运行不正常，扣 5 分/处			
安全文明工作	（1）安全用电，无人为损坏仪器、元件和设备 （2）保持环境整洁，秩序井然，操作习惯良好 （3）小组成员协作和谐，态度正确	10 分	（1）发生安全事故，扣 10 分 （2）人为损坏设备、元器件，扣 10 分 （3）现场不整洁、工作不文明，团队不协作，扣 5 分 （4）不遵守考勤制度，每次扣 2～5 分			
总成绩						

思考与练习

（1）简述增计数器、减计数器、增减计数器的工作过程。

（2）简述以转换为中心的单序列、选择序列、并行序列的编程方法。

（3）用一个按钮控制组合灯，按下控制按钮一下，一组灯亮；按两下按钮，两组灯亮；按三下按钮，三组灯亮；按四下按钮，灯全灭。计数器 C1～C4 分别对应四组灯亮的次数，设计梯形图。

（4）设计一个智力竞赛抢答装置。当出题人说出问题且按下开始按钮 SB1 后，在 10s 之内，4 个参赛者中只有最早按下抢答按钮的人抢答有效，抢答桌上的灯亮 3s，赛场中的音响装置响 2s。10s 后抢答无效。试进行 I/O 分配、绘出 PLC 外部电路接线图、画出系统的顺序功能图、设计梯形图程序并上机调试。

（5）装料小车工作示意图如图 11-14 所示，小车由交流异步电动机拖动，电动机正转，小车前进； 电动机反转，小车后退。对小车的控制要求如下。

① 单循环工作方式：每按一次送料按钮，小车后退至装料处，10s 后装料满，自动前进至卸料处，15s 后卸料完毕，小车返回到装料处待命。

② 循环工作方式：按一次送料按钮后，上述动作自动循环进行，当按下停止按钮时，小车要在完成本次循环后，停在装料处。试用 PLC 对小车进行控制，试用 PLC 对小车进行控制，试进行 I/O 分配，绘出 PLC 外部电路接线图、系统运行波形图、顺序功能图，设计梯形图程序并上机调试。

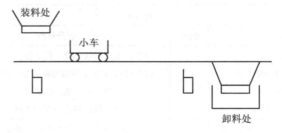

图 11-14 装料小车工作示意图

项目十二

剪板机的运行控制

【项目目标】

剪板机的结构如图 12-1 所示,用 S7-200 PLC 构成剪板机的运行控制系统,完成板料的裁剪。开始时压钳和剪刀在上限位置,限位开关 SQ0 和 SQ1 为 ON。按下启动按钮 SB0(常开按钮),工作过程如下:首先板料右行至限位开关 SQ3 动作,然后压钳下行,压紧板料后,压力继电器 SQ4 为 ON,压钳保持压紧,剪刀开始下行。剪断板料后,SQ2 变为 ON,压钳和剪刀同时上行,它们分别碰到限位开关 SQ0 和 SQ1 后,分别停止上行,都停止后,又开始下一周期的工作,剪完 3 块料后停止工作,并停在初始状态。

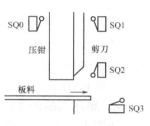

图 12-1 剪板机的结构

【学习目标】

(1)掌握增计数器的用法。
(2)掌握顺序控制梯形图的画法。
(3)掌握使用 SCR 指令编制梯形图程序的方法。
(4)熟练运用 S7-200 的编程软件 STEP7-Micro/WIN32 进行程序的下载与调试。

【相关知识】

梯形图的编程方法主要有使用启保停电路的编程方式、以转换为中心的编程方式、使用 SCR 指令的编程方法。这里学习使用 SCR 指令的顺序控制梯形图设计方法。

1. 顺序控制继电器指令

S7-200 PLC 中的顺序控制继电器(S0.0~S31.7)专门用于编制顺序控制程序。顺序控制程序被顺序控制继电器指令(LSCR)划分为 LSCR 与 SCRE 指令之间的若干个 SCR 段,一个 SCR 段对应于顺序功能图中的一步。顺序控制继电器(SCR)指令如表 12-1 所示。

表 12-1 顺序控制继电器(SCR)指令

梯 形 图	语 句 表	描 述
S_bit SCR	LSCR S_bit	SCR 程序段开始
S_bit (SCRT)	SCRT S_bit	SCR 转换
(SCRE)	SCRE	SCR 程序段结束

装载顺序控制继电器（Load Sequence Control Relay）指令"LSCR S_bit"用来表示一个 SCR 段（即顺序功能图中的步）的开始。指令中的操作数 S_bit 为顺序控制继电器 S（BOOL 型）的地址，顺序控制继电器为 ON 时，执行对应的 SCR 段中的程序，反之则不执行。

顺序控制继电器结束（Sequence Control Relay End）指令 SCRE 用来表示 SCR 段的结束。一旦将电源应用于输入，有条件顺序控制继电器结束（CSCRE）指令即标记 SCR 段结束。CSCRE 只有在 STL 编辑器中才能使用。

顺序控制继电器转换（Sequence Control Relay Transition）指令"SCRT S_bit"用来表示 SCR 段之间的转换，即步的活动状态的转换。当 SCRT 线圈"得电"时，SCRT 指令中指定的顺序功能图中的后续步对应的顺序控制继电器变为 ON，同时当前活动步对应的顺序控制继电器被系统程序复位为 OFF，当前步变为不活动步。

LSCR 指令中指定的顺序控制继电器（S）被放入 SCR 堆栈和逻辑堆栈的栈顶，SCR 堆栈中 S 位的状态决定对应的 SCR 段是否执行。由于逻辑堆栈的栈顶装入了 S 位的值，所以将 SCR 指令直接连接到左侧母线上。

使用 SCR 时有以下的限制：不能在不同的程序中使用相同的 S 位；不能在 SCR 段之间使用 JMP 及 LBL 指令，即不允许用跳转的方法跳入或跳出 SCR 段；不能在 SCR 段中使用 FOR、NEXT 和 END 指令。

2．单序列的编程方法

如图 12-2 所示，两条运输带顺序相连，按下启动按钮 I0.0，2 号运输带开始运行，10s 后 1 号运输带自动启动。停机的顺序与启动的顺序刚好相反，间隔时间为 10s。

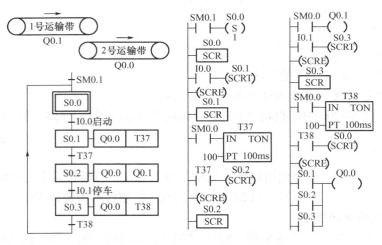

图 12-2　运输带控制系统的顺序功能图与梯形图

在设计梯形图时，用 LSCR（梯形图中为 SCR）指令和 SCRE 指令表示 SCR 段的开始和结束。在 SCR 段中用 SM0.0 的常开触点来驱动在该步中应为 ON 的输出点 Q 的线圈，并用转换条件对应的触点或电路来驱动转换到后续步的 SCRT 指令。

如果用编程软件的"程序状态"功能来监视处于运行模式的梯形图，可以看到因为直接接在左侧电源线上，每一个 SCR 方框都是蓝色的，但是只有活动步对应的 SCRE 线圈通电，并且只有活动步对应的 SCR 段内的 SM0.0 的常开触点闭合，不活动步的 SCR 段内的 SM0.0 的常开触点处于断开状态，因此 SCR 段内所有的线圈受到对应的顺序控制继电器的控制，SCR 段内的线圈还受与它串联的触点控制。

首次扫描时，SM0.1 的常开触点接通一个扫描周期，使顺序控制继电器 S0.0 置位，初始步变为活动步，只执行 S0.0 对应的 SCR 段。按下启动按钮 I0.0，指令"SCRT S0.1"对应的线圈得电，使 S0.1 变为 ON，操作系统使 S0.0 变为 OFF，系统从初始步转换到第 2 步，只执行 S0.1 对应的 SCR 段。在该段中，因为 SM0.0 的常开触点闭合，T37 的线圈得电，开始定时。在梯形图结束处，因为 S0.1 的常开触点闭合，Q0.0 的线圈通电，2 号运输带开始运行。在操作系统没有执行 S0.1 对应的 SCR 段时，T37 的线圈不会通电。

T37 定时时间到时，它的常开触点闭合，将转换到步 S0.2。以后将这样一步一步地转换下去，直到返回初始步。

图 12-2 中 Q0.0 在 S0.1～S0.3 这 3 步中均应工作，不能在这 3 步的 SCR 段内分别设置一个 Q0.0 的线圈，所以用 S0.1～S0.3 的常开触点组成的并联电路来驱动 Q0.0 的线圈。

3．选择序列的编程方法

如果要求在启动 2 号运输带的延时过程中，可以用停车按钮 I0.1 使 2 号运输带停机，系统返回初始步。为了实现这一要求，在步 S0.1 的后面增加一条返回初始步的有向连线，并用停止按钮 I0.1 作为转换条件。

如图 12-3 所示，步 S0.1 之后有一个选择序列的分支，当它是活动步，并且转换条件 I0.1 得到满足，后续步 S0.0 将变为活动步，S0.1 变为不活动步；如果步 S0.1 为活动步，并且转换条件 T37 得到满足，后续步 S0.2 将变为活动步，S0.1 变为不活动步。

当 S0.1 为 ON 时，它对应的 SCR 段被执行，此时若转换条件 I0.1 为 ON，该 SCR 段中的指令"SCRT　S0.0"将使系统转换到步 S0.0；若 T37 的常开触点闭合，指令"SCRT S0.2"将使系统转换到步 S0.2。

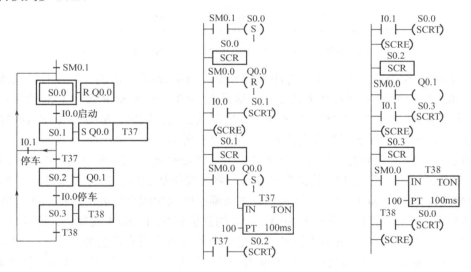

图 12-3　选择序列

图 12-3 中，步 S0.0 之前有一个选择序列的合并，当步 S0.1 为活动步（S0.1 为 ON），并且转换条件 I0.1 满足，或者步 S0.3 为活动步，并且转换条件 T38 满足，步 S0.0 都应变为活动步。在步 S0.1 和步 S0.3 对应的 SCR 段中，分别用 I0.1 和 T38 的常开触点驱动指令"SCRT S0.0"，就能"自然地"实现选择序列的合并。

4．并行序列的编程方法

交通灯控制系统采用顺序控制继电器的顺序功能图如图 12-4 所示，它与图 10-13 的区别在于把位存储器（M）换成了顺序控制继电器（S），完成的功能完全相同。

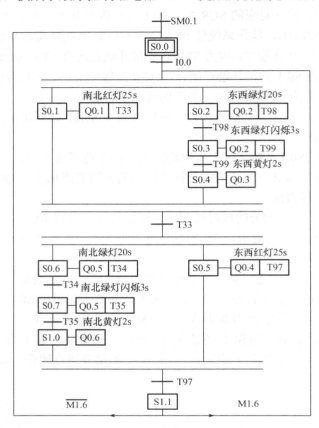

图 12-4　交通灯控制系统采用顺序控制继电器的顺序功能图

图 12-4 中步 S0.0 之后有一个并行序列的分支，当步 S0.0 是活动步，并且转换条件 I0.0 满足，步 S0.1 与步 S0.2 应同时变为活动步，这是用 S0.0 对应的 SCR 段中 I0.0 的常开触点同时驱动指令"SCRT S0.1"和"SCRT S0.0"来实现的。与此同时，S0.0 被操作系统复位，步 S0.0 变为不活动步。并行序列的分支的编程如图 12-5 所示。

步 S0.1 与步 S0.4 之后有一个并行序列的合并，当转换条件 T33 所有的前级步（即步 S0.1 和 S0.4）都是活动步，并且 T33 的位为 ON 时，将会发生从 S0.1、S0.4 到步 S0.5、S0.6 的转换，这个转换涉及两个 SCR 段，在这两个段里边都不能包含到合并处的转换，所以将 S0.1、S0.4 和 T33 的常开触点串联，来控制 S0.5、S0.6 的置位和 S0.1、S0.4 的复位，使步 S0.5、S0.6 变为活动步，步 S0.1、S0.4 变为不活动步，把这个过程放在所有段的外边即可，相当于在并行序列的合并处实际上局部地使用了以转换为中心的编程方法，如图 12-6 所示。接下来 S0.5、S0.6 的 SCR 段与前面单序列中 SCR 段的写法是一样的。

【项目分析】

从控制要求可以看出，本项目宜采用顺序控制法来解决，使用顺序功能图来描述系统的运行过程，然后按功能图的逻辑要求使用 SCR 指令的顺序控制梯形图设计方法编写梯形图程序。

控制电路部分以 PLC 为核心，配以 4 个限位开关和 1 个常开按钮。需要 3 个电动机，1

个电动机带动板料右行，一个电动机带动压钳上行、下行，一个电动机带动剪刀上行、下行。由于 PLC 输出口的负载功率太小，不能直接去控制交流电动机，可让其输出口先控制交流接触器，通过交流接触器再去控制交流电动机。所以选用的 PLC 需至少具有 5 个输入点、5 个输出点，考虑到将来的性能扩充，PLC 可选用西门子的 CPU224 AC/DC/RELY。

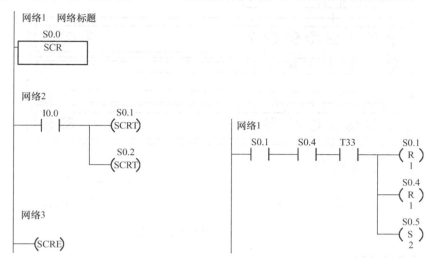

图 12-5 并行序列的分支的编程　　图 12-6 并行序列的合并的编程

【项目实施】

1. 分配 I/O 地址

根据 I/O 设备情况，I/O 点分配如表 12-2 所示。

表 12-2　I/O 点分配

元件名称	形式	I/O 点	说明
SQ0	限位开关	I0.0	压钳位置检测
SQ1	限位开关	I0.1	剪刀上位检测
SQ2	限位开关	I0.2	板料剪断检测
SQ3	限位开关	I0.3	板料右行到位
SQ4	压力继电器	I0.4	压紧检测
SB0	常开按钮	I0.5	启动按钮
KM0	交流接触器	Q0.0	板料右行
KM1	交流接触器	Q0.1	压钳下行
KM2	交流接触器	Q0.2	剪刀下行
KM3	交流接触器	Q0.3	压钳上行
KM4	交流接触器	Q0.4	剪刀上行

2. 画出 PLC 外部接线图（如图 12-7 所示）

Q0.1 通过交流接触器 KM1 控制电动机正转，使压钳下行，Q0.3 通过交流接触器 KM3 控制同一个电动机反转，使压钳上行。为安全起见，KM1 与 KM3 增加互锁功能。同理，KM2 与 KM4 通过控制电动机正、反转实现剪刀的下行与上行，二者也要形成互锁，如图 12-7 所示。

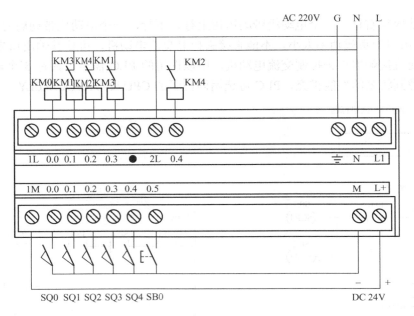

图 12-7 剪板机的 PLC 外部接线图

3. 绘制顺序功能图

按照控制要求的描述，进行步的划分，画出顺序功能图，如图 12-8 所示，其中有选择序列、并行序列的分支与合并。步 S0.0 是初始步，加计数器 C0 用来控制剪料的次数，每经过一次工作循环，C0 的当前值加 1。没有剪完 3 块料时，C0 的当前值小于设定值 3，其常闭触点闭合，转换条件满足，将返回步 S0.1，重新开始下一周期的工作。剪完 3 块料后，C0 的当前值等于设定值 3，其常开触点闭合，转换条件 C0 满足，将返回初始步 S0.0，等待下一次启动命令。

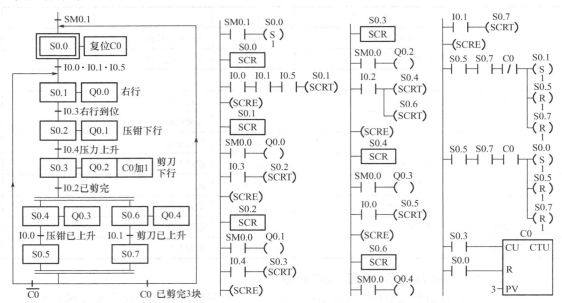

图 12-8 剪板机顺序功能图与梯形图

步 S0.5 和 S0.7 是等待步，它们用来同时结束两个并行序列。只要步 S0.5 和 S0.7 都是活动步，就会发生步 S0.5、S0.7 到步 S0.0 或 S0.1 的转换，步 S0.5 和 S0.7 同时变为不活动步，而步 S0.0 或 S0.1 变为活动步。

步 S0.5 与步 S0.7 之后有一个并行序列的合并，当转换条件 C0 所有的前级步（即步 S0.5 和 S0.7）都是活动步，并且 C0 的位为 ON 时，将会发生从 S0.5、S0.7 到步 S0.0 的转换，所以将 S0.5、S0.7 和 C0 的常开触点串联，来控制 S0.0 的置位和 S0.5、S0.7 的复位，使步 S0.0 变为活动步，步 S0.5 和步 S0.7 变为不活动步。在并行序列的合并处实际上局部地使用了以转换为中心的编程方法。

对 C0 加 1 的操作可以在工作循环中的任意一步进行，对 C0 的复位必须在工作循环之外的某一步进行。

4．设计梯形图程序

根据顺序功能图，使用 SCR 指令进行顺序控制梯形图设计，程序如图 12-8 所示。

5．运行调试

（1）在断电的情况下，按图 12-7 进行 PLC 控制线路接线。用编程电缆连接 PLC 和计算机的串行通信接口，接通计算机和 PLC 的电源。

（2）运行计算机上的 STEP7-Micro/WIN32 编程软件，单击工具条上最左边的"新建项目"图标，生成一个新的项目。

（3）执行菜单命令"PLC"/"类型"，设置 PLC 的型号。设置通信参数，建立起计算机与 PLC 的通信连接。

（4）执行菜单命令"工具"/"选项"，在"一般"对话框的"一般"选项卡中，选择 SIMATIC 指令集和"国际"助记符集，将"梯形图编辑器"设置为默认的程序编辑器。

（5）用"查看"菜单选择"梯形图"语言，用"查看"菜单选择"框架"/"指令树"可打开（或关闭）指令树窗口，找到其中的"项目 1"/"程序块"/"主程序（OB1）"，双击"主程序（OB1）"，在右边"主程序"的编辑窗口中输入图 12-8 所示的梯形图程序。

（6）单击工具条中的"编译"或"全部编译"按钮，编译输入的程序。如果程序没有错误，将显示"0 错误"。否则，改正程序中的错误后才能下载程序。在下载用户程序之前，编程软件将首先自动执行编译操作。

（7）下载程序。计算机与 PLC 建立连接后，将 CPU 模块上的模式开关放在 RUN 位置，单击工具条中的"下载"按钮，在下载对话框中单击"选项"按钮，选择要下载的块，单击"下载"按钮，开始下载。

（8）调试程序。下载成功后，单击"运行"按钮，"RUN" LED 亮，用户程序开始运行。断开数字量输入的全部输入开关，CPU 模块上输入侧的 LED 全部熄灭。用接在端子 I0.0、I0.1、I0.2、I0.3、I0.4、I0.5 的开关表示压钳位置检测开关、剪刀上位检测开关、板料剪断检测开关、板料右行到位检测开关、压力继电器、启动按钮。

单击程序状态监控按钮"▣"或用菜单命令"调试"/"开始程序状态监控"，在梯形图中显示出各元件的状态。也可结合状态表进行调试。单击状态表监控按钮"▣"或用菜单命令"调试"/"开始状态表监控"，在状态表中输入顺序功能图中用到的 PLC 内部元件，观察程序执行中相应值的变化。按照顺序功能图的指示，依次满足相应的转换条件，查看转换有没有成功，每一步的工作有没有完成。通过以上调试过程，查看程序执行过程是否与顺序功能图的描述一致。加以分析，可以找到问题语句的所在，若有问题，改正后重新下载调试。

6. 控制逻辑仿真

1) 导出程序文本文件

执行菜单命令"文件"/"导出…",导出后缀为"awl"的文件"剪板机的运行控制.awl"。

2) 启动仿真程序

启动仿真程序,执行菜单命令"配置"/"CPU型号",选取所需型号的CPU。

3) 装入待仿真的程序

执行菜单命令"程序"/"载入程序",选中逻辑块,打开文件"剪板机的运行控制.awl"。

4) 仿真调试

执行菜单命令"PLC"/"运行"或工具条上的" ▶ "按钮,进入运行模式。单击"▦"按钮,输入顺序功能图中用到的 PLC 内部元件,进行内存变量监控,调试过程与 STEP7-Micro/WIN32 中相似,不再赘述。

【评定激励】

按以下标准开展小组自评、互评,成绩填入项目评分细则表,如表12-3所示。

表12-3 项目评分细则表

项目名称				组别	
开始时间			结束时间		
考核内容	考核要求	配分	评分标准	扣分	得分
电路设计	(1) I/O 分配表正确 (2) 输入/输出接线图正确 (3) 主电路正确 (4) 连锁、保护齐全	30分	(1) 分配表每错一处,扣5分 (2) 输入/输出电路图每错一处,扣5分 (3) 主电路每错一处,扣5分 (4) 连锁、保护每缺一项扣5分		
安装接线	(1) 元件选择、布局合理,安装符合要求 (2) 布线合理美观	10分	(1) 元件选择、布局不合理,扣3分/处;元件安装不牢固,扣3分/处 (2) 布线不合理、不美观,扣3分/处		
编程调试	(1) 程序编制实现功能 (2) 操作步骤正确 (3) 试车成功	50分	(1) 输入梯形图错误,扣2分/处 (2) 不会设置及下载分别扣5分 (3) 一个功能不实现,扣10分 (4) 操作步骤错一步,扣5分 (5) 显示运行不正常,扣5分/处		
安全文明工作	(1) 安全用电,无人为损坏仪器、元件和设备 (2) 保持环境整洁,秩序井然,操作习惯良好 (3) 小组成员协作和谐,态度正确	10分	(1) 发生安全事故,扣10分 (2) 人为损坏设备、元器件,扣10分 (3) 现场不整洁、工作不文明,团队不协作,扣5分 (4) 不遵守考勤制度,每次扣2～5分		
总成绩					

思考与练习

(1) 简述使用SCR指令的单序列、选择序列、并行序列的编程方法。

(2) 完成对三台电动机的启停控制,1号电动机可以自由启动,2号电动机在1号电动机启动后才可以启动，3 号电动机在 2 号电动机启动后才可以启动。3 号电动机可以自由停止，3 号电动机不停止 2 号电动机不能停止，2 号电动机不停止 1 号电动机不能停止。试进行 I/O 分配、绘出 PLC 外部电路接线图、设计梯形图程序。

（3）在初始状态时，3 个容器都是空的，所有的阀门均关闭，搅拌器未运行，如图 12-9 所示。按下启动按钮 I0.0，Q0.0 和 Q0.1 变为 ON，阀 1 和阀 2 打开，液体 A 和液体 B 分别流入上面的两个容器。当某个容器中的液体到达上液位开关时，对应的进料电磁阀关闭，对应的放料电磁阀（阀 3 或阀 4）打开，液体放到下面的容器。分别经过定时器 T37、T38 的延时后，液体放完，阀 3 或阀 4 关闭。它们均关闭后，搅拌器开始搅拌。120s 后搅拌器停机，Q0.5 变为 ON，开始放混合液。经过 10s 延时后，混合液放完，Q0.5 变为 OFF，放料阀关闭。循环工作 3 次后，系统停止运行，返回初始步。试用 PLC 对小车进行控制，试进行 I/O 分配，绘出 PLC 外部电路接线图、系统运行波形图、顺序功能图，设计梯形图程序并上机调试。

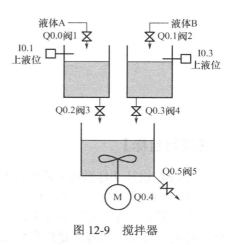

图 12-9　搅拌器

（4）某小车可以分别在左右两地分别启动，运行碰到限位开关后，停 5s 后再自动往回返，如此往复，直到按下停止按钮，小车停止运行，小车在任何位置均可以通过手动停车，试用 PLC 对小车进行控制，试进行 I/O 分配，绘出 PLC 外部电路接线图、系统运行波形图、顺序功能图，设计梯形图程序并上机调试。

项目十三

彩灯的循环控制

■【项目目标】

用 PLC 设计 9 灯循环的彩灯控制系统，控制要求如下。

（1）实现单周期、自动两种工作方式

单周期工作方式是指彩灯工作一个周期后自动停止，若运行过程中按停止按钮，所有灯全部熄灭。自动工作方式是指彩灯工作一个周期后，不停止，开始下一个周期，若运行过程中按停止按钮，彩灯运行状态不变，而是要等到本周期结束后，再全部熄灭。两种方式用转换开关控制。

（2）彩灯工作一个周期包含有单灯循环点亮、3 灯循环点亮、全灭三种方式。

■【学习目标】

（1）理解中断的原理，掌握中断指令的用法。

（2）学习用经验设计法进行程序的设计，体会这种方法的优缺点。

（3）熟练运用 S7-200 PLC 的编程软件 STEP7-Micro/WIN32 进行程序的下载与调试。

■【相关知识】

1．中断源

1）中断源及种类

中断源，即中断事件发出中断请求的来源。S7-200 PLC 具有最多可达 34 个中断源，每个中断源都分配一个编号用以识别，称为中断事件号。这些中断源大致分为三大类：通信中断、输入/输出中断和时基中断（定时中断）。

在自由端口模式，PLC 接收、发送字符可以产生中断事件，利用接收和发送中断可以由用户完成对通信的控制。

可以用定时中断来执行一个周期性的操作，以 1ms 为增量，周期的时间可以取 1~255ms。定时中断 0 和定时中断 1 的时间间隔分别写入特殊存储器字节 SMB34 和 SMB35。定时时间到时，执行相应的定时中断程序。如果定时中断事件已被连接到一个定时中断程序，为了改变定时中断的时间间隔，首先必须修改 SMB34 或 SMB35 的值，然后重新把中断程序连接到定时中断事件上。如果退出 RUN 状态或者定时中断被分离，定时中断被禁止。

定时器 T32、T96 中断允许及时地响应一个给定的时间间隔，这些中断只支持 1ms 分辨率的定时器 T32 和 T96。如果中断被允许，当定时器的当前值等于设定值时，在 CPU 的 1ms 定时刷新中，执行被连接的中断程序。

2）中断优先级

中断优先级由高到低依次是：通信中断、输入/输出中断、时基中断。在上述三个优先级范围内，CPU 按照先来先服务的原则处理中断，任何时刻只能执行一个用户中断程序。一旦一个中断程序开始执行，它要一直执行到完成，即使另一个中断程序的优先级较高，也不能中断正在执行的中断程序。正在处理其他中断时发生的中断事件则排队等待处理。如果中断事件的产生过于频繁，使中断产生的速率比可以处理的速率快，或者中断被 DISI 指令禁止，中断队列溢出状态位被置 1。只应在中断程序中使用这些位，因为当队列变空或返回主程序时这些位被复位。主机中的所有中断事件及优先级如表 13-1 所示。

表 13-1 主机中的所有中断事件及优先级

中断号	中断描述	优先级分组	按组排列的优先级	中断号	中断描述	优先级分组	按组排列的优先级
8	通信口0：字符接收	通信（最高）	0	27	HSC0 输入方向改变	I/O（中等）	11
9	通信口0：发送完成		0	28	HSC0 外部复位		12
23	通信口0：报文接收完成		0	13	HSC1 的当前值=设定值		13
24	通信口1：报文接收完成		1	14	HSC1 输入方向改变		14
25	通信口1：字符接收		1	15	HSC1 外部复位		15
26	通信口1：发送完成		1	16	HSC2 的当前值=设定值		16
19	PTO0 脉冲输出完成	I/O（中等）	0	17	HSC2 输入方向改变		17
20	PTO1 脉冲输出完成		1	18	HSC2 外部复位		18
0	I0.0 的上升沿		2	32	HSC3 的当前值=设定值		19
2	I0.1 的上升沿		3	29	HSC4 的当前值=设定值		20
4	I0.2 的上升沿		4	30	HSC4 输入方向改变		21
6	I0.3 的上升沿		5	31	HSC4 外部复位		22
1	I0.0 的下降沿		6	33	HSC5 的当前值=设定值		23
3	I0.1 的下降沿		7	10	定时中断 0	定时（最低）	0
5	I0.2 的下降沿		8	11	定时中断 1		1
7	I0.3 的下降沿		9	21	T32 的当前值=设定值		2
12	HSC0 的当前值=设定值		10	22	T96 的当前值=设定值		3

2．中断指令

中断指令如表 13-2 所示。中断允许指令 ENI（Enable Interrupt）全局性地允许所有被连接的中断事件。禁止中断指令 DISI（Disable Interrupt）全局性地禁止处理所有中断事件，允许中断排队等候，但是不允许执行中断程序，直到用全局中断允许指令 ENI 重新允许中断。

表 13-2 中断指令

梯形图	语句表	描述	梯形图	语句表	描述
─(RETI)	CRETI	从中断程序有条件返回	ATCH EN ENO INT─INT EVNT─EVNT	ATCH INT, EVNT	连接中断事件和中断程序

续表

梯形图	语句表	描述	梯形图	语句表	描述
—(ENI)	ENI	允许中断	DTCH EN ENO EVNT—EVNT	DTCH EVNT	断开中断事件和中断程序的连接
—(DISI)	DISI	禁止中断	CLR_EVNT EN ENO EVNT—EVNT	CEVNT EVNT	清除中断事件

进入 RUN 模式时自动禁止中断，在 RUN 模式执行全局中断允许指令后，各中断事件发生时是否会执行中断程序，取决于是否执行了该中断事件的中断连接指令。

中断连接指令 ATCH 用来建立中断事件（EVNT）和处理此事件的中断程序（INT）之间的联系。中断事件由中断事件号指定，中断程序由中断程序号指定。为某个中断事件指定中断程序后，该中断事件被自动地允许处理。

中断分离指令 DTCH（Detach Interrupt）用来断开中断事件（EVNT）与中断程序之间的联系，从而禁止单个中断事件。

清除中断事件指令 CEVNT（Clear Event）用来从中断队列中清除所有的中断事件，该指令可以用来清除不需要的中断事件。如果用来清除虚假的（Spurious）中断事件，首先应分离事件。否则，在执行该指令之后，新的事件将增加到队列中。

中断程序有条件返回指令 CRETI 在控制它的逻辑条件满足时从中断程序返回，编程软件自动地为各中断程序添加无条件返回指令。

在启动中断程序之前，应在中断事件和该事件发生时希望执行的中断程序之间，用 ATCH 指令建立联系，执行 ATCH 指令后，该中断程序在事件发生时被自动启动。

多个中断事件可以调用同一个中断程序，但是一个中断事件不能同时调用多个中断程序。中断被允许且中断事件发生时，将执行为该事件指定的最后一个中断程序。

在中断程序中不能使用 DISI、ENI、HDEF、LSCR 和 END 指令。

执行中断程序之前和执行之后，系统保存和恢复逻辑堆栈、累加寄存器和指示累加寄存器与指令操作状态的特殊存储器标志位（SM），避免了中断程序对主程序可能造成的影响。应在中断程序中尽量使用局部变量，并妥善分配各 POU 使用的全局变量，保证中断程序不会破坏别的 POU 使用的全局变量中的数据。

3. 中断程序

中断程序不是由程序调用，而是在中断事件发生时由操作系统调用，使系统对特殊的内部或外部事件做出响应。系统响应中断时自动保存逻辑堆栈、累加器和某些特殊标志存储器位，即保护现场。中断处理完成时，又自动恢复这些单元原来的状态，即恢复现场。因为不能预知系统何时调用中断程序，在中断程序中不能改写其他程序使用的存储器，为此应在中断程序中尽量使用局部变量。在中断程序中可以调用一级子程序，累加器和逻辑堆栈在中断程序和被调用的子程序中是公用的。

中断处理提供对特殊内部事件或外部事件的快速响应。中断程序越短越好，减少中断程序的执行时间，避免引起主程序控制的设备操作异常。

4. 程序实例

（1）在 I0.0 的上升沿通过中断使 Q0.0 立即置位。在 I0.1 的下降沿通过中断使 Q0.0 立即复位。

```
//主程序 OB1
LD      SM0.1
ATCH    INT_0, 0      //I0.0 上升沿时执行 INT_0 中断程序
ATCH    INT_1, 3      //I0.1 下降沿时执行 INT_1 中断程序
ENI                   //允许全局中断
//中断程序 0 (INT_0)
LD      SM0.0
SI      Q0.0, 1
//中断程序 1 (INT_1)
LD      SM0.0
RI      Q0.0, 1
```

（2）利用定时中断 1 实现周期为 2s 的高精度定时，每 2s 将 QB0 加 1。

由于定时中断定时最长为 255ms，可以将定时中断 0 的定时时间间隔设为 250ms，在定时中断 0 的中断程序中，将 VB10 加 1，然后用比较触点指令"LD="判断 VB10 是否等于 8。若相等，将 QB0 加 1。程序如下：

```
//主程序 OB1
LD      SM0.1
MOVB    0, VB10           //将中断次数计数器清零
MOVB    250, SMB34        //设定时中断 0 的中断时间间隔为 250ms
ATCH    INT_0, 10         //指定产生定时中断 0 时执行 INT_0 中断程序
ENI                       //允许全局中断
//中断程序 INT_0，每隔 250ms 中断一次
LD      SM0.0             //该位总是为 ON
INCB    VB10              //中断次数计数器加 1
LDB=    8, VB10           //如果中断了 8 次（2s）
MOVB    0, VB10           //将中断次数计数器清零
INCB    QB0               //每 2s 将 QB0 加 1
```

【项目分析】

本项目需要一个启动按钮、一个停止按钮、两个工作方式选择开关、9 盏灯。CPU224 有数字量输入 14 个、数字量输出 10 个，所以 PLC 可选用西门子的 CPU224。建立编程思路时，若用顺序功能图，步骤清晰，程序容易编制，但分步太多，程序冗长，这里尝试用经验设计法，体会这种方法是不是可行。当工作在单周期方式，若运行过程中按停止按钮，所有灯全部熄灭；当工作在自动工作方式，循环运行，若运行过程中按停止按钮，彩灯运行状态不变，而是要等到本周期结束后，再全部熄灭。在一个周期中首先执行单灯显示，从 Q0.0 到 Q1.0 共 9 个状态，然后是三灯显示，共 7 个状态，最后全灭，全部 17 个状态，如图 13-1 所示。假设灯的状态 1s 切换一次，采用定时中断，中断时间间隔为 1s，每秒钟对 QW0 执行一次左移位指令。不同的工作方式通过工作方式标志加以区分。

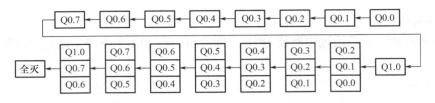

图 13-1 彩灯状态图

【项目实施】

1. 分配 I/O 地址

根据 I/O 设备情况,假设采用交流信号灯,选用 CPU224 AC/DC/RLY, I/O 点分配如表 13-3 所示。

表 13-3 I/O 点分配

元件名称	形式	I/O 点	说明
SB0	常开按钮	I0.0	启动按钮
SA1	开关	I0.1	自动工作方式
SB1	常闭按钮	I0.2	停止按钮
SA2	开关	I0.3	单周期方式
KM0	交流接触器	Q0.0	彩灯 0
KM1	交流接触器	Q0.1	彩灯 1
KM2	交流接触器	Q0.2	彩灯 2
KM3	交流接触器	Q0.3	彩灯 3
KM4	交流接触器	Q0.4	彩灯 4
KM5	交流接触器	Q0.5	彩灯 5
KM6	交流接触器	Q0.6	彩灯 6
KM7	交流接触器	Q0.7	彩灯 7
KM8	交流接触器	Q1.0	彩灯 8

2. 画出 PLC 外部接线图

PLC 外部接线图如图 13-2 所示。

3. 设计梯形图程序

程序分为主程序、中断程序 INT_0。彩灯控制的主程序如图 13-3 所示。由于 SM0.1 的常开触点只在 PLC 启动后第一个扫描周期里闭合,网络 1 只执行一次,用于中断的初始化:先建立中断事件(EVNT)和处理此事件的中断程序(INT)之间的联系,指定当 T32 的当前值等于设定值时,发生 21 号中断去执行 INT_0 中断程序,然后允许全局中断;网络 2 是启保停电路,当启动后,M2.0 保持接通;网络 3 的作用是当启动(M2.0 接通)、切换自动工作方式(I0.1 接通)或切换单周期方式(I0.3 接通)时,先对计数器 C0、C1 清零,并熄灭所有灯(QW0 清零),为下一步的工作做准备;网络 4 中,初始时 T32 的常闭触点闭合,启动信号 IN 为 1,定时器 T32 进行 1s 的定时,定时时间到时 T32 的常闭触点断开,定时器清零,下一个扫描周期其常闭触点又接通,T32 重新定时,如此反复循环。每次定时时间到时都会引发一个定时中断,该中断的中断号为 21;网络 5 中,由于 M6.0 的状态 1s 翻转一次(周期为 2s,在中断程序中实现),所以计数器 C0 的 CU 端由 M6.0 的上升沿和下降沿提供周期 1s 的脉冲,用以计数，即 C0 每过 1s 加 1，计数个数到 17 时 C0 的常开触点闭合，马上对计数器清零，表示一个循环完成。注意计数脉冲不能由 T32 提供，因为当 PLC 检测到 T32 定时时间到时，系统立即跳转到中断程序去执行，回到主程序后，T32 状态位脉冲的上升沿已过去，计数器 C0 的 CU 端检测不到脉冲的上升沿，无法完成计数；在网络 6 中，当系统在单周期方式（I0.3 常开触点闭合）运行（M2.0 常开触点闭合）并且运行到周期的最后一步（C0 计数器的当前值等于 17）时，或者在自动工作方式（I0.1 接通）运行时按下了停止按钮（M2.0 常闭触点闭合）后运行到周期的最后一步时（C0 计数器的当前值等于 17），使 C1 计数器的当前值由 0 变 1。

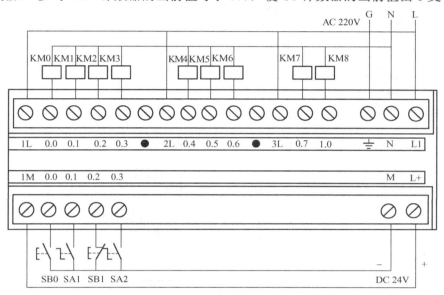

图 13-2 PLC 外部接线图

中断程序 INT_0 包含 4 个网络，每中断一次执行一次，如图 13-4 所示。网络 1 用于对 MB6 按位取反，其中最低位为 M6.0，即 M6.0 的状态每 1s 翻转一次，为计数器 C0 提供计数脉冲，彩灯的第一个状态时 C0 为 0，在此基础上每过 1s 加 1；网络 2 对 QB0 进行一次移位，使彩灯循环点亮；观察彩灯状态图发现，第一个状态（C0 当前值为 0）时 Q0.0 亮，应使 QW0 为 16 进制的 0100，第九个状态（C0 当前值为 8）时 Q1.0 亮，应使 QW0 为 1（QB0 为高 8 位、QB1 为高低位），第十个状态（C0 当前值为 9）时 Q0.0、Q0.1、Q0.2 亮，应使 QW0 为 16 进制的 0700，第十六个状态（C0 当前值为 15）时 Q0.6、Q0.7、Q1.0 亮，应使 QW0 为 16 进制的 C001，第十七个状态（C0 当前值为 16）时全灭，应使 QW0 为 0，为保证上述状态的改变发生在移位之后，所以网络 3 这一段程序不能放在主程序中，我们把它放在了中断程序的移位指令之后，这些关键节点由传送指令实现，其他节点的状态由移位指令完成。当系统在单周期方式（I0.3 常开触点闭合）运行（M2.0 常开触点闭合）并且一个周期还没有结束（C1 计数器的当前值等于 0）时，或者在自动工作方式（I0.1 接通）运行时按下了停止按钮（M2.0 常闭触点闭合）后且当前周期没有结束时（C1 计数器的当前值等于 0），或者在自动工作方式（I0.1 接通）运行（M2.0 常开触点闭合）时，都要执行这些字传送指令（MOVW）；网络 4 中，当在自动工作方式（I0.1 接通）运行时按下了停止按钮（M2.0 常闭触点闭合）后且当前周期已完成时（C1 计数器的当前值等于 1），或者在单周期方式（I0.3 常开触点闭合）运行时按下了停止按钮（M2.0 常闭触点闭合），或者在单周期方式（I0.3 常开触点闭合）运行（M2.0 常开触点闭合）当前周期已经完成（C1 计数器的当前值等于 1）时，使灯全灭（QW0 清零）。

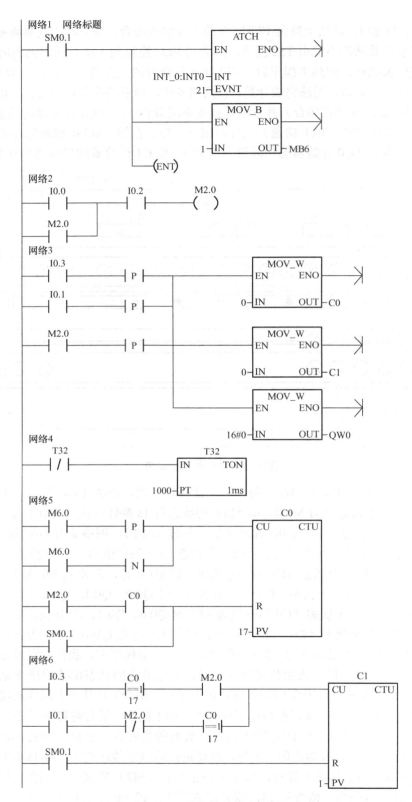

图 13-3 彩灯控制的主程序

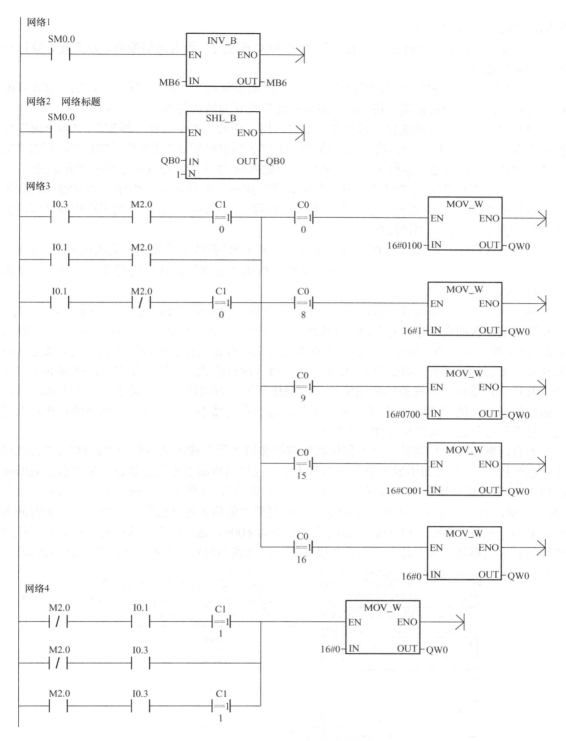

图 13-4 彩灯控制的中断程序 INT_0

4．运行调试

（1）在断电的情况下，按图 13-2 进行 PLC 控制线路接线。用编程电缆连接 PLC 和计算机的串行通信接口，接通计算机和 PLC 的电源。

（2）运行计算机上的 STEP7-Micro/WIN32 编程软件，单击工具条上最左边的"新建项目"

图标，生成一个新的项目。

（3）执行菜单命令"PLC"/"类型"，设置 PLC 的型号。设置通信参数，建立起计算机与 PLC 的通信连接。

（4）执行菜单命令"工具"/"选项"，在"一般"对话框的"一般"选项卡中，选择 SIMATIC 指令集和"国际"助记符集，将"梯形图编辑器"设置为默认的程序编辑器。

（5）用"查看"菜单选择"梯形图"语言，用"查看"菜单选择"框架"/"指令树"可打开（或关闭）指令树窗口，找到其中的"项目 1"/"程序块"/"主程序（OB1）"，双击"主程序（OB1）"，在右边"主程序"的编辑窗口中输入图 13-3、图 13-4 所示的梯形图程序。

（6）单击工具条中的"编译"或"全部编译"按钮，编译输入的程序。如果程序没有错误，将显示"0 错误"。否则，改正程序中的错误后才能下载程序。在下载用户程序之前，编程软件将首先自动执行编译操作。

（7）下载程序。计算机与 PLC 建立连接后，将 CPU 模块上的模式开关放在 RUN 位置，单击工具条中的"下载"按钮，在下载对话框中单击"选项"按钮，选择要下载的块，单击"下载"按钮，开始下载。

（8）调试程序。下载成功后，单击"运行"按钮，"RUN" LED 亮，用户程序开始运行。断开数字量输入的全部输入开关，CPU 模块上输入侧的 LED 全部熄灭。用接在端子 I0.0、I0.1、I0.2、I0.3 的开关模拟启动按钮、自动工作方式开关、停止按钮、单周期方式开关。接通 I0.2 的开关，接通 I0.0 的开关并断开，M2.0 自锁，进入运行模式。在运行状态下，接通 I0.3 的开关，看是不是运行一个完整的周期就停止，当按下停止按钮的时候，是不是马上全部熄灭；在运行状态下，接通 I0.1 的开关，看是不是运行一直连续不断的运行，当按下停止按钮的时候，是不是运行完当前周期灯才全部熄灭。

若有问题，可进行调试。单击程序状态监控按钮"▣"或用菜单命令"调试"/"开始程序状态监控"，在梯形图中显示出各元件的状态。也可结合状态表进行调试。单击状态表监控按钮"▣"或用菜单命令"调试"/"开始状态表监控"，在状态表中输入相应的信息，如图 13-5 所示，观察程序执行中相应值的变化。观察移位前后各元件的值有无变化。如果时间太短，来不及观察，可把 T32 的设定值改大，如改为 6000。通过以上调试过程，查看程序执行过程与要求的彩灯状态图是否一致。加以分析，可以找到问题的所在，改正后重新下载调试。

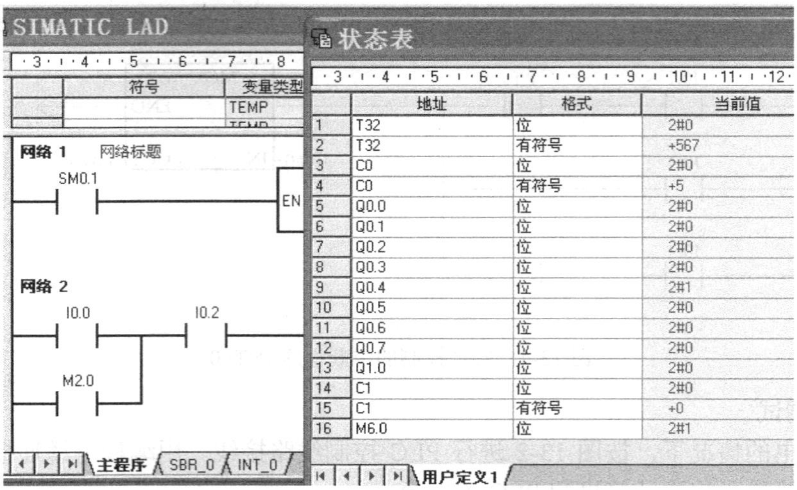

图 13-5 彩灯控制的状态表

由于本项目包含的步骤很多，故用经验设计法进行了程序设计，设计过程规律性不强，虽然程序简短些，但程序初次编出来后往往考虑不周、问题较多，需经过反复调试、修改。用顺序控制法思路清晰、完善，容易看懂且不易出错，一般情况下还是尽量选用顺序控制设计法更好些。同学们将本项目用顺序控制法进行设计，跟上面的程序进行对比，体会一下顺序控制法的优、缺点。

5. 控制逻辑仿真

1）导出程序文本文件

执行菜单命令"文件"/"导出…"，导出后缀为"awl"的文件"PLC 的彩灯控制.awl"。

2）启动仿真程序

启动仿真程序，执行菜单命令"配置"/"CPU 型号"，选取所需型号的 CPU。

3）装入待仿真的程序

执行菜单命令"程序"/"载入程序"，选中逻辑块，打开文件"PLC 的彩灯控制.awl"。

4）仿真调试

执行菜单命令"PLC"/"运行"或工具条上的"▶"按钮，进入运行模式。单击"STAT"按钮，输入图 13-5 中 PLC 内部元件名，进行内存变量监控，调试过程与 STEP-7 Micro/WIN32 中相似，不再赘述。

【评定激励】

按以下标准开展小组自评、互评，成绩填入项目评分细则表，如表 13-4 所示。

表 13-4 项目评分细则表

项目名称					组别	
开始时间			结束时间			
考核内容	考核要求	配分	评分标准		扣分	得分
电路设计	（1）I/O 分配表正确 （2）输入/输出接线图正确 （3）主电路正确	30 分	（1）分配表每错一处，扣 5 分 （2）输入/输出电路图每错一处，扣 5 分 （3）主电路每错一处，扣 5 分			
安装接线	（1）元件选择、布局合理，安装符合要求 （2）布线合理美观	10 分	（1）元件选择、布局不合理，扣 3 分/处；元件安装不牢固，扣 3 分/处 （2）布线不合理、不美观，扣 3 分/处			
编程调试	（1）程序编制实现功能 （2）操作步骤正确 （3）试车成功	50 分	（1）输入梯形图错误，扣 2 分/处 （2）不会设置及下载，分别扣 5 分 （3）一个功能不实现，扣 10 分 （4）操作步骤错一步，扣 5 分 （5）显示运行不正常，扣 5 分/处			
安全文明工作	（1）安全用电，无人为损坏仪器、元件和设备 （2）保持环境整洁，秩序井然，操作习惯良好 （3）小组成员协作和谐，态度正确	10 分	（1）发生安全事故，扣 10 分 （2）人为损坏设备、元器件，扣 10 分 （3）现场不整洁、工作不文明，团队不协作，扣 5 分 （4）不遵守考勤制度，每次扣 2~5 分			
总成绩						

思考与练习

（1）简述各中断指令的作用。

（2）在 I0.0 的上升沿，将 VB10～VB49 中的数据逐个异或，求它们的异或校验码，设计出语句表程序。

（3）设计一个时间中断子程序，每 100ms 读取输入端口 IB0 数据一次，每 1s 计算一次平均值，并送 VD100 存储。

（4）用实时时钟指令控制路灯的定时接通和断开，在 5 月 1 日至 10 月 31 日的 20：00 开灯，06：00 关灯；在 11 月 1 日至下一年 4 月 30 号的 19：00 开灯，7：00 关灯。设计程序。

（5）控制接在 Q0.0～Q0.7 上的 8 个彩灯循环移位，每秒移 1 位，8 位移位完成后，同时亮两盏相邻的灯，每秒移一位，这是一个周期。可工作在单周期方式，工作一个周期后自动停止，若运行过程中按停止按钮，所有灯全部熄灭。若工作在自动工作方式，彩灯工作一个周期后，不停止，而是开始下一个周期，若运行过程中按停止按钮，彩灯继续运行，等到本周期结束后，再全部熄灭。彩灯工作一个周期包含有单灯循环点亮、双灯循环点亮、全灭三种方式。用顺序控制法进行设计，试进行 I/O 地址分配、画顺序功能图，分别按启保停、以转换为中心、使用 SCR 指令三种方法，写出梯形图程序并上机调试。

第四单元　PLC 的拓展应用

项目十四

简单电梯的控制

【项目目标】

用 S7-200 PLC 实现二层电梯的控制，运用 STEP7-Micro/WIN32 软件进行联机调试。二层电梯的控制要求如下。

（1）当电梯停于一层时，按一层的上行按钮，则电梯上升至二层停止。
（2）当电梯停于二层时，按二层的下行按钮，则电梯下降至一层停止。
（3）当电梯停于二层时，按一层的上行按钮，则电梯下降至一层停止，在一层暂停 10s 后，继续上升至二层停止。
（4）当电梯停于一层时，按二层的下行按钮，则电梯上升至二层停止，在二层暂停 10s 后，继续下降至一层停止。
（5）上升或下降途中，任何反方向的按钮呼叫均无效。

【学习目标】

（1）掌握子程序的用法。
（2）进一步掌握以转换为中心的顺序控制设计法的应用。
（3）熟练运用 S7-200 PLC 的编程软件 STEP7-Micro/WIN32 进行程序的下载与调试。

【相关知识】

1. 子程序的作用

子程序常用于需要多次反复执行相同任务的地方，只要把这一段程序定义成子程序，在主程序中需要执行这段程序的地方调用它，而无须重写该段程序。子程序的调用是有条件的，未调用它时不会执行子程序中的指令。

使用子程序可以将程序分成容易管理的小块，使程序结构简单清晰，易于查错和维护。如果子程序中只引用参数和局部变量，可以将子程序移植到其他项目。为了移植子程序，应避免使用全局符号和变量，如 I、Q、M、SM、AI、AQ、V、T、C、S、AC 等存储器中的绝对地址。

2. 建立子程序

可用编程软件 Edit 菜单中的 Insert 选项，选择 Subroutine，以建立或插入一个新的子程序。

同时，在指令树窗口可以看到新建的子程序图标，默认的程序名是 SBR_n，编号 n 从 0 开始按递增顺序生成，可以在图标上直接更改子程序的程序名。在指令树窗口双击子程序的图标就可对它进行编辑。

3．子程序调用

子程序可分为无参数的和有参数的两种。有参数的子程序如图 14-1 所示，完成两个整型数的相加。在子程序 SBR_0 的局部变量表中输入 ADD1、ADD2、SUM 三个变量名，并规定其变量类型及数据类型。IN 表示输入参数，OUT 表示输出参数，IN_OUT 表示该参数可作为输入参数或输出参数，数据类型可参考表 4-7。调用子程序的主程序如图 14-2 所示，当 I0.0 常开触点闭合时调用子程序完成 VW0 与 VW2 的加法，和在 VW4 中。

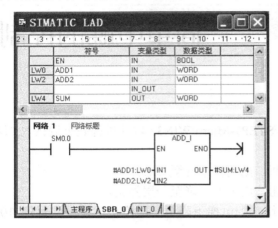

图 14-1　有参数的子程序

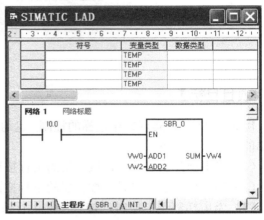

图 14-2　调用子程序的主程序

4．子程序中的线圈与定时器的特性

停止调用子程序后，不再执行子程序中的指令，子程序中线圈对应的编程元件保持子程序被最后一次执行时的状态不变，子程序中的 100ms 定时器的当前值和定时器位的状态保持不变。如果在停止调用子程序时，子程序中的 1ms、10ms 定时器正在定时，该子程序被停止调用后，即使以后控制这些定时器的电路断开，它们也会继续定时。

将下面的程序输入到编程软件，下载到 PLC 后运行该程序。在 I0.0 为 ON 时调用子程序 SBR_0，用变量表监视 3 个定时器的当前值和 QB0 的状态。

在调用子程序时令 Q0.2 为 ON，观察停止调用子程序时 Q0.2 的状态，Q0.2 是否还受 I0.4 的控制？分别在各定时器正在定时的时候断开 I0.0，观察定时器的当前值和有关输出点的变化情况。在 T33 正在定时的时候停止调用子程序，然后使 I0.2 变为 OFF，观察 T33 是否还能继续定时。

```
//主程序
LD    I0.0
CALL  SBR_0      //调用 0 号子程序
LD    T33
=     Q0.0
LD    T32
=     Q0.1
//子程序 SBR_0
LD    I0.1
```

```
TON  T37,100     //100ms 定时器，设定值 10s
LD   I0.2
TON  T33,1000    //10ms 定时器，设定值 10s
LD   I0.3
TON  T32,10000   //1ms 定时器，设定值 10s
LD   I0.4
=    Q0.2
```

【项目分析】

完成所设定的控制任务所需要的 PLC 规模主要取决于控制系统对输入/输出点的需求量和控制过程的难易程度。对于本项目，控制过程很简单，程序量也不大，常用的 PLC 的配置都可满足控制要求，主要看所选 PLC 输入/输出点的个数能不能达到要求。

首先找出输入/输出设备有哪些：除了上行、下行按钮外，电梯的运行由交流电动机的正、反转驱动，电梯的位置由各层的限位器感应，并由该层指示灯指示，运行/维修开关闭合时系统处于运行状态，否则电梯停止，处于维修状态。因此，输入设备主要有楼层 1 上行按钮、楼层 2 下行按钮、运行/维修开关、楼层 1 限位器、楼层 2 限位器；输出设备主要有上行接触器（使电动机正转）、上行指示灯、下行接触器（使电动机反转）、下行指示灯、楼层 1 指示灯、楼层 2 指示灯，共 5 个输入点、6 个输出点，根据 I/O 类型及点数，考虑到将来的性能扩充，查表 4-1，PLC 选 S7-200 PLC 系列的 CPU224 AC/DC/RLY。

从控制要求可以看出，本项目可分解为若干个独立的步骤，宜采用顺序控制法来解决，使用顺序功能图来描述系统的运行过程，然后按顺序功能图的逻辑要求编写梯形图程序。

【项目实施】

1. 分配 I/O 地址

I/O 点分配如表 14-1 所示。

2. 画出 PLC 外部接线图

电梯 PLC 外部接线图如图 14-3 所示，为安全起见，控制电路采用了 KM1、KM2 接触器硬件互锁。

表 14-1 I/O 点分配

元件名称	形式	I/O 点	说明
SB1	常开按钮	I0.0	楼层 1 上行按钮
SB2	常开按钮	I0.1	楼层 2 下行按钮
SA1	开关	I0.2	运行/维修开关
SQ1	限位开关	I0.3	楼层 1 限位器
SQ2	限位开关	I0.4	楼层 2 限位器
KM1	交流接触器	Q0.0	上行（电动机正转）控制
KM2	交流接触器	Q0.1	下行（电动机反转）控制
SXD	信号灯	Q0.2	上行指示灯
XXD	信号灯	Q0.3	下行指示灯
LC1D	信号灯	Q0.4	楼层 1 指示灯
LC2D	信号灯	Q0.5	楼层 2 指示灯

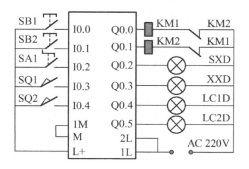

图 14-3 电梯的 PLC 外部接线图

3. 画出顺序功能图

PLC 上电后,特殊存储器 SM0.1 只在第一个扫描周期接通,作为初始步的转换条件。初始步之后,看电梯是停在一层还是二层,以及是否处于运行状态决定下一步怎么办。SA1 闭合后,电梯处于运行状态(I0.2 常开触点闭合),否则处于维修状态(I0.2 常开触点断开,电梯停止)。若电梯处于运行状态,根据所在层的不同及按下的按钮的不同,进行相应的处理以满足控制要求,电梯控制的顺序功能图如图 14-4 所示。为了简化程序,引入了 S2C 与 X1C 两个子程序。S2C 用以完成上升到二层所要求的动作,X1C 用以实现下降到一层所要求的动作。S2C 与 X1C 步骤简单,不再给出顺序功能图。

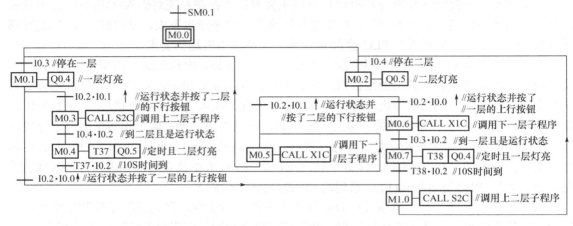

图 14-4 电梯控制的顺序功能图

4. 设计梯形图程序

本项目的程序包括主程序和子程序 S2C 与 X1C,采用以转换为中心的方法写出梯形图程序。由于顺序功能图中每一步都给出了注释,程序中不再给出详细的说明。采用以转换为中心的方法,写出功能图中每一步的程序。对于 Q0.4、Q0.5,有多个步要对它们输出,为避免双线圈的错误,放在主程序的最后统一处理。为节省篇幅,采用 STL 指令形式,程序如下。

```
主程序:                          //调用 S2C 上二层子程序
Network 1                        LD      M0.3
LD      SM0.1                    CALL    S2C
S       M0.0, 1                  Network 5  // 网络标题
Network 2  // 网络标题            //到二层且是运行状态
// 停在一层                       LD      M0.3
LD      M0.0                     A       I0.2
A       I0.3                     A       I0.4
R       M0.0, 1                  R       M0.3, 1
S       M0.1, 1                  S       M0.4, 1
Network 3  // 网络标题            R       Q0.0, 1
//运行状态并按了二层的下行按钮      R       Q0.2, 1
LD      M0.1                     Network 6
A       I0.2                     //启动 10S 定时
A       I0.1                     LD      M0.4
R       M0.1, 1                  TON     T37, 100
S       M0.3, 1                  Network 7  // 网络标题
Network 4                        // 定时时间到,进入步 M0.5
```

```
LD    M0.4
A     T37
A     I0.2
R     M0.4, 1
S     M0.5, 1
Network 8 // 网络标题
// 停在一层并按了一层的上行按钮，
进入步 M1.0
LD    M0.1
A     I0.2
A     I0.0
R     M0.1, 1
S     M1.0, 1
Network 9 // 网络标题
// 停在二层，进入步 M0.2
LD    M0.0
A     I0.4
R     M0.0, 1
S     M0.2, 1
Network 10 // 网络标题
//运行状态并按了二层的下行按钮，
进入步 M0.5
LD    M0.2
A     I0.2
A     I0.1
R     M0.2, 1
S     M0.5, 1
Network 11
LD    M0.5
CALL  X1C
Network 12 // 网络标题
// 电梯到一层
LD    M0.5
A     I0.3
R     M0.5, 1
S     M0.1, 1
R     Q0.1, 1
R     Q0.3, 1
Network 13 // 网络标题
// 运行状态下停在二层并按了一层的上行
按钮，进入步 M0.6
LD    M0.2
A     I0.2
A     I0.0
R     M0.2, 1
S     M0.6, 1
Network 14
//在步 M0.6 调用 X1C 下一层子程序
LD    M0.6
CALL  X1C
```

```
Network 15 // 网络标题
// 下到一层后进入步 M0.7
LD    M0.6
A     I0.2
A     I0.3
R     M0.6, 1
S     M0.7, 1
R     Q0.1, 1
R     Q0.3, 1
Network 16
//在步 M0.7 启动 10S 定时
LD    M0.7
TON   T38, 100
Network 17 // 网络标题
// 定时时间到，进入步 M1.0
LD    M0.7
A     T38
A     I0.2
R     M0.7, 1
S     M1.0, 1
Network 18
//调用 S2C 子程序
LD    M1.0
CALL  S2C
Network 19 // 网络标题
// 到达二层
LD    M1.0
A     I0.4
R     M1.0, 1
S     M0.2, 1
R     Q0.0, 1
R     Q0.2, 1
Network 20
LD    M0.1
O     M0.7
=     Q0.4
Network 21
LD    M0.2
O     M0.4
=     Q0.5
S2C 子程序：
Network 1 // 网络标题
LD    SM0.0
=     Q0.0
=     Q0.2
X1C 子程序：
Network 1 // 网络标题
LD    SM0.0
=     Q0.1
=     Q0.3
```

5. 运行调试

（1）在断电的情况下，按图 14-3 进行 PLC 控制线路接线。用编程电缆连接 PLC 和计算机的串行通信接口，接通计算机和 PLC 的电源。

（2）运行计算机上的 STEP7-Micro/WIN32 编程软件，单击工具条上最左边的"新建项目"图标，生成一个新的项目。

（3）执行菜单命令"PLC"/"类型"，设置 PLC 的型号。设置通信参数，建立起计算机与 PLC 的通信连接。

（4）执行菜单命令"工具"/"选项"，在"一般"对话框的"一般"选项卡中，选择 SIMATIC 指令集和"国际"助记符集，将"梯形图编辑器"设置为默认的程序编辑器。

（5）用"查看"菜单选择"梯形图"语言，用"查看"菜单选择"框架"/"指令树"，可打开（或关闭）指令树窗口，找到其中的"项目1"/"程序块"/"主程序（OB1）"，双击"主程序（OB1）"，在右边"主程序"的编辑窗口中输入主程序的梯形图程序。建立如图 14-5 所示的符号表。用"编辑"菜单选择"插入"/"子程序"插入子程序 SBR_1，将子程序 SBR_0、SBR_1 重命名为 S2C、X1C，并输入相应内容。

	符号	地址
1	LC1SXANNU	I0.0
2	RUN_STOP	I0.2
3	LC2D	Q0.5
4	LC1XWQ	I0.3
5	KM1SX	Q0.0
6	SXD	Q0.2
7	KM2XX	Q0.1
8	LC2XXANNU	I0.1
9	LC2XWQ	I0.4
10	XXD	Q0.3
11	LC1D	Q0.4

图 14-5 电梯控制的符号表

（6）单击工具条中的"编译"或"全部编译"按钮，编译输入的程序。如果程序没有错误，将显示"0 错误"。否则，改正程序中的错误后才能下载程序。在下载用户程序之前，编程软件将首先自动执行编译操作。

（7）下载程序。计算机与 PLC 建立连接后，将 CPU 模块上的模式开关放在 RUN 位置，单击工具条中的"下载"按钮，开始下载。

（8）调试程序。下载成功后，单击"运行"按钮，"RUN" LED 亮，用户程序开始运行。断开数字量输入的全部输入开关，CPU 模块上输入侧的 LED 全部熄灭。用接在端子 I0.0～I0.4 上的开关模拟表 14-1 中的输入元件。

单击程序状态监控按钮""或用菜单命令"调试"/"开始程序状态监控"，在梯形图中显示出各元件的状态，梯形图中导通的触点或有电的线圈以高亮蓝背景显示，并按以下步骤调试。

① 接通 I0.3 上的开关，表示一层的限位器闭合，电梯停在一层，步 M0.1 变为活动步，Q0.4 闭合，一层灯亮。接通 I0.2，电梯处于运行状态，接通 I0.1 的开关再断开，表示按下了二层的下行按钮，步 M0.3 变为活动步，调用 S2C 子程序，电梯离开一层上二层，断开 I0.3，表示一层的限位器断开。观察 S2C 子程序，Q0.0 和 Q0.2 线圈以高亮蓝背景显示，表示电动机正转同时上行指示灯亮。接通 I0.4，表示到达二层，步 M0.4 变为活动步，Q0.5 闭合，二层灯亮，同时 T37 启动 10s 的定时。10s 时间到，步 M0.5 变为活动步，调用 X1C 子程序，电梯离开二层下一层，断开 I0.4，二层的限位器断开。观察 X1C 子程序，Q0.1 和 Q0.3 线圈以高亮蓝背景显示，表示电动机反转同时下行指示灯亮。接通 I0.3 上的开关，表示电梯回到一层，步 M0.1 变为活动步，Q0.4 闭合，一层灯亮。

② 接通 I0.0 的开关再断开，表示按下了一层的上行按钮，步 M1.0 变为活动步，调用 S2C 子程序，电梯离开一层上二层，断开 I0.3，一层的限位器断开。接通 I0.4，电梯到达二层，步 M0.2 变为活动步，Q0.5 闭合，二层灯亮。

③ 接通 I0.0 并断开，表示按下了一层的上行按钮，步 M0.6 变为活动步，调用 X1C 子程序，电梯离开二层下一层，断开 I0.4，表示二层的限位器断开。接通 I0.3，表示到达一层，步 M0.7 变为活动步，Q0.4 闭合，一层灯亮，同时 T38 启动 10s 的定时。定时时间到，步 M1.0 变为活动步，调用 S2C 子程序，电梯离开一层上二层，断开 I0.3，表示一层的限位器断开。接通 I0.4，电梯又回到二层，步 M0.2 变为活动步，Q0.5 闭合，二层灯亮。

④ 接通 I0.1 的开关再断开，表示按下了二层的下行按钮，步 M0.5 变为活动步，调用 X1C 子程序，电梯离开二层下一层，断开 I0.4，表示二层的限位器断开。接通 I0.3 上的开关，电梯回到一层，步 M0.1 变为活动步，Q0.4 闭合，一层灯亮。

⑤ 不论何时断开 I0.2，电梯立即处于停止状态，停在当前步。

也可结合状态表进行调试。单击状态表监控按钮"　"或用菜单命令"调试"/"开始状态表监控"，在状态表中输入表 14-1 中列出的 PLC 的 I/O 点及定时器的信息，观察程序执行中相应值的变化。通过以上调试过程，查看程序执行过程是否与顺序功能图的描述一致。加以分析，可以找到问题语句的所在，若有问题，改正后重新下载调试。

【评定激励】

按以下标准开展小组自评、互评，成绩填入项目评分细则表，如表 14-2 所示。

表 14-2 项目评分细则表

项目名称					组别	
开始时间			结束时间			
考核内容	考核要求	配分	评分标准		扣分	得分
电路设计	(1) I/O 分配表正确 (2) 输入/输出接线图正确 (3) 主电路正确 (4) 连锁、保护齐全	30 分	(1) 分配表每错一处，扣 5 分 (2) 输入/输出电路图每错一处，扣 5 分 (3) 主电路每错一处，扣 5 分 (4) 连锁、保护每缺一项，扣 5 分			
安装接线	(1) 元件选择、布局合理，安装符合要求 (2) 布线合理美观	10 分	(1) 元件选择、布局不合理，扣 3 分/处；元件安装不牢固，扣 3 分/处 (2) 布线不合理、不美观，扣 3 分/处			
编程调试	(1) 程序编制实现功能 (2) 操作步骤正确 (3) 试车成功	50 分	(1) 输入错误，扣 2 分/处 (2) 不会设置及下载，分别扣 5 分 (3) 一个功能不实现，扣 10 分 (4) 操作步骤错一步，扣 5 分 (5) 显示运行不正常，扣 5 分/处			
安全文明工作	(1) 安全用电，无人为损坏仪器、元件和设备 (2) 保持环境整洁，秩序井然，操作习惯良好 (3) 小组成员协作和谐，态度正确	10 分	(1) 发生安全事故，扣 10 分 (2) 人为损坏设备、元器件，扣 10 分 (3) 现场不整洁、工作不文明，团队不协作，扣 5 分 (4) 不遵守考勤制度，每次扣 2~5 分			
总成绩						

思考与练习

（1）如何建立带参数的子程序？

（2）如何调用带参数的子程序？

（3）编写一个计算 $Y=(X+10)\times 6\div 5$ 的子程序，使该公式能在多处调用。其中 X、Y 的数据类型为整数。

（4）编写一个求两个数异或的子程序，在主程序中调用子程序实现求 VB0～VB9 中的 10 个字节的异或值，结果存入 VB20 中。

项目十五

电梯控制的 MCGS 组态应用

■【项目目标】

用 S7-200 PLC 作为下位机实现二层电梯的控制，以 PC 为上位机采用 MCGS 组态软件对下位机进行实时监控。

■【学习目标】

（1）熟练运用 S7-200 PLC 的编程软件 STEP7-Micro/WIN32 进行程序的下载与调试。
（2）掌握 MCGS 的动画制作、变量设计、PLC 的设备组态等多项组态操作。
（3）掌握使用 MCGS 组态软件进行监控软件组态操作的方法。

■【相关知识】

1. MCGS 组态软件简介

计算机技术和网络技术的飞速发展，为工业自动化开辟了广阔的发展空间，用户可以方便快捷地组建优质高效的监控系统，并且通过采用远程监控及诊断、双机热备等先进技术，使系统更加安全可靠，在这方面，MCGS 工控组态软件将提供强有力的软件支持。

MCGS 全中文工业自动化控制组态软件（以下简称 MCGS 工控组态软件或 MCGS）为用户建立全新的过程测控系统提供了一整套解决方案。MCGS 工控组态软件是一套 32 位工控组态软件，可稳定运行于各种 32 位 Windows 平台上，集动画显示、流程控制、数据采集、设备控制与输出、网络数据传输、双机热备、工程报表、数据与曲线等诸多强大功能于一身，并支持国内外众多数据采集与输出设备，广泛应用于石油、电力、化工、钢铁、矿山、冶金、机械、纺织、航天、建筑、材料、制冷、交通、通信、食品、制造与加工业、水处理、环保、智能楼宇、实验室等多种工程领域。

MCGSWW 服务器版本，集工业现场的集散控制和各类历史、实时数据及相关曲线的 WWW 发布于一体，可以解决整个企业的 Internet/Intranet 方案，也可以非常方便地与已有的企业网络相衔接，让用户从具体的技术环节和繁杂的数据堆中脱身，随时随地掌握工业现场与企业运营状态，了解所需的各项信息，大幅度提高工作效率，实现成功决策。

2. MCGS 的安装

MCGS 组态软件是专为标准 Microsoft Windows 系统设计的 32 位应用软件。因此，它必须运行在 Microsoft Windows95、Windows NT 4.0 或以上版本的 32 位操作系统中。具体安装步骤如下。

（1）启动 Windows，在相应的驱动器中插入光盘。

（2）插入光盘后会自动弹出 MCGS 安装程序窗口（如没有窗口弹出，则从 Windows 的"开始"菜单中，选择"运行..."命令，运行光盘中 AutoRun.exe 文件），MCGS 安装程序窗口如图 15-1 所示。

（3）在安装程序窗口中选择"安装 MCGS 组态软件通用版"，启动安装程序开始安装。

（4）随后，安装程序将提示你指定安装目录，用户不指定时，系统默认安装到 D:\MCGS 目录下，如图 15-2 所示。

图 15-1　MCGS 安装程序窗口　　　　　图 15-2　指定安装目录

（5）安装过程大约要持续数分钟。安装过程完成后，安装程序将弹出"安装完成"对话框，上面有两个复选框，"是，我现在要重新启动计算机"和"不，我将稍后重新启动计算机"。一般在计算机上初次安装时需要选择重新启动计算机。

（6）安装完成后，Windows 在开始菜单中添加了相应的 MCGS 程序组，如图 15-3 所示。MCGS 程序组包括五项：MCGS 组态环境、MCGS 运行环境、MCGS 电子文档、MCGS 自述文档及卸载 MCGS 组态软件。运行环境和组态环境为软件的主体程序，自述文件描述了软件发行时的最后信息，MCGS 电子文档则包含了有关 MCGS 最新的帮助信息。

图 15-3　MCGS 程序组

3．MCGS 的运行

MCGS 系统安装完成后，在用户指定的目录（或系统默认目录 D:\MCGS）下创建有三个子目录：Program、Samples 和 Work。MCGS 系统分为组态环境和运行环境两个部分。文件 McgsSet.exe 对应于 MCGS 系统的组态环境，文件 McgsRun.exe 对应于 MCGS 系统的运行环境。组态环境和运行环境对应的两个执行文件，以及 MCGS 中用到的设备驱动、动画构件及策略构件存放在子目录 Program 中，用于演示系统的基本功能的工程文件存放在 Samples 目录下，Work 子目录则是用户的默认工作目录。

分别运行可执行程序 McgsSet.exe 和 McgsRun.exe，就能进入 MCGS 的组态环境和运行环境。安装完毕后，运行环境能自动加载并运行工程。用户可根据需要创建和运行自己的新工程。

4．MCGS 生成的用户应用系统的构成

由 MCGS 生成的用户应用系统，其结构由主控窗口、设备窗口、用户窗口、实时数据库和运行策略五个部分构成。

1）实时数据库是 MCGS 系统的核心

实时数据库相当于一个数据处理中心，同时也起到公用数据交换区的作用，它将 MCGS 工程的各个部分连接成有机的整体。在本窗口内定义不同类型和名称的变量，作为数据采集、数据处理、输出控制、动画连接及设备驱动的对象。MCGS 用实时数据库来管理所有实时数据。从外部设备采集来的实时数据送入实时数据库，实时数据库将数据传送给系统其他部分，操作系统其他部分操作的数据也来自于实时数据库。实时数据库自动完成对实时数据的报警处理和存盘处理，同时它还根据需要把有关信息以事件的方式发送给系统的其他部分，以便触发相关事件，进行实时处理。因此，实时数据库所存储的单元，不仅是变量的数值，还包括变量的特征参数（属性）及对该变量的操作方法（报警属性、报警处理和存盘处理等）。这种将数值、属性、方法封装在一起的数据称为数据对象。实时数据库采用面向对象的技术，为其他部分提供服务，提供了系统各个功能部件的数据共享。

2）主控窗口构造了应用系统的主框架

主控窗口确定了工业控制中工程作业的总体轮廓，以及运行流程、菜单命令、特性参数和启动特性等项内容，是应用系统的主框架。在主控窗口中可以放置一个设备窗口和多个用户窗口，负责调度和管理这些窗口的打开或关闭。主要的组态操作包括定义工程的名称、编制工程菜单、设计封面图形、确定自动启动的窗口、设定动画刷新周期、指定数据库存盘文件名称及存盘时间等。

3）设备窗口是 MCGS 系统与外部设备联系的媒介

设备窗口专门用来放置不同类型和功能的设备构件，实现对外部设备的操作和控制。设备窗口通过设备构件把外部设备的数据采集进来，送入实时数据库，或把实时数据库中的数据输出到外部设备。一个应用系统只有一个设备窗口，运行时，系统自动打开设备窗口，管理和调度所有设备构件正常工作，并在后台独立运行。注意，对用户来说，设备窗口在运行时是不可见的。

4）用户窗口实现了数据和流程的"可视化"

用户窗口主要用于设置工程中人机交互的界面，如生成各种动画显示画面、报警输出、数据与曲线图表等。用户窗口中可以放置三种不同类型的图形对象：图元、图符和动画构件。图元和图符对象为用户提供了一套完善的设计制作图形画面和定义动画的方法。动画构件对应于不同的动画功能，它们是从工程实践经验中总结出的常用的动画显示与操作模块，用户可以直接使用。通过在用户窗口内放置不同的图形对象，搭制多个用户窗口，用户可以构造各种复杂的图形界面，用不同的方式实现数据和流程的"可视化"。

组态工程中的用户窗口，最多可定义 512 个。所有的用户窗口均位于主控窗口内，其打开时窗口可见，关闭时窗口不可见。允许多个用户窗口同时处于打开状态。用户窗口的位置、大小和边界等属性可以随意改变或设置，如可以让一个用户窗口在顶部作为工具条，也可以放在底部作为状态条，还可以使其成为一个普通的最大化显示窗口等。多个用户窗口的灵活组态配置，就构成了丰富多彩的图形界面。

5）运行策略是对系统运行流程实现有效控制的手段

运行策略本身是系统提供的一个框架，其里面放置有策略条件构件和策略构件组成的"策略行"，通过对运行策略的定义，使系统能够按照设定的顺序和条件操作实时数据库，控制用户窗口的打开、关闭，并确定设备构件的工作状态等，从而实现对外部设备工作过程的精确控制。

1 个应用系统有 3 个固定的运行策略：启动策略、循环策略和退出策略，用户也可根据具体需要创建新的用户策略、循环策略、报警策略、事件策略、热键策略，并且用户最多可创建 512 个用户策略。启动策略在应用系统开始运行时调用，退出策略在应用系统退出运行时调用，循环策略由系统在运行过程中定时循环调用，用户策略供系统中的其他部件调用。报警策略由用户在组态时创建，当指定数据对象的某种报警状态产生时，报警策略被系统自动调用一次。事件策略由用户在组态时创建，当对应表达式的某种事件状态产生时，事件策略被系统自动调用一次。热键策略由用户在组态时创建，当用户按下对应的热键时执行一次。

综上所述，一个应用系统由主控窗口、设备窗口、用户窗口、实时数据库和运行策略 5 个部分组成，如图 15-4 所示。组态工作开始时，系统只为用户搭建了一个能够独立运行的空框架，提供了丰富的动画部件与功能部件。

如果要完成一个实际的应用系统，应主要完成以下工作：首先，要像搭积木一样，在组态环境中用系统提供的或用户扩展的构件构造应用系统，配置各种参数，形成一个有丰富功能可实际应用的工程；然后，把组态环境中的组态结果提交给运行环境。运行环境和组态结果一起就构成了用户自己的应用系统。

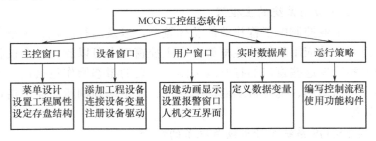

图 15-4　MCGS 软件构成

【项目实施】

1．工程分析

在开始组态工程之前，先对该工程进行剖析，以便从整体上把握工程的结构、流程、需实现的功能及如何实现这些功能。工程框架如下。

（1）用户窗口：1 个用户窗口，在上面绘制简易电梯、4 个指示灯、3 个按钮。

（2）实时数据库：找出本工程需用到的数据对象。

（3）设备窗口：S7-200 PLC 的设备组态。

2．建立工程

可以按如下步骤建立工程。

（1）运行组态环境。打开 MCGS 组态环境，如图 15-5 所示。

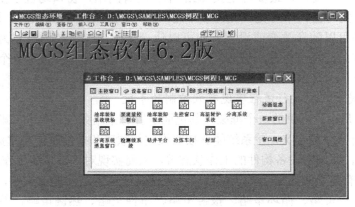

图 15-5　MCGS 组态环境

（2）新建工程。若将组态软件默认安装在 D:\MCGS 下，单击"文件"菜单中"新建工程"选项，在 D:\MCGS\Work 下自动生成名为"新建工程 0.MCG"工程，如图 15-6 所示。

单击"文件"菜单中"工程另存为"选项，在弹出的窗口中"文件名"标签后的文本框中输入"电梯控制系统"，单击"保存"按钮，至此新建工程另存为"D:\MCGS\Work\电梯控制系统.MCG"，如图 15-7 所示，工程创建完毕。

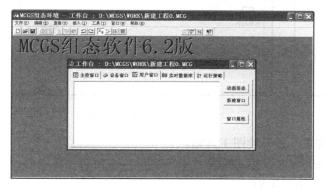

图 15-6　新建工程

图 15-7　电梯控制工程

3．建立用户窗口

（1）在图 15-7 中，单击"新建窗口"，在用户窗口中新建"窗口 0"。

（2）选中窗口 0，单击右键，在下拉菜单中单击"设置为启动窗口"将窗口 0 设为启动窗口，运行时自动加载，如图 15-8 所示。

（3）单击"窗口属性"按钮，在用户窗口属性设置中将窗口名称改为"电梯控制"，窗口标题改为"电梯控制"，窗口背景选白色，窗口位置选"最大化显示"，其他不变，如图 15-9 所示。单击"确认"按钮，设置完毕。

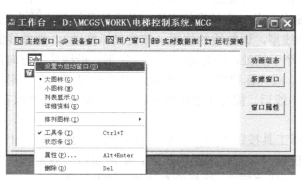

图 15-8　设为启动窗口

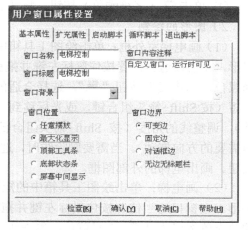

图 15-9　用户窗口属性设置

4．制作工程画面

制作如图 15-10 所示的画面。

1）标签的制作

在图 15-11 中选中"电梯控制"图标，单击"动画组态"按钮，进入其动画组态窗口，开始编辑画面。

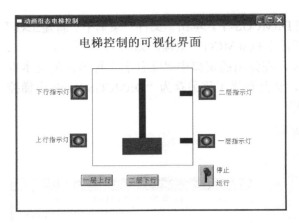

图 15-10　电梯控制工程画面

图 15-11　动画组态

（1）单击工具条中的"工具箱"按钮，打开绘图工具箱。

（2）选择"工具箱"内的"标签"按钮，鼠标光标呈"十"字形，在窗口顶端中心位置拖拽鼠标光标，根据需要拉出一个一定大小的矩形。

（3）在光标闪烁位置输入文字"电梯控制的可视化界面"，按回车键或在窗口任意位置用鼠标单击一下，文字输入完毕。

（4）如果需要修改输入文字，则单击已输入的文字，然后按回车键就可以进行编辑，也可以单击鼠标右键，弹出下拉菜单，选择"改字符"。

（5）选中文字框，进行如下设置。

① 单击（填充色）按钮，设定文字框的背景颜色为没有填充。

② 单击（线色）按钮，设置文字框的边线颜色为没有边线。

③ 单击（字符字体）按钮，设置文字字体为宋体、加粗、大小为一号。

④ 单击（字符颜色）按钮，将文字颜色设为蓝色。

2）图形的绘制

（1）画电梯室外框：单击绘图工具箱中画线工具按钮"＼"，移动鼠标光标，此时呈"十"字形，在窗口适当位置按住鼠标左键并拖曳出一条一定长度的直线。单击线色按钮"", 选择黑色。单击线型按钮"", 选择合适的线型，调整线的位置（按住鼠标拖动），调整线的长短（按 Shift+箭头组合键，或光标移到一个手柄处，待光标呈"十"字形，沿线长度方向拖动），调整线的角度（按 Shift+箭头组合键，或光标移到一个手柄处，待光标呈"十"字形，向需要的方向拖动）。当需要删除线时，选中线后，按 Del 键或单击右键选删除。单击"保存"按钮。画出电梯的外部图框。

（2）画电梯：单击绘图工具箱中的矩形工具按钮"□", 移动鼠标光标，此时呈"十"字形。在窗口适当位置按住鼠标左键并拖曳出一个一定大小的矩形。单击窗口上方工具栏中的填充色按钮"", 选择蓝色。单击线色按钮"", 选择没有边线。调整位置、大小。单击窗口其他任何一个空白地方，结束电梯箱的编辑。同样的方法画出导轨及两个限位开关的示意图，二层限位器（靠近二层指示灯）的坐标为"476×193"，一层限位器坐标为"476×334"。单击"保存"按钮。

3）按钮的制作

单击绘画工具箱中"⌐"图标，在所需位置按住左键拖出适当大小的按钮，调整其大小和位置。分别绘制出两个按钮，并双击按钮，分别输入按钮标题"一层上行"、"二层下行"。

单击绘画工具箱中"⇌"图标，画出所需按钮，双击鼠标，出现如图 15-12 所示画面，删除分段点 0、1，并将分段点 2、3 改为 0、1。当分段点为 0 时，开关如图 15-13 所示，单击"确认"按钮。制作两个标签"停止"、"运行"。

图 15-12 修改前的动画按钮　　　　图 15-13 修改后的动画按钮

4）指示灯的绘制

单击绘画工具箱中"🗔"图标，打开对象元件管理库，如图 15-14 所示，双击窗口左侧"对象元件列表"中的"指示灯"，展开该列表项，单击"指示灯 2"，单击"确定"按钮。窗口中出现指示灯图形。在指示灯旁边建立文字标签"一层指示灯"。单击"保存"按钮。分别画出其他三个指示灯，并标上标签。

5．定义数据对象

实时数据库是 MCGS 工程的数据交换和数据处理中心。数据对象是构成实时数据库的基本单元，建立实时数据库的过程也就是定义数据对象的过程。

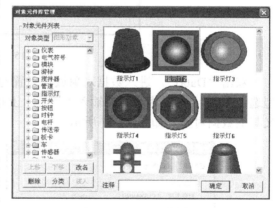

图 15-14 指示灯的绘制

定义数据对象的内容主要包括如下。

（1）指定数据变量的名称、类型、初始值和数值范围。

（2）确定与数据变量存盘相关的参数，如存盘的周期、存盘的时间范围和保存期限等。

在开始定义之前，先对所有数据对象进行分析。所需的数据变量如表 15-1 所示。为便于理解，了解这些变量的用途，表 15-1 中列出了与数据变量有对应关系的 PLC 的相关部件。

表 15-1 数据变量

部件名称	形　式	I/O 点	说　明	数据变量的名称
SB1	常开按钮	I0.0	楼层 1 上行按钮	LC1SXANNU
SB2	常开按钮	I0.1	楼层 2 下行按钮	LC2XXANNU
SA1	开关	I0.2	运行/维修按钮	RUN_STOP
SQ1	限位开关	I0.3	楼层 1 限位器	LC1XWQ

续表

部件名称	形式	I/O点	说明	数据变量的名称
SQ2	限位开关	I0.4	楼层2限位器	LC2XWQ
KM1	交流接触器	Q0.0	上行（电动机正转）控制	KM1SX
KM2	交流接触器	Q0.1	下行（电动机反转）控制	KM2XX
SXD	信号灯	Q0.2	上行指示灯	SXD
XXD	信号灯	Q0.3	下行指示灯	XXD
LC1D	信号灯	Q0.4	楼层1指示灯	LC1D
LC2D	信号灯	Q0.5	楼层2指示灯	LC2D

在图 15-11 所示的工作台中，单击"实时数据库"窗口标签，在窗口空白处单击一下，再单击"新增对象"按钮，新增数据对象"Data1"，再增一个"Data2"，如图 15-15 所示。

图 15-15　新增数据对象

双击"Data1"，进入数据对象属性设置对话框，对象名称输入"LC1SXANNU"，对象类型选"开关"，对象内容注释输入"楼层1上行按钮"，如图 15-16 所示。同样的方法新增并定义其他数据对象，如图 15-17 所示。

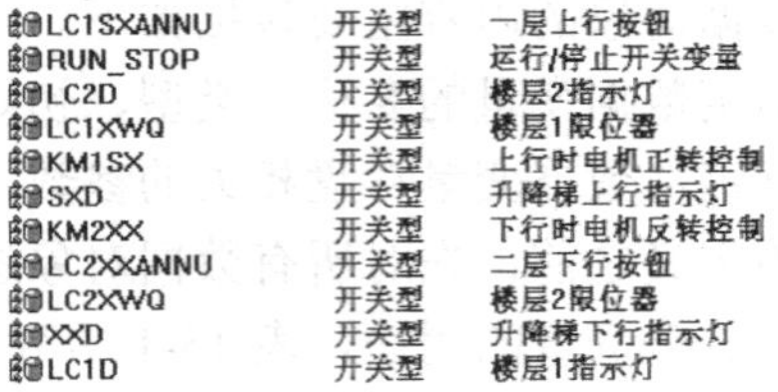

图 15-16　数据对象属性设置　　　　图 15-17　全部数据对象特性表

6．动画连接

至此，静止的"电梯控制"窗口做好了，对各个对象进行动画连接，也就是使各个图形构件与数据对象关联起来。在图 15-10 中双击按钮"一层上行"，进入"标准按钮构件属性设置"对话框中，选"操作属性"页面，按图 15-18 设置后单击"确认"按钮。按同样的方法将按钮"二层下行"与"LC2XXANNU"关联起来。双击"运行/维修"动画按钮，在"基本属性"页面/"对应数据对象的名称"一栏填入"RUN_STOP"后,单击"确认"按钮。双击"一层指示灯"标签对应的灯,在"数据对象"页面/"数据对象连接"一栏填入"LC1D"后,单击"确认"按钮。同理将按钮"二层指示灯"、"上行指示灯"、"下行指示灯"分别跟数据变量"LC2D"、"SXD"、"XXD"连接起来。双击二层指示灯附近的小方块,在"填充颜色"页面/"表达式"一栏填入"LC2XWQ"后,单击"确认"按钮,将楼层 1 限位器与"LC1XWQ"关联。双击电梯箱,在"属性设置"页面选中"垂直移动"一栏,在"垂直移动"页面/"表达式"一栏填入"电梯位置",如图 15-19 所示,单击"确认"按钮。

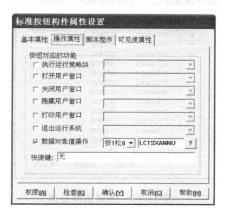

图 15-18 "一层上行"按钮设置

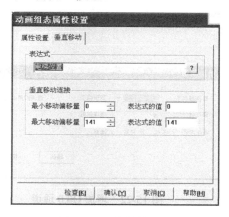

图 15-19 电梯箱设置

7. 设备窗口中添加设备

1) 设备添加

在图 15-11 的工作台页面中,选中设备窗口,单击"设备组态",打开设备工具箱,单击"设备管理"找到"通用串口父设备",单击"增加"按钮。从"PLC 设备"中找到"西门子_S7200PPI",单击"增加"按钮,单击"确认"按钮后添加到设备工具箱,如图 15-20 所示。在设备工具箱中,先后双击"通用串口父设备"、"西门子_S7200PPI",添加到设备窗口中。

2) 串口通信参数的设置

在设备窗口中双击"通用串口父设备 0-【通用串口父设备】"进行串口通信参数的设置,如图 15-21 所示。

图 15-20 设备窗口组态

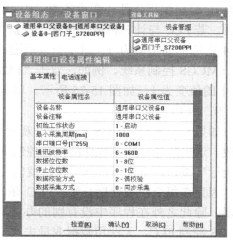

图 15-21 串口通信参数的设置

8. 设备通道设置

1）增加通道

在设备窗口中双击"设备 0-【西门子_S7200PPI】"，在"基本属性"页面中点"设置设备内部属性"后出现"…"按钮，单击"…"按钮，进入"西门子_S7200PPI 通道属性设置"窗口，单击"增加通道"按钮，按图 15-22 进行选择，Q0.0 通道被加入。增加其他通道，全部通道增加完成后，如图 15-23 所示。

图 15-22　增加 Q0.0 通道

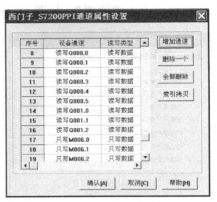

图 15-23　通道属性设置

2）通道连接

在设备窗口中双击"设备 0-【西门子_S7200PPI】"，进入"通道连接"页面。根据表 15-1 的对应关系，双击"对应数据对象"列下面的空白处，输入相应的数据变量名称，或空白处单击右键选择相应的数据变量，如图 15-24 所示，单击"确认"按钮。这样，MCGS 的构件、变量与 PLC 的通道间就建立了联系。例如，按下"一层上行"按钮，"LC1SXANNU"变量值为 1，通过只写通道使 PLC 内部的 M6.0 的值为 1。

3）设备调试

在断电的情况下，将 PLC 主机与 PC 通过 PC/PPI 线缆连接好。运行 STEP7-Micro/WIN32 编程软件，设置通信波特率为 9.6kb/s，通信端口为 com1，将电梯控制程序下载到 PLC 中，并使 PLC 处于运行状态，接通 I0.2、I0.3、I0.4 的开关，I0.3、I0.4、Q0.4 的值为 1（对应的信号灯亮），退出编程软件。在设备窗口中双击"设备 0-【西门子_S7200PPI】"，进入"设备调试"页面。若 PLC 与计算机通信正常，双击"通道值"列下面的各空白处，将会发现 I0.3、I0.4、Q0.4 对应的通道值为 1。对于只读通道，通道值只取决于 PLC。对于只写通道，通道值只取决于 MCGS 控制系统。例如，双击"LC2XXANNU"后通道值的空白处，输入 1，则 PLC 中 M6.1 的值变为 1，如图 15-25 所示。单击工具栏上的存盘按钮，保存工程。

9. PLC 程序修改

如果只是通过 MCGS 监控软件观察 PLC 的运行状况，对前期编制的 PLC 程序可以不予修改。这里想通过监控软件的按钮控制 PLC 的运行，如希望当电梯处于运行状态，按下"一层上行"按钮，电梯运行到二楼，就需要修改 PLC 程序。

因为在每个扫描周期开始，PLC 依次对各个输入点采样，并把采样结果送入输入映像存储器，除此之外在程序中没有别的办法对输入映像存储器的值进行修改。所以要想实现通过 MCGS 控制 PLC，无法用数据变量去改变 PLC 输入映像存储器的值，可以采用这样的办法：用 MCGS 的元件关联 PLC 的位存储器（M），这个工作前面已经完成，再修改 PLC 的程序，将位存储器与相应的输入映像寄存器并联,这样通过 MCGS 就可以控制 PLC 的运行,同时不影响程序原来的功能。将 PLC 程序中所有的 I0.0 常开触点与 M6.0 (受 LC1SXANNU 的控制) 的常开触点并联,所有的 I0.1 常开触点与 M6.1 (受 LC2XXANNU 的控制) 的常开触点并联,所有的 I0.2 常开触点与 M6.2 (受 RUN_STOP 的控制) 的常开触点并联,程序其他部分不变,MCGS 的其他变量受 PLC 的控制,这样通过 MCGS 就可以控制 PLC,再由 PLC 控制电梯的上行和下行,同时运行结果由 PLC 传回 MCGS。

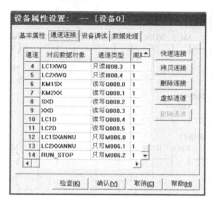

图 15-24 通道连接

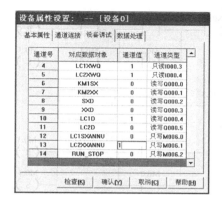

图 15-25 设备调试

修改后的电梯主程序如图 15-26 所示。S2C 子程序与 X1C 子程序不变,参见项目 14 的内容。

10. 程序联调

由于 MCGS 与 STEP7-Micro/WIN32 占用同一个串口,所以选关闭 MCGS 软件,然后运行 STEP7-Micro/WIN32 编程软件,在指令树中双击"用户定义 1"建立一个符号表,如图 15-27 所示。输入图 15-26 的主程序,输入 S2C 与 X1C 子程序(参见项目 14 的内容)。下载全部程序至 PLC,使 PLC 处于运行状态,在 STEP7-Micro/WIN32 编程软件中进行 PLC 程序的调试,调试过程同项目 14。调试完毕,关闭 STEP7-Micro/WIN32 编程软件。

启动 MCGS 软件,打开工程文件"电梯控制系统.MCG",执行菜单命令"文件"/"进入运行环境"。前面已将"电梯控制"窗口设置为启动窗口,所以在运行时,系统自动运行该窗口。

(1) 操作 PLC 上的开关,观察对监控软件的影响,按以下步骤调试。

① 接通 I0.3 上的开关,表示一层的限位器闭合,电梯停在一层,在 MCGS 的"电梯控制"窗口中,一层的限位器及指示灯都变亮。接通 I0.2,电梯处于运行状态,接通 I0.1 的开关再断开,表示按下了二层的下行按钮,在 MCGS 的"电梯控制"窗口中,上行指示灯亮。接通 I0.4,表示到达二层,二层的限位器及指示灯都变亮。10s 后,电梯离开二层下行至一层,一层的指示灯亮。

② 接通 I0.0 的开关再断开,表示按下了一层的上行按钮,上行指示灯亮。接通 I0.4,电梯到达二层,二层指示灯亮。

③ 接通 I0.0 并断开,表示按下了一层的上行按钮,电梯离开二层下行至一层,下行指示灯亮。接通 I0.3,表示到达一层,一层指示灯亮,10s 后,电梯离开一层上行至二层,断开 I0.3,表示一层的限位器断开。接通 I0.4,电梯又回到二层,二层指示灯亮。

④ 接通 I0.1 的开关再断开,表示按下了二层的下行按钮,电梯离开二层下行至一层,断开 I0.4,二层的限位器灯熄灭。接通 I0.3 上的开关,一层的限位器及指示灯都变亮。

⑤ 不论何时断开 I0.2,电梯立即处于停止状态,停在当前步。

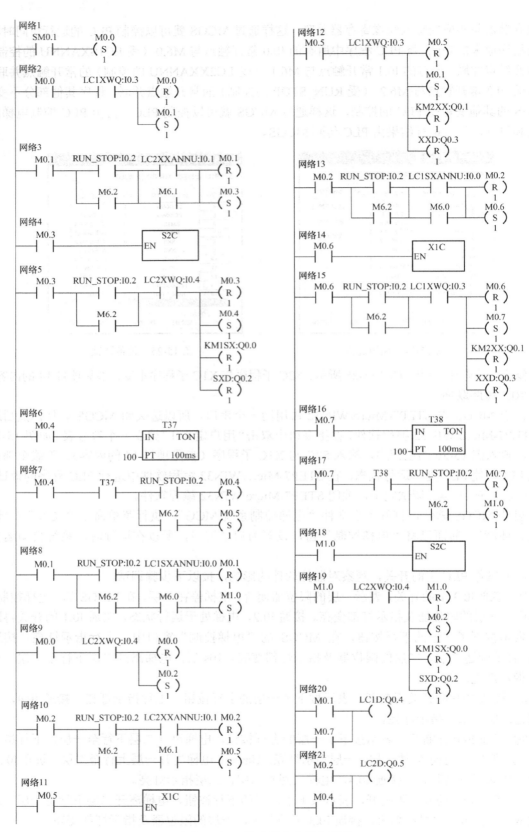

图 15-26 修改后的电梯主程序

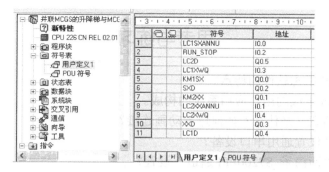

图 15-27 符号表

（2）操作监控软件的按钮，观察对 PLC 及监控软件的影响，步骤调试基本同上，只是注意限位器还是用 PLC 上的开关代替，这里不再赘述。

【评定激励】

按以下标准开展小组自评、互评，成绩填入项目评分细则表，如表 15-2 所示。

表 15-2 项目评分细则表

项目名称					组别	
开始时间			结束时间			
考核内容	考核要求	配分	评分标准		扣分	得分
建立工程	（1）工程建立在指定文件夹下 （2）工程名符合指定要求 （3）设置启动窗口	5 分	（1）没建立在指定文件夹下，扣 2 分 （2）工程名不符合指定要求，扣 1 分 （3）不会设置启动窗口，扣 2 分			
制作工程画面	（1）标签的制作符合要求 （2）电梯的绘制 （3）按钮的制作 （4）指示灯的绘制	20 分	设置或制作不当，扣 2 分/处			
定义数据对象	（1）指定数据变量的名称、类型、初始值和数值范围 （2）确定与数据变量存盘相关的参数	20 分	（1）指定数据变量的名称、类型、初始值和数值范围不合要求，扣 1 分/变量 （2）确定与数据变量存盘相关的参数不当，扣 1 分/变量			
动画连接	（1）电梯的绘制 （2）按钮的制作 （3）指示灯的绘制	20 分	绘制或设置不当，扣 2 分/处			
设备窗口中添加设备	（1）设备添加 （2）串口通信参数的设置	10 分	（1）设备的添加不当，扣 5 分 （2）设备的属性设置不当，扣 2 分/处			
设备通道设置	（1）增加通道 （2）通道连接 （3）设备调试	15 分	设置不当，扣 2 分/处			
PLC 程序修改	通过 MCGS 的按钮控制 PLC	10 分	程序修改不当，扣 2 分/处			
总成绩						

思考与练习

（1）简述 MCGS 组态软件的特点。

（2）简述 MCGS 生成的用户应用系统的构成。

（3）动画连接的意义是什么？如何进行动画连接？

（4）如何添加并设置通用串口设备？

（5）如何进行"西门子_S7200PPI 通道"设置？

（6）用 S7-200 PLC 作为下位机实现十字路口交通信号灯的控制，以 PC 为上位机采用 MCGS 组态软件对下位机进行实时监控。试建立这一监控系统并调试。

项目十六

水位控制的 MCGS 组态应用

■【项目目标】

应用 MCGS 组态软件完成水位控制工程的项目设计、仿真运行。

■【学习目标】

（1）掌握 MCGS 基本操作，完成工程分析及变量定义。
（2）掌握简单界面设计，完成数据对象定义及动画连接。
（3）掌握模拟设备连接方法，完成简单脚本程序编写及报警显示。
（4）掌握制作工程报表及曲线方法。

■【相关知识】

一、MCGS 组态软件的工作方式

1. MCGS 与设备通信的方式

MCGS 通过设备驱动程序与外部设备进行数据交换，包括数据采集和发送设备指令。设备驱动程序是由 VB、VC 程序设计语言编写的 DLL（动态链接库）文件，设备驱动程序中包含符合各种设备通信协议的处理程序，将设备运行状态的特征数据采集进来或发送出去。MCGS 负责在运行环境中调用相应的设备驱动程序，将数据传送到工程中各个部分，完成整个系统的通信过程。每个驱动程序独占一个线程，达到互不干扰的目的。

2. MCGS 产生动画效果的原理

MCGS 为每一种基本图形元素定义了不同的动画属性，例如，一个长方形的动画属性有可见度、大小变化、水平移动等。每一种动画属性都会产生一定的动画效果。所谓动画属性，实际上是反映图形大小、颜色、位置、可见度、闪烁性等状态的特征参数。然而，在组态环境中生成的画面都是静止的，如何在工程运行中产生动画效果呢？方法是：图形的每一种动画属性中都有一个"表达式"设定栏，在该栏中设定一个与图形状态相联系的数据变量，连接到实时数据库中，以此建立相应的对应关系，MCGS 称之为动画连接。当工业现场中测控对象的状态（如储油罐的液面高度等）发生变化时，通过设备驱动程序将变化的数据采集到实时数据库的变量中，该变量是与动画属性相关的变量，数值的变化使图形的状态产生相应的变化（如大小变化）。现场的数据是连续被采集进来的，这样就会产生逼真的动画效果，如储油罐的液面的升高和降低，如图 16-1 所示。用户也可编写程序来控制动画界面，以达到满意的效果。

3．MCGS 实施远程多机监控的方式

MCGS 提供了一套完善的网络机制，可通过 TCP/IP 网、Modem 网和串口网将多台计算机连接在一起，构成分布式网络测控系统，实现网络间的实时数据同步、历史数据同步和网络事件的快速传递。同时，可利用 MCGS 提供的网络功能，在工作站上直接对服务器中的数据库进行读写操作。分布式网络测控系统的每一台计算机都要安装一套 MCGS 工控组态软件。MCGS 把各种网络形式，以父设备构件和子设备构件的形式供用户调用，并进行工作状态、端口号、工作站地址等属性参数的设置。

图 16-1　储油罐的液面的动画显示

4．MCGS 对工程运行流程实施有效控制的方法

MCGS 开辟了专用的"运行策略"窗口，建立用户运行策略。MCGS 提供了丰富的功能构件，供用户选用，通过构件配置和属性设置两项组态操作，生成各种功能模块（称为用户策略），使系统能够按照设定的顺序和条件，操作实时数据库，实现对动画窗口的任意切换，控制系统的运行流程和设备的工作状态。所有的操作均采用面向对象的直观方式，避免了烦琐的编程工作。

二、组建工程的一般过程

1．工程项目系统分析

分析工程项目的系统构成、技术要求和工艺流程，弄清系统的控制流程和测控对象的特征，明确监控要求和动画显示方式，分析工程中的设备采集及输出通道与软件中实时数据库变量的对应关系，分清哪些变量是要求与设备连接的，哪些变量是软件内部用来传递数据及动画显示的。

2．工程立项搭建框架

MCGS 称为建立新工程。主要内容包括定义工程名称、封面窗口名称、启动窗口（封面窗口退出后接着显示的窗口）名称，指定存盘数据库文件的名称及存盘数据库，设定动画刷新的周期。经过此步操作，即在 MCGS 组态环境中，建立了由五部分组成的工程结构框架。封面窗口和启动窗口也可等到建立了用户窗口后，再进行建立。

3．设计菜单基本体系

为了对系统运行的状态及工作流程进行有效地调度和控制，通常要在主控窗口内编制菜单。编制菜单分两步进行，第一步首先搭建菜单的框架，第二步再对各级菜单命令进行功能组态。在组态过程中，可根据实际需要，随时对菜单的内容进行增加或删除，不断完善工程的菜单。

4．制作动画显示画面

动画制作分为静态图形设计和动态属性设置两个过程。前一部分类似于"画画"，用户通过 MCGS 组态软件中提供的基本图形元素及动画构件库，在用户窗口内"组合"成各种复杂的画面。后一部分则设置图形的动画属性，与实时数据库中定义的变量建立相关性的连接关系，作为动画图形的驱动源。

5．编写控制流程程序

在运行策略窗口内，从策略构件箱中，选择所需功能策略构件，构成各种功能模块（称

为策略块),由这些模块实现各种人机交互操作。MCGS 还为用户提供了编程用的功能构件(称为脚本程序功能构件),使用简单的编程语言,编写工程控制程序。

6. 完善菜单按钮功能

完善菜单按钮功能包括对菜单命令、监控器件、操作按钮的功能组态;实现历史数据、实时数据、各种曲线、数据报表、报警信息输出等功能;建立工程安全机制等。

7. 编写程序调试工程

利用调试程序产生的模拟数据,检查动画显示和控制流程是否正确。

8. 连接设备驱动程序

选定与设备相匹配的设备构件,连接设备通道,确定数据变量的数据处理方式,完成设备属性的设置。此项操作在设备窗口内进行。

9. 工程完工综合测试

最后测试工程各部分的工作情况,完成整个工程的组态工作,实施工程交接。

三、MCGS 脚本程序

1. 脚本程序简介

脚本程序是组态软件中的一种内置编程语言引擎。当某些控制和计算任务通过常规组态方法难以实现时,通过使用脚本语言,能够增强整个系统的灵活性,解决其常规组态方法难以解决的问题。

MCGS 脚本程序为有效地编制各种特定的流程控制程序和操作处理程序提供了方便的途径。它被封装在一个功能构件里(称为脚本程序功能构件),在后台由独立的线程来运行和处理,能够避免由于单个脚本程序的错误而导致整个系统的瘫痪。

在 MCGS 中,脚本语言是一种语法上类似 Basic 的编程语言。可以应用在运行策略中,把整个脚本程序作为一个策略功能块执行,也可以在菜单组态中作为菜单的一个辅助功能运行,更常见的用法是应用在动画界面的事件中。MCGS 引入的事件驱动机制,与 VB 或 VC 中的事件驱动机制类似,例如,对用户窗口,有装载、卸载事件;对窗口中的控件,有鼠标单击事件、键盘按键事件等。这些事件发生时,就会触发一个脚本程序,执行脚本程序中的操作。

2. 脚本语言编辑环境

脚本程序编辑环境是用户书写脚本语句的地方。脚本程序编辑环境主要由脚本程序编辑框、编辑功能按钮、MCGS 操作对象列表和函数列表、脚本语句和表达式四个部分构成,分别说明如下。

(1) 脚本程序编辑框用于书写脚本程序和脚本注释,用户必须遵照 MCGS 规定的语法结构和书写规范书写脚本程序,否则语法检查不能通过。

(2) 编辑功能按钮提供了文本编辑的基本操作,用户使用这些操作可以方便操作和提高编辑速度。例如,在脚本程序编辑框中选定一个函数,然后按下"帮助"按钮,MCGS 将自动打开关于这个函数的在线帮助,或者,如果函数拼写错误,MCGS 将列出与所提供的名字最接近函数的在线帮助。

(3) 脚本语句和表达式列出了 MCGS 使用的三种语句的书写形式和 MCGS 允许的表达式类型。用鼠标单击要选的语句和表达式符号,在脚本编辑处光标所在的位置填上语句或表达式的标准格式。例如,用鼠标单击"if~then"按钮,则 MCGS 自动提供一个 if…then…结构,并把输入光标停到合适的位置上。

（4）MCGS 对象和函数列表以树结构的形式，列出了工程中所有的窗口、策略、设备、变量、系统支持的各种方法、属性及各种函数，以供用户快速的查找和使用。例如，可以在用户窗口树中，选定一个窗口"窗口0"，打开窗口0下的"方法"，然后双击 Open 函数，则 MCGS 自动在脚本程序编辑框中，添加了一行语句"用户窗口.窗口0.Open( )"，通过这行语句，就可以完成窗口打开的工作。

3. 脚本程序语言要素

1）数据类型

MCGS 脚本程序语言使用的数据类型只有三种。

（1）开关型：表示开或关的数据类型，通常0表示关，非0表示开，也可以作为整数使用。

（2）数值型：值在 3.4E±38 范围内。

（3）字符型：最多512个字符组成的字符串。

2）变量、常量

（1）变量：脚本程序中，用户不能定义子程序和子函数，其中数据对象可以看作脚本程序中的全局变量，在所有的程序段共用。可以用数据对象的名称来读写数据对象的值，也可以对数据对象的属性进行操作。

开关型、数值型、字符型三种数据对象分别对应于脚本程序中的三种数据类型。在脚本程序中不能对组对象和事件型数据对象进行读写操作，但可以对组对象进行存盘处理。

（2）常量：开关型常量为0或非0的整数，通常0表示关，非0表示开；数值型常量为带小数点或不带小数点的数值，如12.45、100；字符型常量为双引号内的字符串，如"OK"、"正常"。

（3）系统变量：MCGS 系统定义的内部数据对象作为系统内部变量，在脚本程序中可自由使用，在使用系统变量时，变量的前面必须加"$"符号，如 $Date。

（4）属性和方法：MCGS 系统内的属性和方法都是相对于 MCGS 的对象而说的，可以引用对象的方法。

3）MCGS 对象

MCGS 的对象形成一个对象树，树根从"MCGS"开始，MCGS 对象的属性就是系统变量，MCGS 对象的方法就是系统函数。MCGS 对象下面有用户窗口对象，设备对象，数据对象等子对象。用户窗口对象以各个用户窗口作为子对象，每个用户窗口对象以这个窗口里的动画构件作为子对象。

4）表达式

由数据对象（包括设计者在实时数据库中定义的数据对象、系统内部数据对象和系统函数）、括号和各种运算符组成的运算式（称为表达式），表达式的计算结果称为表达式的值。

5）运算符

算术运算符：∧（乘方）、×（乘法）、/（除法）、\（整除）、+（加法）、-（减法）、Mod（取模运算）。

逻辑运算符：AND（逻辑与）、NOT（逻辑非）、OR（逻辑或）、XOR（逻辑异或）。

比较运算符：>、≥、=（字符串比较需要使用字符串函数!StrCmp，不能直接使用=运算符）、≤、<、≠。

6）功能函数

为了提供辅助的系统功能，MCGS 提供了功能函数，也称为系统函数。功能函数主要包括以下几类：运行环境函数、数据对象函数、系统操作函数、用户登录函数、定时器操作、文件操作、ODBC 函数、配方操作函数等。功能函数在脚本程序中可自由使用，在使用时，函数的前面必须加"!"符号，如!abs( )。

4．脚本程序基本语句

由于 MCGS 脚本程序是为了实现某些多分支流程的控制及操作处理，因此包括了几种最简单的语句：赋值语句、条件语句、退出语句和注释语句。同时，为了提供一些高级的循环和遍历功能，还提供了循环语句。所有的脚本程序都可由这五种语句组成，当需要在一个程序行中包含多条语句时，各条语句之间须用"："分开，程序行也可以是没有任何语句的空行。大多数情况下，一个程序行只包含一条语句，赋值程序行中根据需要可在一行上放置多条语句。

（1）赋值语句的形式为：数据对象=表达式。赋值语句用赋值号（"="号）来表示，它具体的含义是：把"="右边表达式的运算值赋给左边的数据对象。赋值号左边必须是能够读写的数据对象。

（2）条件语句有如下三种形式。

```
If 〖表达式〗 Then 〖赋值语句或退出语句〗
If 〖表达式〗 Then
    〖语句〗
EndIf
If 〖表达式〗Then
    〖语句〗
Else
    〖语句〗
EndIf
```

（3）循环语句为 While 和 EndWhile，其结构为：

```
While 〖条件表达式〗
...
EndWhile
```

当条件表达式成立时（非零），循环执行 While 和 EndWhile 之间的语句。直到条件表达式不成立（为零），退出。

退出语句为 Exit，用于中断脚本程序的运行，停止执行其后面的语句。一般在条件语句中使用退出语句，以便在某种条件下，停止并退出脚本程序的执行。

（4）以单引号"'"开头的语句称为注释语句，注释语句在脚本程序中只起到注释说明的作用，实际运行时，系统不对注释语句进行任何处理。

5．运行策略的测试

应用系统的运行策略在后台执行，其主要的职责是对系统的运行流程实施有效控制和调度。运行策略本身的正确性难于直接测试，只能从系统运行的状态和反馈信息加以判断分析。建议用户一次只对一个策略块进行测试，测试的方法是创建辅助的用户窗口，用来显示策略块中所用到的数据对象的数值。测试过程中，可以人为地设置某些控制条件，观察系统运行流程的执行情况，对策略的正确性做出判断。同时，还要注意观察策略块运行中系统其他部分的工作状态，检查策略块的调度和操作职能是否正确实施。例如，策略中要求打开或关闭的窗口，是否及时打开或关闭，外部设备是否按照策略块中设定的控制条件正常工作。

【项目实施】

本水位控制工程，设计完成后最终效果图，如图 16-2 所示。

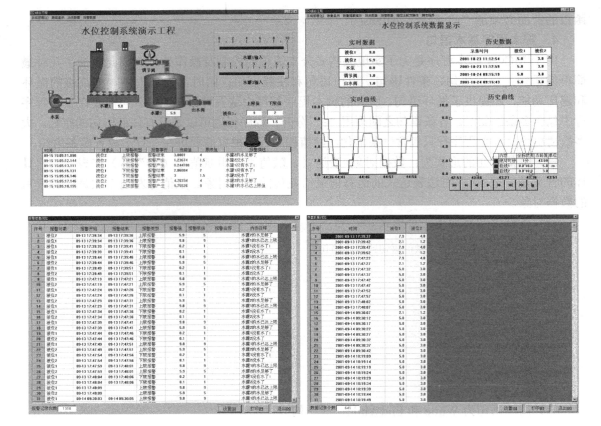

图 16-2 水位控制工程效果图

1. 工程分析

在开始组态工程之前，先对该工程进行剖析，以便从整体上把握工程的结构、流程、需实现的功能及如何实现这些功能。

1）工程框架

（1）2 个用户窗口：水位控制、数据显示。

（2）4 个主菜单：系统管理、数据显示、历史数据、报警数据。

（3）4 个子菜单：登录用户、退出登录、用户管理、修改密码。

（4）5 个策略：启动策略、退出策略、循环策略、报警数据、历史数据。

2）数据对象

数据对象包括水泵、调节阀、出水阀、液位 1、液位 2、液位 1 上限、液位 1 下限、液位 2 上限、液位 2 下限、液位组。

3）图形制作

（1）水位控制窗口。

① 水泵、调节阀、出水阀、水罐、报警指示灯：由对象元件库引入。

② 管道：通过流动块构件实现。

③ 水罐水量控制：通过滑动输入器实现。

④ 水量的显示：通过旋转仪表、标签构件实现。

⑤ 报警实时显示：通过报警显示构件实现。

⑥ 动态修改报警限值：通过输入框构件实现。

(2) 数据显示窗口。

① 实时数据：通过自由表格构件实现。

② 历史数据：通过历史表格构件实现。

③ 实时曲线：通过实时曲线构件实现。

④ 历史曲线：通过历史曲线构件实现。

4) 流程控制

通过循环策略中的脚本程序策略块实现。

5) 安全机制

通过用户权限管理、工程安全管理、脚本程序实现。

2．建立工程

可以按如下步骤建立工程。

(1) 鼠标单击文件菜单中"新建工程"选项，如果 MCGS 安装在 D 盘根目录下，则会在"D:\MCGS\WORK\"下自动生成新建工程，默认的工程名为"新建工程 X.MCG"（X 表示新建工程的顺序号，如 0、1、2 等）

(2) 选择文件菜单中的"工程另存为"菜单项，弹出文件保存窗口。

(3) 在文件名一栏内输入"水位控制系统"，单击"保存"按钮，工程创建完毕。

3．制作工程画面

1) 建立画面

(1) 在"用户窗口"中单击"新建窗口"按钮，建立"窗口0"。

(2) 选中"窗口0"，单击"窗口属性"，进入"用户窗口属性设置"。

(3) 将窗口名称改为"水位控制"；窗口标题改为"水位控制"；窗口位置选中"最大化显示"，其他不变，单击"确认"按钮。

(4) 在"用户窗口"中，选中"水位控制"，单击右键，选择下拉菜单中的"设置为启动窗口"选项，将该窗口设置为运行时自动加载的窗口。

2) 编辑画面

选中"水位控制"窗口图标，单击"动画组态"，进入动画组态窗口，开始编辑画面。

3) 制作文字框图

(1) 单击工具条中的"工具箱"按钮，打开绘图工具箱。

(2) 选择"工具箱"内的"标签"按钮，鼠标的光标呈"十"字形，在窗口顶端中心位置拖拽鼠标光标，根据需要拉出一个一定大小的矩形。

(3) 在光标闪烁位置输入文字"水位控制系统演示工程"，按回车键或在窗口任意位置用鼠标单击一下，文字输入完毕。

(4) 选中文字框，做如下设置。

① 单击""（填充色）按钮，设定文字框的背景颜色为没有填充。

② 单击""（线色）按钮，设置文字框的边线颜色为没有边线。

③ 单击""（字符字体）按钮，设置文字字体：宋体、加粗、大小为26。

单击""（字符颜色）按钮，将文字颜色设为蓝色。

4) 制作水箱

单击绘图工具箱中的""（插入元件）图标，弹出对象元件管理对话框，如图16-3所示。

(1) 从"储藏罐"类中选取罐17、罐53。

(2) 从"阀"和"泵"类中分别选取2个阀（阀58、阀44）、1个泵（泵40）。

（3）将储藏罐、阀、泵调整为适当大小，放到适当位置，参照效果图。

（4）选中工具箱内的流动块动画构件图标，鼠标光标呈"十"字形，移动鼠标光标至窗口的预定位置，单击一下鼠标左键，移动鼠标光标，在鼠标光标后形成一道虚线，拖动一定距离后，单击鼠标左键，生成一段流动块。再移动鼠标光标（可沿原来方向，也可垂直原来方向），生成下一段流动块。

（5）当用户想结束绘制时，双击鼠标左键即可。

（6）当用户想修改流动块时，选中流动块（流动块周围出现选中标志：白色小方块），鼠标指针指向小方块，按住左键不放，拖动鼠标光标，即可调整流动块的形状。

（7）使用工具箱中的 A 图标，分别对阀、罐进行文字注释。依次为水泵、水罐 1、调节阀、水罐 2、出水阀。

（8）选择"文件"菜单中的"保存窗口"选项，保存画面。

5）整体画面

最后生成的画面如图 16-4 所示。

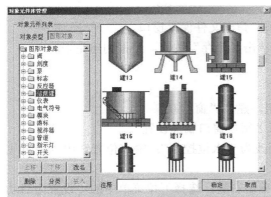

图 16-3 水箱的选择

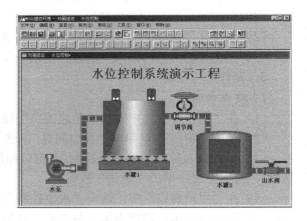

图 16-4 水位控制系统画面

4．定义数据对象

前面已经讲过，实时数据库是 MCGS 工程的数据交换和数据处理中心。数据对象是构成实时数据库的基本单元，建立实时数据库的过程也就是定义数据对象的过程。

定义数据对象的内容主要包括：指定数据变量的名称、类型、初始值和数值范围；确定与数据变量存盘相关的参数，如存盘的周期、存盘的时间范围和保存期限等。

在开始定义之前，先对所有数据对象进行分析。表 16-1 列出了在本工程中需要用到的数据对象。

表 16-1 数据对象列表

对象名称	类型	注释
水泵	开关型	控制水泵"启动"、"停止"的变量
调节阀	开关型	控制调节阀"打开"、"关闭"的变量
出水阀	开关型	控制出水阀"打开"、"关闭"的变量
液位 1	数值型	水罐 1 的水位高度，用来控制 1#水罐水位的变化
液位 2	数值型	水罐 2 的水位高度，用来控制 2#水罐水位的变化
液位 1 上限	数值型	用来在运行环境下设定水罐 1 的上限报警值

续表

对象名称	类　型	注　　释
液位1下限	数值型	用来在运行环境下设定水罐1的下限报警值
液位2上限	数值型	用来在运行环境下设定水罐2的上限报警值
液位2下限	数值型	用来在运行环境下设定水罐2的下限报警值
液位组	组对象	用于历史数据、历史曲线、报表输出等功能构件

1）定义数据对象

下面以数据对象"水泵"为例，介绍一下定义数据对象的步骤。

（1）单击工作台中的"实时数据库"窗口标签，进入实时数据库窗口页。

（2）单击"新增对象"按钮，在窗口的数据对象列表中，增加新的数据对象，系统默认定义的名称为"Data1"、"Data2"、"Data3"等（多次单击该按钮，则可增加多个数据对象）。

（3）选中对象，按"对象属性"按钮，或双击选中对象，则打开"数据对象属性设置"窗口。

（4）将对象名称改为"水泵"；对象类型选择"开关型"；在对象内容注释输入框内输入"控制水泵启动、停止的变量"，单击"确认"按钮。

按照此步骤，根据表16-1，设置其他9个数据对象。

2）定义组对象

定义组对象与定义其他数据对象略有不同，需要对组对象成员进行选择，具体步骤如下。

（1）在数据对象列表中，双击"液位组"，打开"数据对象属性设置"窗口。

（2）选择"组对象成员"标签，在左边数据对象列表中选择"液位1"，单击"增加"按钮，数据对象"液位1"被添加到右边的"组对象成员列表"中。按照同样的方法将"液位2"添加到组对象成员中。

（3）单击"存盘属性"标签，在"数据对象值的存盘"选择框中，选择"定时存盘"，并将存盘周期设为5s。

（4）单击"确认"按钮，组对象设置完毕。

5．动画连接

由图形对象搭制而成的图形画面是静止不动的，需要对这些图形对象进行动画设计，真实地描述外界对象的状态变化，达到过程实时监控的目的。MCGS实现图形动画设计的主要方法是将用户窗口中图形对象与实时数据库中的数据对象建立相关性连接，并设置相应的动画属性。在系统运行过程中，图形对象的外观和状态特征，由数据对象的实时采集值驱动，从而实现了图形的动画效果。

本工程中需要制作动画效果的部分包括水箱中水位的升降、水泵与阀门的启停、水流的效果。

1）水位升降效果

水位升降效果是通过设置数据对象"大小变化"连接类型实现的，具体设置步骤如下。

（1）在用户窗口中，双击水罐1，弹出单元属性设置窗口。

（2）单击"动画连接"标签，显示如图16-5所示的窗口。

（3）选中折线，在右端出现"▶"。

（4）单击"▶"，进入动画组态属性设置窗口，按照如图16-6要求设置各个参数。

图 16-5　动画连接窗口　　　　　图 16-6　设置"液位 1"的参数

（5）单击"确认"按钮，水罐 1 水位升降效果制作完毕。

（6）水罐 2 水位升降效果的制作同理。单击" > "，进入动画组态属性设置窗口后，按照下面的值进行参数设置：表达式高为液位 2，最大变化百分比对应的表达式的值设为 6，其他参数不变。

2）水泵、阀门的启停

水泵、阀门的启停动画效果是通过设置连接类型对应的数据对象实现的，设置步骤如下。

（1）双击水泵，弹出单元属性设置窗口。

（2）选中"数据对象"标签中的"按钮输入"，右端出现浏览按钮" ? "。

（3）单击浏览按钮" ? "，双击数据对象列表中的"水泵"。

（4）使用同样的方法将"填充颜色"对应的数据对象设置为"水泵"，如图 16-7 所示。

（5）单击"确认"按钮，水泵的启停效果设置完毕。

（6）调节阀的启停效果同理。只需在数据对象标签页中，将"按钮输入"、"填充颜色"的数据对象均设置为"调节阀"。

（7）出水阀的启停效果，需在数据对象标签页中，将"按钮输入"、"可见度"的数据对象均设置为"出水阀"。

图 16-7　"水泵"的设置

3）水流效果

水流效果是通过设置流动块构件的属性实现的，实现步骤如下。

（1）双击水泵右侧的流动块，弹出流动块构件属性设置窗口。

（2）在流动属性页中，进行如下设置。

① 表达式：水泵=1。

② 选择当表达式非零时，流动块开始流动。

水罐 1 右侧流动块及水罐 2 右侧流动块的制作方法与此相同，只需将表达式相应改为"调节阀=1，出水阀=1"即可。

至此动画连接已完成，按 F5 键或单击工具条中图标，进入运行环境，看一下组态后的结果。前面已将"水位控制"窗口设置为启动窗口，所以在运行时，系统自动运行该窗口。

这时看见的画面仍是静止的。移动鼠标光标到"水泵"、"调节阀"、"出水阀"上面的红色部分，鼠标光标会呈手形。单击一下，红色部分变为绿色，同时流动块相应地运动起来，但水罐仍没有变化。这是由于没有信号输入，也没有人为地改变水量。可以用下面的方法改变其值，使水罐动起来。

4）利用滑动输入器控制水位

以水罐 1 的水位控制为例。

（1）进入"水位控制"窗口。

（2）选中"工具箱"中的滑动输入器"▭"图标，当鼠标光标呈"十"字形后，拖动鼠标光标到适当大小。

（3）调整滑动块到适当的位置。

（4）双击滑动输入器构件，进入属性设置窗口。按照下面的值设置各个参数。

① "基本属性"页中，滑块指向：指向左（上）。

② "刻度与标注属性"页中，"主画线数目"为 5，即能被 10 整除。

③ "操作属性"页中，对应数据对象名称为"液位 1"；滑块在最右（下）边时对应的值为 10。

④ 其他不变。

（5）在制作好的滑块下面适当的位置，制作一文字标签，按下面的要求进行设置。

① 输入文字"水罐 1 输入"。

② 文字颜色为黑色。

③ 框图填充颜色为没有填充。

④ 框图边线颜色为没有边线。

（6）按照下述方法设置水罐 2 水位控制滑块，参数设置如下。

① "基本属性"页中，滑块指向：指向左（上）。

② "操作属性"页中，对应数据对象名称为"液位 2"；滑块在最右（下）边时对应的值为 6。

③ 其他不变。

（7）将水罐 2 水位控制滑块对应的文字标签设置如下。

① 输入文字"水罐 2 输入"。

② 文字颜色为黑色。

③ 框图填充颜色为没有填充。

④ 框图边线颜色为没有边线。

（8）单击工具箱中的常用图符按钮"▦"，打开常用图符工具箱。

（9）选择其中的凹槽平面按钮"▭"，拖动鼠标光标绘制一个凹槽平面，恰好将两个滑动块及标签全部覆盖。

（10）选中该平面，单击编辑条中"置于最后面"按钮，最终效果如图 16-8 所示。

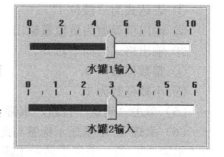

图 16-8　利用滑动输入器控制水位

此时按 F5 键，进入运行环境后，可以通过拉动滑动输入器而使水罐中的液面动起来。

5）利用旋转仪表控制水位

在工业现场一般都会大量使用仪表进行数据显示。MCGS 组态软件适应这一要求提供了旋转仪表构件。用户可以利用此构件在动画界面中模拟现场的仪表运行状态。具体制作步骤如下。

(1)选取"工具箱"中的"旋转仪表" 图标,调整大小并放在水罐 1 下面适当位置。

(2)双击该构件进行属性设置,各参数设置如下。

① "刻度与标注属性"页中,主画线数目为 5。

② "操作属性"页中,表达式为"液位 1";最大逆时针角度为 90°,对应的值为 0;最大顺时针角度为 90°,对应的值为 10。

③ 其他不变。

(3)按照此方法设置水罐 2 数据显示对应的旋转仪表,参数设置如下。

① "操作属性"页中,表达式为"液位 2";最大逆时针角度为 90°,对应的值为 0;最大顺时针角度为 90°,对应的值为 6。

② 其他不变。

进入运行环境后,可以通过拉动旋转仪表的指针使整个画面动起来。

6)水量显示

为了能够准确地了解水罐 1、水罐 2 的水量,可以通过设置" "标签的"显示输出"属性显示其值,具体操作如下。

单击"工具箱"中的标签" "图标,绘制两个标签,调整大小位置,将其并列放在水罐 1 下面。第一个标签用于标注,显示文字为"水罐 1";第二个标签用于显示水罐水量。

(1)双击第一个标签进行属性设置,参数设置如下。

① 输入文字"水罐 1"。

② 文字颜色为黑色。

③ 框图填充颜色为没有填充。

④ 框图边线颜色为没有边线。

(2)双击第二个标签,进入动画组态属性设置窗口。将填充颜色设置为白色,边线颜色设置为黑色。

(3)在输入/输出连接域中,选中"显示输出"选项,在组态属性设置窗口中则会出现"显示输出"标签,如图 16-9 所示。

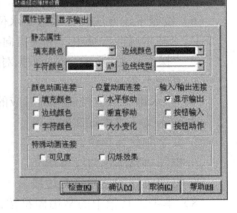

(4)单击"显示输出"标签,设置显示输出属性,参数设置如下。

① 表达式为"液位 1"。

② 输出值类型为数值量输出。

③ 输出格式为向中对齐。

④ 整数位数为 0。

⑤ 小数位数为 1。

图 16-9 标签设置

(5)单击"确认"按钮,水罐 1 水量显示标签制作完毕。

(6)水罐 2 水量显示标签与此相同,要做的改动:第一个用于标注的标签,显示文字为为"水罐 2";第二个用于显示水罐水量的标签,表达式改为"液位 2"。

6. 设备连接

MCGS 组态软件提供了大量的工控领域常用的设备驱动程序。在本工程中,仅以模拟设备为例,简单地介绍一下关于 MCGS 组态软件的设备连接,使用户对该部分有一个概念性的了解。

模拟设备是供用户调试工程的虚拟设备。该构件可以产生标准的正弦波、方波、三角波、锯齿波信号,其幅值和周期都可以任意设置。通过模拟设备的连接,可以使动画不需要手动操作，自动运行起来。

1）模拟设备的装载

通常情况下，在启动 MCGS 组态软件时，模拟设备都会自动装载到设备工具箱中。如果未被装载，可按照以下步骤将其选入。

（1）在工作台"设备窗口"中，双击"设备窗口"图标进入。

（2）单击工具条中的工具箱" "图标，打开"设备工具箱"。

（3）单击"设备工具箱"中的"设备管理"按钮，弹出如图 16-10 所示的窗口。

（4）在可选设备列表中，双击"通用设备"。

（5）双击"模拟数据设备"，在下方出现模拟设备图标。

（6）双击模拟设备图标，即可将"模拟设备"添加到右侧选定设备列表中。

图 16-10 "设备管理"窗口

（7）选中选定设备列表中的"模拟设备"，单击"确认"按钮，"模拟设备"即被添加到"设备工具箱"中。

2）模拟设备的添加及属性设置

（1）双击"设备工具箱"中的"模拟设备"，模拟设备被添加到设备组态窗口中，如图 16-11 所示。

（2）双击"设备 0-[模拟设备]"，进入模拟设备属性设置窗口，如图 16-12 所示。

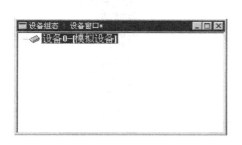

图 16-11 添加模拟设备

图 16-12 模拟设备属性设置

（3）单击基本属性页中的"内部属性"选项，该项右侧会出现"..."图标，单击此按钮进入"内部属性"设置。将通道 1、2 的最大值分别设置为 10、6。

（4）单击"确认"按钮，完成"内部属性"设置。

（5）单击通道连接标签，进入通道连接设置。

① 选中通道 0 对应数据对象输入框，输入"液位 1"或单击鼠标右键，弹出数据对象列表后，选择"液位 1"。

② 选中通道 1 对应数据对象输入框，输入"液位 2"，如图 16-13 所示。

（6）进入"设备调试"属性页，即可看到通道值中数据在变化。

图 16-13 通道连接

（7）按"确认"按钮，完成设备属性设置。

7．编写控制流程

用户脚本程序是由用户编制的用来完成特定操作和处理的程序。脚本程序的编程语法非常类似于普通的 Basic 语言，但在概念和使用上更简单直观，力求做到使大多数普通用户都能正确、快速地掌握和使用。

对于大多数简单的应用系统，MCGS 的简单组态就可完成。只有比较复杂的系统，才需要使用脚本程序，但正确地编写脚本程序，可简化组态过程，大大提高工作效率，优化控制过程。

1）控制流程分析

本项目主要目的是想通过编写一段脚本程序实现水位控制系统的控制流程，先对控制流程进行分析。

（1）当"水罐1"的液位达到 9m 时，就要把"水泵"关闭，否则就要自动启动"水泵"。
（2）当"水罐2"的液位不足 1m 时，就要自动关闭"出水阀"，否则自动开启"出水阀"。
（3）当"水罐1"的液位大于 1m，同时"水罐2"的液位小于 6 米就要自动开启"调节阀"，否则自动关闭"调节阀"。

2）具体操作步骤

（1）在"运行策略"中，双击"循环策略"进入策略组态窗口。
（2）双击"![图标]"图标进入"策略属性设置"，将循环时间设为 200ms，按"确认"按钮。
（3）在策略组态窗口中，单击工具条中的新增策略行"![图标]"图标，增加一策略行，如图 16-14 所示。

如果策略组态窗口中，没有策略工具箱，请单击工具条中的工具箱"![图标]"图标，弹出"策略工具箱"，如图 16-15 所示。

图 16-14　增加策略行　　　　图 16-15　策略工具箱

（4）单击"策略工具箱"中的"脚本程序"，将鼠标指针移到策略块图标"![图标]"上，单击鼠标左键，添加脚本程序构件，如图 16-16 所示。

图 16-16　添加脚本程序构件

（5）双击"![图标]"，进入脚本程序编辑环境，输入下面的程序：

```
IF 液位1<9 THEN
    水泵=1
ELSE
    水泵=0
```

```
ENDIF
IF 液位 2<1 THEN
    出水阀=0
ELSE
    出水阀=1
ENDIF
IF 液位 1>1 and  液位 2<9 THEN
    调节阀=1
ELSE
    调节阀=0
ENDIF
```

（6）单击"确认"按钮，脚本程序编写完毕。

8．报警显示

MCGS 把报警处理作为数据对象的属性，封装在数据对象内，由实时数据库来自动处理。当数据对象的值或状态发生改变时，实时数据库判断对应的数据对象是否发生了报警或已产生的报警是否结束，并把所产生的报警信息通知系统的其他部分，同时，实时数据库根据用户的组态设定，把报警信息存入指定的存盘数据库文件中。

1）定义报警

本工程中需设置报警的数据对象包括液位 1、液位 2。定义报警的具体操作如下。

（1）进入实时数据库，双击数据对象"液位 1"。
（2）选中"报警属性"标签。
（3）选中"允许进行报警处理"，报警设置域被激活。
（4）选中报警设置域中的"下限报警"，报警值设为 2；报警注释输入"水罐 1 没水了！"。
（5）选中"上限报警"，报警值设为 9；报警注释输入"水罐 1 的水已达上限值！"。
（6）单击"存盘属性"标签，选中报警数据的存盘域中的"自动保存产生的报警信息"。
（7）按"确认"按钮，"液位 1"报警设置完毕。
（8）同理设置"液位 2"的报警属性。需要改动的设置如下。
① 下限报警：报警值设为 1.5；报警注释输入"水罐 2 没水了！"；
② 上限报警：报警值设为 4；报警注释输入"水罐 2 的水已达上限值！"。

2）制作报警显示画面

实时数据库只负责关于报警的判断、通知和存储三项工作，而报警产生后所要进行的其他处理操作（即对报警动作的响应），则需要用户在组态时实现。

具体操作如下。

（1）双击"用户窗口"中的"水位控制"窗口，进入组态画面。选取"工具箱"中的报警显示"▣"构件。鼠标光标呈"十"字形后，在适当的位置，拖动鼠标光标至适当大小，如图 16-17 所示。

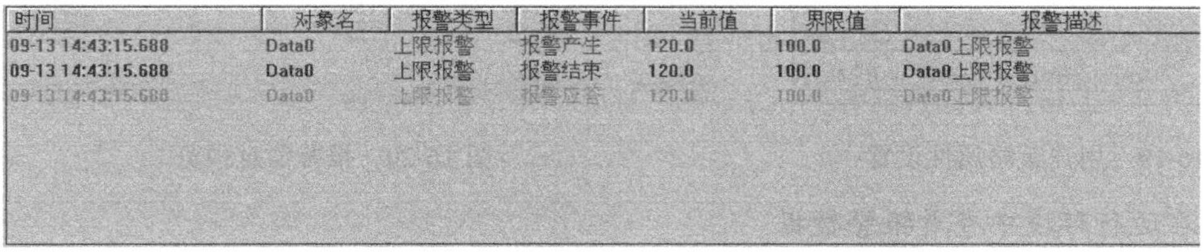

时间	对象名	报警类型	报警事件	当前值	界限值	报警描述
09-13 14:43:15.688	Data0	上限报警	报警产生	120.0	100.0	Data0 上限报警
09-13 14:43:15.688	Data0	上限报警	报警结束	120.0	100.0	Data0 上限报警
09-13 14:43:15.688	Data0	上限报警	报警应答	120.0	100.0	Data0 上限报警

图 16-17 报警显示构件

（2）选中该图形，双击，再双击弹出报警显示构件属性设置窗口，如图16-18所示。

（3）在基本属性页中，进行如下设置。

① 对应的数据对象的名称设为"液位组"。

② 最大记录次数设为6。

（4）单击"确认"按钮即可。

3）报警数据浏览

在对数据对象进行报警定义时，已经选择"自动保存产生的报警信息"，可以使用"报警信息浏览"构件，浏览数据库中保存下来的报警信息。

具体操作如下。

（1）在"运行策略"窗口中，单击"新建策略"，弹出"选择策略的类型"。

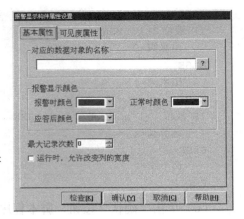

（2）选中"用户策略"，按"确定"按钮。

选中"策略1"，单击"策略属性"按钮，弹出"策略属性设置"窗口。在策略名称输入"报警数据"；策略内容注释输入"水罐的报警数据"，如图16-19所示。

图16-18 报警显示构件属性设置

（3）按"确认"按钮。

（4）双击"报警数据"策略，进入策略组态窗口。

（5）单击工具条中的新增策略行"▣"图标，新增加一个策略行。

（6）从"策略工具箱"中选取"报警信息浏览"，加到策略行"▭"上。

（7）双击"▣"图标，弹出"报警信息浏览构件属性设置"窗口。

（8）进入基本属性页，将"报警信息来源"中的"对应数据对象"改为"液位组"。

（9）按"确认"按钮，设置完毕。

可按"测试"按钮，进行预览，如图16-20所示。在该窗口中，也可以对数据进行编辑。编辑结束，可对所做编辑进行保存。

图16-19 用户策略属性设置

图16-20 报警信息预览

4）在运行环境中查看报警数据

（1）在MCGS工作台上，单击"主控窗口"。

(2) 选中"主控窗口",单击"菜单组态"进入。

(3) 单击工具条中的新增菜单项"![icon]"图标,会产生"操作 0"菜单。

(4) 双击"操作 0"菜单,弹出"菜单属性设置"窗口,进行如下设置。

① 在"菜单属性"页中,将菜单名改为"报警数据"。

② 在"菜单操作"页中,选中"执行运行策略块",并从下拉式菜单中选取"报警数据"。

(5) 按"确认"按钮,设置完毕。

按 F5 键进入运行环境,就可以单击菜单"报警数据"打开报警历史数据。

5) 修改报警限值

在"实时数据库"中,对"液位 1"、"液位 2"的上、下限报警值都已定义好。如果用户想在运行环境下根据实际情况需要随时改变报警上、下限值,又如何实现呢?在 MCGS 组态软件中,为用户提供了大量函数,可以根据用户的需要灵活地运用。

操作步骤包括以下 3 个部分:设置数据对象、制作交互界面、编写控制流程。

1) 设置数据对象

在"实时数据库"中,增加 4 个变量,分别为"液位 1 上限"、"液位 1 下限"、"液位 2 上限"、"液位 2 下限",在基本属性页中参数设置如下。

(1) 对象名称分别为"液位 1 上限"、"液位 1 下限"、"液位 2 上限"、"液位 2 下限"。

(2) 对象内容注释分别为"水罐 1 的上限报警值"、"水罐 1 的下限报警值"、"水罐 2 的上限报警值"、"水罐 2 的下限报警值"。

(3) 对象初值分别为"液位 1 上限=9"、"液位 1 下限=2"、"液位 2 上限=4"、"液位 2 下限=1.5";存盘属性页中,选中"退出时,自动保存数据对象当前值为初始值"。

2) 制作交互界面

下面通过对 4 个输入框设置,实现用户与数据库的交互。需要用到的构件包括:4 个标签(用于标注)、4 个输入框(用于输入修改值),最终效果如图 16-21 所示。

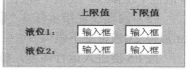

图 16-21 输入框设置

具体制作步骤如下。

(1) 在"水位控制"窗口中,根据上几节学到的知识,按照图 16-21 制作 4 个标签。

(2) 选中"工具箱"中的输入框"![abl]"构件,拖动鼠标光标,绘制 4 个输入框。

(3) 双击"![输入框]"图标,进行属性设置。这里只需设置操作属性即可。4 个输入框对应数据对象的名称分别为"液位 1 上限"、"液位 1 下限"、"液位 2 上限"、"液位 2 下限",最小值、最大值的设置如表 16-2 所示。

表 16-2 最小值、最大的设置

对应数据对象的名称	最 小 值	最 大 值
液位 1 上限值	5	10
液位 1 下限值	0	5
液位 2 上限值	4	6
液位 2 下限值	0	2

(4) 参照绘制凹槽平面的方法,制作一平面区域,将 4 个输入框及标签包围起来。

3）编写控制流程

进入"运行策略"窗口，双击"循环策略"，双击"[图标]"进入脚本程序编辑环境，在脚本程序中增加以下语句：

```
!SetAlmValue(液位1,液位1上限,3)
!SetAlmValue(液位1,液位1下限,2)
!SetAlmValue(液位2,液位2上限,3)
!SetAlmValue(液位2,液位2下限,2)
```

如果用户对函数"!SetAlmValue（液位1,液位1上限,3）"不太了解，可按F1键查看在线帮助。在弹出的"MCGS帮助系统"的"索引"中输入"!SetAlmValue"，即可获得详细的解释。

6）报警提示按钮

当有报警产生时，可以用指示灯提示，具体操作如下。

（1）在"水位控制"窗口中，单击"工具箱"中的插入元件"[图标]"图标，进入"对象元件库管理"。

（2）从"指示灯"类型中选取指示灯1"[图标]"、指示灯3"[图标]"。

（3）调整大小放在适当位置。

① "[图标]"作为"液位1"的报警指示。

② "[图标]"作为"液位2"的报警指示。

（4）双击"[图标]"，打开单元属性设置窗口。填充颜色对应的数据对象连接设置为"液位1≥液位1上限 or 液位1≤液位1下限"，如图16-22所示。

（5）同理设置指示灯3"[图标]"，可见度对应的数据对象连接设置为"液位2≥液位2上限 or 液位2≤液位2下限"。

按F5键进入运行环境，整体效果如图16-23所示。

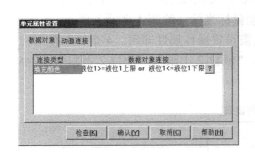

图16-22 数据对象连接设置

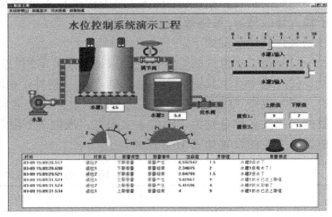

图16-23 整体效果

9. 报表输出

在工程应用中，大多数监控系统需要对设备采集的数据进行存盘，统计分析，并根据实际情况打印出数据报表。所谓数据报表就是根据实际需要以一定格式将统计分析后的数据记录显示和打印出来，如实时数据报表、历史数据报表（班报表、日报表、月报表等）。数据报表在工控系统中是必不可少的一部分，是数据显示、查询、分析、统计、打印的最终体现，是整个工控系统的最终结果输出,是对生产过程中系统监控对象状态的综合记录和规律总结。

1)最终效果图

报表输出最终效果如图 16-24 所示。

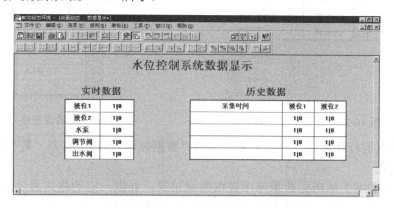

图 16-24　报表输出最终效果

图 16-24 包括:1 个标题——水位控制系统数据显示;2 个标签——实时数据、历史数据;2 个报表——实时报表、历史报表。用到的构件有自由表格、历史表格、存盘数据浏览。

2)实时报表

实时报表是对瞬时量的反映,通常用于将当前时间的数据变量按一定报告格式(用户组态)显示和打印出来。实时报表可以通过 MCGS 系统的自由表格构件来组态显示实时数据报表,具体制作步骤如下。

(1)在"用户窗口"中,新建一个窗口,窗口名称、窗口标题均设置为"数据显示"。

(2)双击"数据显示"窗口,进入动画组态。

(3)按照效果图,使用标签"A"进行以下制作。

① 1 个标题:水位控制系统数据显示;

② 2 个注释:实时数据、历史数据。

(4)选取"工具箱"中的自由表格"▦"图标,在桌面适当位置,绘制一个表格。

(5)双击表格,进入编辑状态。改变单元格大小的方法同微软 Excel 表格的编辑方法。即把鼠标光标移到 A 与 B 或 1 与 2 之间,当鼠标光标呈分隔线形状时,拖动鼠标光标至所需大小即可。

(6)保持编辑状态,单击鼠标右键,从弹出的下拉菜单中选取"删除一列"选项,连续操作两次,删除两列。再选取"增加一行",在表格中增加一行。

(7)在 A 列的五个单元格中分别输入:液位1、液位2、水泵、调节阀、出水阀;在 B 列的五个单元格中均输入:1|0,表示输出的数据有 1 位小数,无空格。

(8)在 B 列中,选中液位 1 对应的单元格,单击右键。从弹出的下拉菜单中选取"连接"项,如图 16-25 所示。

(9)再次单击右键,弹出数据对象列表,双击数据对象"液位 1",B 列 1 行单元格所显示的数值即为"液位 1"的数据。

(10)按照上述操作,将 B 列的 2、3、4、5 行分别与数据对象(液位 2、水泵、调节阀、出水阀)建立连接,如图 16-26 所示。

(11)进入"主控窗口"中,单击"菜单组态",增加一名为"数据显示"的菜单,并进行菜单操作(打开用户窗口:数据显示)。

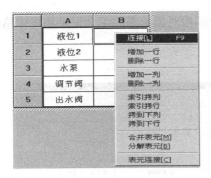 

图 16-25　液位 1 对应的单元格设置　　　　图 16-26　数据表格定义

按 F5 键进入运行环境后，单击菜单项中的"数据显示"，即可打开"数据显示"窗口。

3）历史报表

历史报表通常用于从历史数据库中提取数据记录，并以一定的格式显示历史数据。实现历史报表有三种方式：第一种用策略构件中的"存盘数据浏览"构件；第二种是用动画构件中的"历史表格"构件；第三种是利用动画构件中的"存盘数据浏览"构件。

1）利用"存盘数据浏览"构件实现历史报表

（1）在"运行策略"中新建一用户策略。策略名称改为"历史数据"；策略内容注释为"水罐的历史数据"。

（2）双击"历史数据"策略，进入策略组态窗口。

（3）新增一策略行，并添加"存盘数据浏览"构件，如图 16-27 所示。

图 16-27　添加"存盘数据浏览"策略构件

（4）双击"　　"图标，弹出"存盘数据浏览构件属性设置"窗口。

（5）在数据来源页中，选中 MCGS 组对象对应的存盘数据表，并在下面的输入框中输入文字"液位组"（或者单击输入框右端的"　？　"图标，从数据对象列表中选取组对象"液位组"）。

（6）在显示属性页中，单击"复位"按钮，并在液位 1、液位 2 对应的小数列中输入 1，对于时间显示格式除毫秒外全部选中，如图 16-28 所示。

（7）在时间条件页中，设置如下。

① 排序列名：MCGS_TIME，升序。

② 时间列名：MCGS_TIME。

③ 所有存盘数据。

（8）单击"确认"按钮。

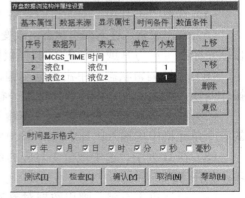

图 16-28　显示属性设置

（9）进入"主控窗口"，新增加一个菜单，参数设置如下。

① 菜单属性页中，菜单名设为"历史数据"。

② 菜单操作属性页中，选择菜单对应的功能"执行运行策略块"；策略名称为"历史数据"。

2）利用历史表格动画构件实现历史报表

历史表格构件是基于"Windows 下的窗口"和"所见即所得"机制，用户可以在窗口上利用强大的历史表格构件格式编辑功能配合 MCGS 的画图功能做出各种精美的报表。

（1）在"数据显示"组态窗口中，选取"工具箱"中的历史表格"▦"构件，在适当位置绘制一历史表格。

（2）双击历史表格进入编辑状态。使用右键菜单中的"增加一行"、"删除一行"按钮，或者单击"▦"按钮，使用编辑条中的"▦、▦、▦、▦"编辑表格，制作一个 5 行 3 列的表格。参照实时报表部分相关内容制作列表头，分别为采集时间、液位1、液位2；数值输出格式均为 1|0。

（3）选中 R2、R3、R4、R5，单击右键，选择"连接"选项。

（4）单击菜单栏中的"表格"菜单，选择"合并表元"项，所选区域会出现反斜杠。

（5）双击该区域，弹出数据库连接设置对话框，具体设置：基本属性页的设置如图 16-29 所示；数据来源页的设置如图 16-30 所示；显示属性页的设置，如图 16-31 所示；时间条件页的设置如图 16-32 所示。

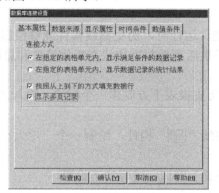

图 16-29　基本属性页的设置

图 16-30　数据来源页的设置

图 16-31　显示属性页的设置

图 16-32　时间条件页的设置

10．曲线显示

在实际生产过程控制中，对实时数据、历史数据的查看、分析是不可缺少的工作。但对大量数据仅做定量的分析还远远不够，必须根据大量的数据信息，画出曲线，分析曲线的变化趋势并从中发现数据变化规律，曲线处理在工控系统中也是一个非常重要的部分。

1）实时曲线

实时曲线构件是用曲线显示一个或多个数据对象数值的动画图形，像笔绘记录仪一样实时记录数据对象值的变化情况，具体制作步骤如下。

（1）双击进入"数据显示"组态窗口。在实时报表的下方，使用标签构件制作一个标签，输入文字"实时曲线"。

（2）单击"工具箱"中的实时曲线" "图标，在标签下方绘制一个实时曲线，并调整大小。

（3）双击曲线，弹出"实时曲线构件属性设置"窗口，设置如下。

① 在基本属性页中，Y轴主画线设为5；其他不变。

② 在标注属性页中，时间单位设为秒；小数位数设为1；最大值设为10；其他不变。

③ 在画笔属性页中，将曲线1对应的表达式设为液位1；颜色为蓝色；曲线2对应的表达式设为"液位2"；颜色为红色。

（4）单击"确认"按钮即可。

这时，在运行环境中单击"数据显示"菜单，就可看到实时曲线。双击曲线可以将其放大。

2）历史曲线

历史曲线构件实现了历史数据的曲线浏览功能。运行时，历史曲线构件能够根据需要画出相应历史数据的趋势效果图。历史曲线主要用于事后查看数据和状态变化趋势和总结规律，制作步骤如下。

（1）在"数据显示"窗口中，使用标签构件在历史报表下方制作一个标签，输入文字"历史曲线"。

（2）在标签下方，使用"工具箱"中的历史曲线" "构件，绘制一个一定大小的历史曲线图形。

（3）双击该曲线，弹出"历史曲线构件属性设置"窗口，进行如下设置。

在基本属性页中，将曲线名称设为"液位历史曲线"；Y轴主画线设为5；背景颜色设为白色。在存盘数据属性页中，存盘数据来源选择组对象对应的存盘数据，并在下拉菜单中选择"液位组"。

在"曲线标识"页中：选中曲线1，曲线内容设为液位1；曲线颜色设为蓝色；工程单位设为m；小数位数设为1；最大值设为10；实时刷新设为液位1；其他不变，如图16-33所示。选中曲线2，曲线内容设为液位2；曲线颜色设为红色；小数位数设为1；最大值设为10；实时刷新设为液位2。

"高级属性"页的设置如图16-34所示。

进入运行环境，单击"数据显示"菜单，打开"数据显示窗口"，就可以看到实时报表、历史报表、实时曲线、历史曲线，如图16-35所示。

图 16-33　曲线设置

11．安全机制

1）MCGS安全机制

工业过程控制中，应该尽量避免由于现场人为的误操作所引发的故障或事故，而某些误操作所带来的后果有可能是致命性的。为了防止这类事故的发生，MCGS组态软件提供了一套完善的安全机制，严格限制各类操作的权限，使不具备操作资格的人员无法进行操作，从而避免了现场操作的任意性和无序状态，防止因误操作干扰系统的正常运行，甚至导致系统瘫痪，造成不必要的损失。

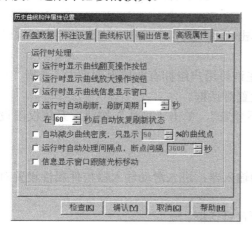

图 16-34 高级属性页的设置

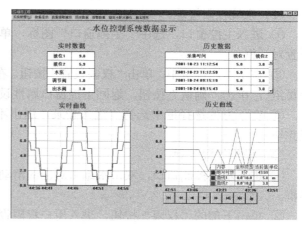

图 16-35 数据显示

MCGS 组态软件的安全管理机制和 Windows 类似，引入用户组和用户的概念来进行权限的控制。在 MCGS 中，可以定义无限多个用户组，每个用户组中可以包含无限多个用户，同一个用户可以隶属于多个用户组。

2）如何建立安全机制

MCGS 建立安全机制的要点是：严格规定操作权限，不同类别的操作由不同权限的人员负责，只有获得相应操作权限的人员，才能进行某些功能的操作。

本系统的安全机制要求：负责人才能进行用户和用户组管理；只有负责人才能进行"打开工程"、"退出系统"的操作；只有负责人才能进行水罐水量的控制；普通操作人员只能进行基本菜单和按钮的操作。

根据上述要求，对工程的安全机制进行分析：用户组分为管理员组、操作员组；用户分为负责人、张工；负责人隶属于管理员组；张工隶属于操作员组；管理员组成员可以进行所有操作；操作员组成员只能进行菜单、按钮等基本操作。

需要设置权限的部分包括系统运行权限、水罐水量控制滑动块。

下面介绍本工程安全机制的建立步骤。

（1）定义用户和用户组。

① 选择工具菜单中的"用户权限管理"，打开用户管理器。默认定义的用户、用户组为负责人、管理员组。

② 单击用户组列表，进入用户组编辑状态。

③ 单击"新增用户组"按钮，弹出用户组属性设置对话框。进行设置：用户组名称为操作员组，用户组描述为成员仅能进行操作。

④ 单击"确认"按钮，回到用户管理器窗口。

⑤ 单击用户列表域，单击"新增用户"按钮，弹出用户属性设置对话框。参数设置：用户名称为"张工"；用户描述为"操作员"；用户密码为"123"；确认密码为"123"；隶属用户组为"操作员组"。

⑥ 单击"确认"按钮，回到用户管理器窗口。

⑦ 再次进入用户组编辑状态，双击"操作员组"，在用户组成员中选择"张工"。

⑧ 单击"确认"按钮，再单击"退出"，退出用户管理器。

说明：为方便操作，这里"负责人"未设密码，设置方法同操作员"张工"的设置方法。

(2) 系统权限管理。

① 进入主控窗口，选中"主控窗口"图标，单击"系统属性"按钮，进入主控窗口属性设置对话框。

② 在基本属性页中，单击"权限设置"按钮。在许可用户组拥有此权限列表中，选择"管理员组"，单击"确认"按钮，返回主控窗口属性设置对话框。

③ 在下方的选择框中选择"进入登录，退出不登录"，单击"确认"按钮，系统权限设置完毕。

(3) 操作权限管理。

① 进入水位控制窗口，双击水罐1对应的滑动输入器，进入滑动输入器构件属性设置对话框。

② 单击下部的"权限"按钮，进入用户权限设置对话框。

③ 选中"管理员组"，单击"确认"按钮，退出。

水罐2对应的滑动输入器设置同上。

(4) 运行时进行权限管理。

运行时进行权限管理是通过编写脚本程序实现的。

用到的函数包括：登录用户"!LogOn( )"；退出登录"!LogOff( )"；用户管理"!Editusers( )"；修改密码"!ChangePassword( )"。

下面介绍一下实现的具体步骤。

① 在主控窗口中的系统管理菜单下，添加4个子菜单：登录用户、退出登录、用户管理、修改密码。

② 双击登录用户子菜单，进入菜单属性设置对话框，在脚本程序属性页编辑区域中输入"!LogOn( )"，单击"确认"按钮，退出。

③ 按照上述步骤，在退出登录的菜单脚本程序编辑区中输入"!LogOff( )"，在进行用户管理的菜单脚本程序中输入"!Editusers( )"，在修改密码的菜单脚本程序中输入"!ChangePassword( )"。组态完毕。

进入运行环境，即可进行相应的操作。

(5) 保护工程文件。

为了保护工程开发人员的劳动成果和利益，MCGS组态软件提供了工程运行安全性保护措施。包括工程密码设置、锁定软件狗、工程运行期限设置。

这里仅介绍第一种：工程密码设置，具体操作步骤如下。

① 回到MCGS工作台，选择工具菜单"工程安全管理"中的"工程密码设置"选项，如图16-36所示。

这时将弹出修改工程密码对话框，如图16-37所示。

② 在新密码、确认新密码输入框内输入"123"。单击"确认"按钮，工程密码设置完毕。

至此，整个工程制作完毕。

12. 调试工程

利用模拟设备产生的模拟数据，检查动画显示和控制流程是否正确。之后如果确有需要可选定与设备相匹配的设备构件，连接设备通道，确定数据变量的数据处理方式，完成设备属性的设置。此项操作在设备窗口内进行。最后测试工程各部分的工作情况，完成整个工程的组态工作，实施工程交接。

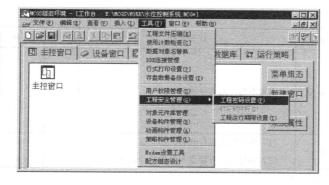

图 16-36 工程密码设置 1

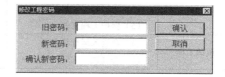

图 16-37 工程密码设置 2

■【评定激励】

按以下标准开展小组自评、互评，成绩填入项目评分细则表如表 16-3 所示。

表 16-3 项目评分细则表

项目名称				组别	
开始时间			结束时间		
考核内容	考核要求	配分	评分标准	扣分	得分
建立工程	（1）工程建立在指定文件夹下 （2）工程名符合指定要求	2 分	（1）没建立在指定文件夹下，扣 1 分 （2）工程名不符合指定要求，扣 1 分		
制作工程画面	（1）文字框图符合要求 （2）水箱	10 分	（1）文字框图不符合要求，扣 2 分/处 （2）储藏罐、阀、泵调整大小、位置不当，扣 2 分/处		
定义数据对象	（1）指定数据变量的名称、类型、初始值和数值范围 （2）确定与数据变量存盘相关的参数	15 分	（1）指定数据变量的名称、类型、初始值和数值范围不合要求，扣 1 分/变量 （2）确定与数据变量存盘相关的参数不当，扣 1 分/变量		
动画连接	（1）水位升降效果 （2）水泵、阀门的启停 （3）水流效果 （4）控制水位 （5）水量显示	15 分	设置不当，扣 3 分/处		
模拟设备	（1）设备的添加 （2）设备的属性设置	8 分	（1）设备的添加不当，扣 2 分 （2）设备的属性设置不当，扣 3 分/处		
编写控制流程	脚本程序编写	10 分	脚本程序编写错误，扣 1 分/处		
报警显示	（1）定义报警 （2）制作报警显示画面 （3）报警数据浏览 （4）修改报警限值	8 分	设置不当，扣 2 分/处		
报表输出	（1）实时报表 （2）历史报表	6 分	设置不当，扣 3 分/处		
曲线显示	（1）实时曲线 （2）历史曲线	6 分	设置不当，扣 3 分/处		

续表

考核内容	考核要求	配分	评分标准	扣分	得分
安全机制	(1) 定义用户和用户组 (2) 系统权限管理 (3) 操作权限管理 (4) 运行时进行权限管理 (5) 保护工程文件	10 分	设置不当，扣 2 分/处		
调试工程	(1) 会进入运行状态 (2) 会调试	10 分	(1) 不会进入运行状态，扣 2 分 (2) 运行后，有错误不会解决，扣 1 分/处		
总成绩					

思考与练习

（1）简述 MCGS 组态软件的工作方式。

（2）简述组建工程的一般过程。

（3）脚本程序语言有哪些要素？

（4）脚本程序基本语句有哪些？

（5）建立一个单罐水位控制演示系统，如图 16-38 所示。要求达到的效果为：通过泵开关可控制流动块流动，模拟水的加入；通过阀开关可控制流动块流动，模拟水的流出；采用脚本程序让水位随着水的流入、流出而变化。

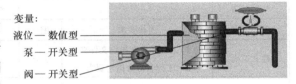

图 16-38　单罐水位控制演示系统

项目十七

基于高速脉冲输出指令的步进电动机控制

【项目目标】

用 S7-200 PLC 实现二相步进电动机的正、反转运行控制。控制要求：PLC 通过高速脉冲输出指令产生的脉冲送给步进电动机驱动器，经其细分放大后驱动步进电动机运转。

【学习目标】

（1）掌握 PLC 高速脉冲输出指令的用法。
（2）熟练运用 STEP7-Micro/WIN32 软件对电动机正、反转控制系统进行联机调试。

【相关知识】

1. 高速脉冲输出的几个概念

1）高速脉冲输出的形式

（1）高速脉冲串输出（PTO）：输出指定数量、占空比为 50%的方波脉冲串。
（2）宽度可调脉冲输出（PWM）：输出数量不限、占空比可调的脉冲串信号。

2）高速脉冲输出端子

每台 CPU 可以提供两个高速脉冲发生器，PTO/PWM 发生器 0 的输出端子是 Q0.0，PTO/PWM 发生器 1 的输出端子是 Q0.1。

3）高速脉冲输出优先权

有 PTO/PWM 输出时，CPU 把输出端子 Q0.0、Q0.1 控制权交给 PTO/PWM 发生器，禁止普通逻辑输出。输出映像寄存器 Q 的状态会影响 PTO/PWM 波形的起始电平，高速脉冲输出前要先把 Q0.0、Q0.1 的状态清零。

4）高速脉冲输出适用机型

输出高频脉冲信号时，应选用晶体管输出型 PLC。

2. 高速脉冲输出指令及特殊寄存器

1）高速脉冲输出指令（Pulse）

（1）指令功能：EN 有一个上升沿时，激活 PLS，控制 PLC 从 Q0.0 或 Q0.1 输出高速脉冲。PLS 指令可以输出高速脉冲或宽度可调的脉冲信号。指令的梯形图格式如图 17-1 所示。

（2）数据类型：操作数 Q0.X 中的 X 必须是常数 0 或 1，EN 需要一个只接通一个扫描周期的短信号。

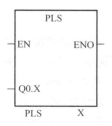

图 17-1 PLS 指令的梯形图格式

2）特殊寄存器

每个 PTO/PWM 都有一组配套参数：1 个 8 位的控制字节、1 个 8 位的状态字节、1 个 16 位的周期值、1 个 16 位的脉宽值、1 个 32 位的脉冲数量。对于多段 PTO，还有 1 个 8 位的段字节、1 个 16 位包络表起始地址。这些参数存放在系统指定的特殊标志寄存器中，如表 17-1 所示。

PTO 方式下运行时，系统根据运行状态使状态字节的相应位置位，状态字节各位含义如表 17-2 所示。通过设置控制字节中各控制位，来定义高速脉冲输出的特性。控制字节中各控制位的功能如图 17-2 所示。

表 17-1　相关寄存器功能表

Q0.0 的寄存器	Q0.1 的寄存器	名称及功能描述
SMB66	SMB76	状态字节，在 PTO 方式下，跟踪脉冲串的输出状态
SMB67	SMB77	控制字节，控制 PTO/PWM 脉冲输出的基本功能
SMW68	SMW78	PTO/PWM 的周期值，字型，范围：2～65 535，16 位无符号数
SMW70	SMW80	PWM 的脉宽值，字型，范围：0～65 535，16 位无符号数
SMD72	SMD82	PTO 的脉冲数，双字型，范围：1～4 294 967 295，32 位无符号数
SMB166	SMB176	多段管线 PTO 进行中的段的编号，8 位无符号数
SMW168	SMW178	多段管线 PTO 包络表起始字节的地址

表 17-2　状态字节各位含义

状态位	SM×6.0～SM×6.3	SM×6.4	SM×6.5	SM×6.6	SM×6.7
功能描述	不用	PTO 包络因增量计算错误终止，0：无错，1：终止	PTO 包络因用户命令终止，0：无错，1：终止	PTO 管线溢出，0：无溢出，1：溢出	PTO 空闲，0：执行中，1：空闲

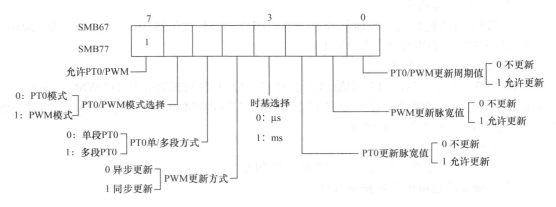

图 17-2　控制字节中各控制位的功能

3．高速脉冲串输出 PTO

高速脉冲串输出（PTO）方式下，只能改变脉冲的周期值和脉冲数。

1）周期和脉冲数

周期值为 16 位无符号整数，变化范围是 50～65 535μs 或 2～65 535ms。脉冲数是一个 32 位的无符号整数，取值范围为 1～4 294 967 295。

2）高速脉冲串输出中断

PTO 方式下，当输出完指定数量的脉冲后，产生高速脉冲串输出中断。PTO/PWM0 的中断事件号是 19，PTO/PWM 1 的中断事件号是 20。

高速脉冲串输出时，CPU 自动将 PTO 空闲位 SM66.7（或 SM76.7）置 1。

3）PTO 的种类

PTO 方式下，要输出多段脉冲串时，允许脉冲串排队。PTO 输出多段脉冲串的方式有以下两种。

（1）单段 PTO：定义一个脉冲串，输出一个脉冲串（特性参数通过特殊寄存器分别定义）。

用指定的特殊标志寄存器定义脉冲串特性参数（每次定义一个脉冲串）。一个脉冲串输出完成后，产生中断。在中断服务程序中再为下一个脉冲串更新参数，输出下一个脉冲串。

单段 PTO 的优点是各脉冲段可以采用不同的时间基准；其缺点是单段 PTO 输出多段高速脉冲串时，编程复杂，且参数设置不当会造成脉冲串之间的不平滑转换。

（2）多段 PTO：集中定义多个脉冲串，按顺序输出多个脉冲串（特性参数通过包络表集中定义）。

多段 PTO 实现的方法：集中定义多个脉冲串，并把各段脉冲串的特性参数按照规定的格式写入变量存储区用户指定的缓冲区中，称为包络表。多段 PTO 操作时，需把包络表的起始地址装入标志寄存器 SMW168（或 SMW178）中。多段 PTO 的优点是编程简单，且在同一段脉冲串中其周期可以均匀改变。

4）包络表说明

（1）包络表由包络段数和各段构成。

（2）第一个字节为需要输出的脉冲串总段数，范围：1~255。

（3）定义一段脉冲串的特性参数需要 8 个字节：2 个字节存放脉冲串的起始周期值，2 个字节定义脉冲串的周期增量，4 个字节存放该段脉冲串的脉冲数。

（4）包络表中的周期单位可以为 ms 或 μs，但包络表中所有周期单位必须一致。

（5）周期增量的计算公式：周期增量=（T 终止-T 起始）/脉冲数。

（6）PTO 指令执行时，当前输出段的段号由系统填入 SMB166 或 SMB176 中。

5）多段 PTO 编程方法及步骤

（1）初始化操作（以 PTO/PWM 0 为例）。

① 将 PTO 的输出点 Q0.0 复位。

② 调用初始化子程序 SBR-0，完成下列任务。

（Ⅰ）设置控制字节 SMB67，按照控制要求按位填写：使 SMB67=16#A0，如图 17-3 所示。

（Ⅱ）将包络表的起始地址写入 SMW168。

（Ⅲ）填写包络表中各段脉冲串的特性参数。

（Ⅳ）建立中断连接：用 ATCH 指令建立脉冲输出完成中断事件与中断程序的联系。当 PLS 指令输出完指定数量的脉冲串时，产生中断。

（Ⅴ）用 ENI 全局开放中断。

（2）有启动信号时，执行高速脉冲输出指令 PLS，按顺序输出多段脉冲串。

（3）有停止信号时，停止高速脉冲串输出。

6）停止 PTO 输出的方法

PLS 指令一经激发，就能完成指定脉冲串的输出，故要停止 PTO 输出，必须先在控制字节中禁止 PTO 输出，且执行 PLS 指令，如图 17-4 所示。

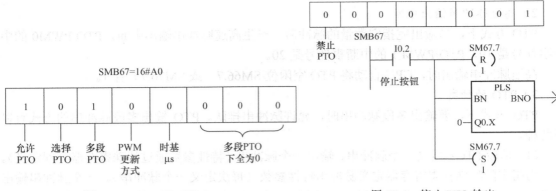

图 17-3　SMB67=16#A0　　　　　　图 17-4　停止 PTO 输出

【项目分析】

控制步进电动机最重要的就是要产生出符合要求的控制脉冲。西门子 PLC 本身带有高速脉冲计数器和高速脉冲发生器，其发出的频率最大为 10kHz，能够满足步进电动机的要求。步进电动机的转速与脉冲信号的频率成正比，控制步进电动机脉冲信号的频率，可以对电动机精确调速；控制步进脉冲的个数，可以对电动机精确定位。

步进电动机的控制和驱动方法很多，这里选用基于高速脉冲输出指令的步进电动机控制方法。PLC 通过高速脉冲输出指令产生的脉冲送给步进电动机驱动器，经其细分放大后驱动步进电动机按要求运转。本系统中采用两相混合式步进电动机驱动器 YKA2404MC（细分驱动器），其外形如图 17-5 所示。YKA2404MC 的端子说明如表 17-3 所示，其接线图如图 17-6 所示。YKA2404MC 步进电动机驱动器共有 6 个细分设定开关 D1～D6，其细分说明如表 17-4 所示。

表 17-3　YKA2404MC 的端子说明

标记符号	功能	注释
+	输入信号光电隔离正端	接+5V 供电电源+5～+24V 均可驱动，高于+5V 要接限流电阻
PU	D2=OFF 时为步进脉冲信号	下降沿有效，每当脉冲由高变低时电动机走一步。输入电阻 220Ω要求：低电平 0～0.5V，高电平 4～5V，脉冲宽度>2.5μs
	D2=ON 时为正向步进脉冲信号	
+	输入信号光电隔离正端	接+5V 供电电源+5～+24V 均可驱动，高于+5V 要接限流电阻
DR	D2=OFF 时为方向控制信号	用于改变电动机转向。输入电阻 220Ω，要求：低电平 0～0.5V，高电平 4～5V，脉冲宽度>2.5μs
	D2=ON 时为反向步进脉冲信号	
+	输入信号光电隔离正端	接+5V 供电电源+5～+24V 均可驱动，高于+5V 要接限流电阻
MF	电动机释放信号	有效（低电平）时关断电动机线圈电流，驱动器停止工作，电动机处于自由状态
+V	电源正极	DC 12～40V
-V	电源负极	
AC、BC	电动机接线	六出线　　　　　　　八出线
+A、-A		
+B、-B		

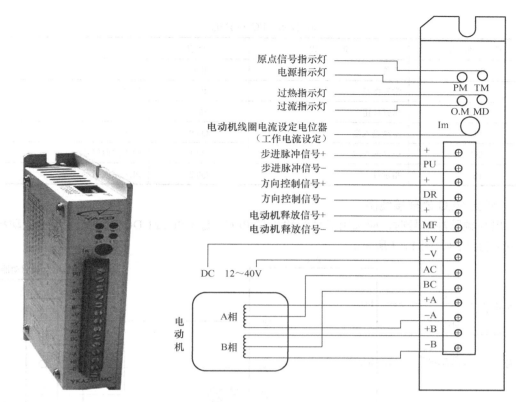

图 17-5　YKA2404MC 的外形　　　　图 17-6　YKA2404MC 的接线图

表 17-4　YKA2404MC 的细分说明

细分数	1	2	4	5	8	10	20	25	40	50	100	200	200	200	200
D6	ON	OFF	ON	OFF	ON	OFF	ON	OFF	ON	OFF	ON	OFF	ON	OFF	OFF
D5	ON	ON	OFF	OFF	ON	ON	OFF	OFF	ON	ON	OFF	OFF	ON	ON	OFF
D4	ON	ON	ON	ON	OFF	OFF	OFF	OFF	ON	ON	ON	OFF	OFF	OFF	OFF
D3	ON	ON	ON	ON	ON	ON	ON	ON	OFF	OFF	OFF	OFF	OFF	OFF	OFF
D2	ON，双脉冲：PU 为正向步进脉冲信号，DR 为反向步进脉冲信号														
	OFF，单脉冲：PU 为步进脉冲信号，OR 为方向控制信号														
D1	无效														

【项目实施】

1．分配 I/O 地址

外部设备的作用：SA1 闭合，步进电动机正转，否则反转；按一下 SB1，PLC 执行 PTO 输出；若 PLS 输出完毕，由 Q0.2 驱动指示灯进行提示；按一下 SB2，PLC 停止 PTO 输出；把步进电动机驱动器的 D2 设置为 OFF，即 PU 为步进脉冲信号，DR 为方向控制信号；PLC 的 Q0.0 输出高速脉冲至步进电动机驱动器的 PU 端，Q0.1 接 DR 端控制步进电动机的转向。I/O 点分配如表 17-5 所示。

表 17-5 I/O 点分配

元件名称	形式	I/O 点	说明
SA1	开关	I0.0	设定正、反转
SB1	常开按钮	I0.1	启动
SB2	常开按钮	I0.2	停止
PU	驱动输入端	Q0.0	步进脉冲信号
DR	驱动输入端	Q0.1	输出方向信号
LT	指示灯	Q0.2	PLS 完成指示

2．画出 PLC 外部接线图

输出高频脉冲信号时，应选用晶体管输出型 PLC，选 CPU221 DC/DC/DC。步进电动机的细分驱动接线图如图 17-7 所示。

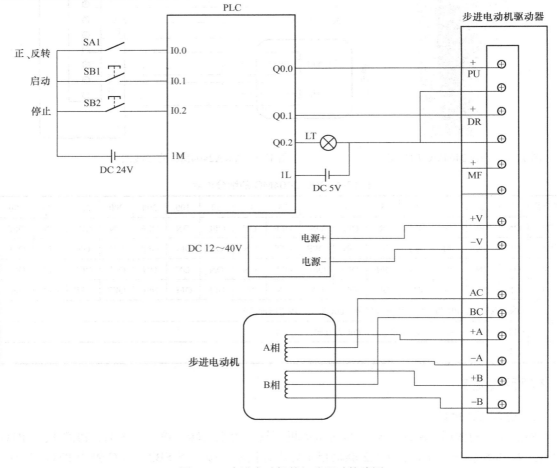

图 17-7 步进电动机的细分驱动接线图

3．设计梯形图程序

假设步进电动机的启动频率为 2kHz（A 点），经过 400 个脉冲加速后频率上升到 10kHz（B 点和 C 点），恒速转动的脉冲数为 4000 个，减速过程脉冲数为 200 个，频率降为 2kHz（D 点），其频率特性如图 17-8 所示。

设计梯形图程序的步骤如下。

（1）确定脉冲发生器及工作模式。

要求 PLC 输出三段串脉冲，故采用多段 PTO 输出方式，选择输出端为 Q0.0。

（2）填写控制字节 SMB67：使 SMB67=16#A0。

（3）将包络表首地址装入 SMW168 中。

（4）填写包络表。

根据 $T=1/f$ 得到：起始频率 2 kHz，起始周期值 500μs；运行频率为 10kHz，运行周期值 100μs。输出 3 段脉冲串，时基取μs，定义三段脉冲串特性参数的包络表如图 17-9 所示。

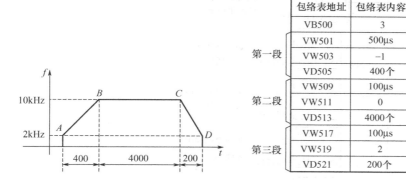

包络表地址	包络表内容	
VB500	3	
VW501	500μs	第一段
VW503	−1	ΔT_1=(100−500)/400=−1
VD505	400个	
VW509	100μs	第二段
VW511	0	ΔT_2=(100−100)/4000=0
VD513	4000个	
VW517	100μs	第三段
VW519	2	ΔT_3=(500−100)/200=2
VD521	200个	

图 17-8　步进电动机的频率特性　　　　图 17-9　定义三段脉冲串特性参数的包络表

（5）中断连接：高速脉冲输出完成时，产生中断事件 19，用 ATCH 指令将中断事件与中断服务程序 INT_0 连接起来，并全局开中断（ENI）。

（6）执行 PLS 指令。

主程序如图 17-10 所示，初始化子程序 SBR_0 如图 17-11 所示，中断子程序 INT_0 如图 17-12 所示。

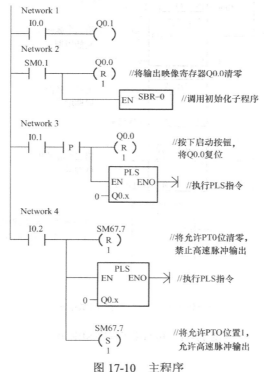

图 17-10　主程序

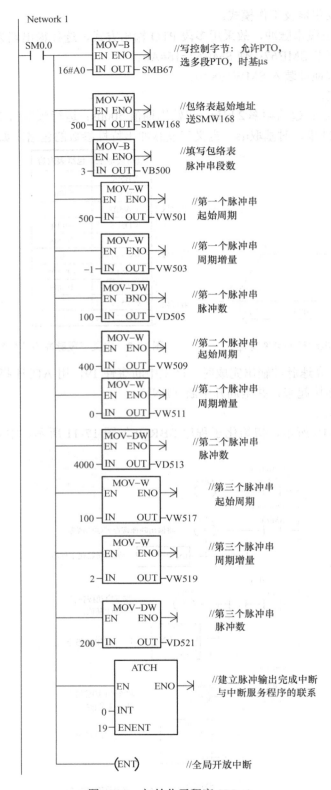

图 17-11 初始化子程序 SBR_0

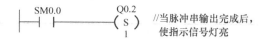

图 17-12 中断子程序 INT_0

4．运行调试

（1）在断电的情况下，按图 17-7 进行 PLC 控制线路接线。用编程电缆连接 PLC 和计算机的串行通信接口，接通计算机和 PLC 的电源。

（2）运行计算机上的 STEP7-Micro/WIN32 编程软件，单击工具条上最左边的"新建项目"图标，生成一个新的项目。

（3）执行菜单命令"PLC"/"类型"，设置 PLC 的型号。设置通信参数，建立起计算机与 PLC 的通信连接。

（4）执行菜单命令"工具"/"选项"，在"一般"对话框的"一般"选项卡中，选择 SIMATIC 指令集和"国际"助记符集，将"梯形图编辑器"设置为默认的程序编辑器。

（5）输入主程序、子程序 SBR_0、中断子程序 INT_0。

（6）单击工具条中的"编译"或"全部编译"按钮，编译输入的程序。如果程序没有错误，将显示"0 错误"。否则，改正程序中的错误后才能下载程序。在下载用户程序之前，编程软件将首先自动执行编译操作。

（7）下载程序。计算机与 PLC 建立连接后，将 CPU 模块上的模式开关放在 RUN 位置，单击工具条中的"下载"按钮，在下载对话框中单击"选项"按钮，选择要下载的块，单击"下载"按钮，开始下载。

（8）调试程序。下载成功后，单击运行按钮"RUN"，LED 亮，用户程序开始运行。断开数字量输入的全部输入开关，CPU 模块上输入侧的 LED 全部熄灭。接通开关 I0.0，表示电动机正转，接通并断开 I0.1 的开关，表示按下了启动按钮，PLC 输出多段 PTO，步进电动机的正转，加速—匀速—减速运行后停止；断开开关 I0.0，接通并断开 I0.1 的开关，表示按下了启动按钮，PLC 输出多段 PTO，步进电动机反转，加速—匀速—减速运行后停止；重复正转操作，电动机正转后，立即接通并断开 I0.2 的开关，观察电动机的运行情况。

可进行程序状态监控观察程序的运行情况，或通过状态表监控观察运行过程中涉及的特殊功能寄存器及包络表中各单元的值。

【评定激励】

按以下标准开展小组自评、互评，成绩填入项目评分细则表如表 17-6 所示。

表 17-6 项目评分细则表

项目名称					组别	
开始时间			结束时间			
考核内容	考核要求	配分	评分标准		扣分	得分
电路设计	（1）I/O 分配表正确 （2）输入/输出接线图正确 （3）主电路正确 （4）连锁、保护齐全	30 分	（1）分配表每错一处，扣 5 分 （2）输入/输出电路图每错一处，扣 5 分 （3）主电路每错一处，扣 5 分 （4）连锁、保护每缺一项，扣 5 分			
安装接线	（1）元件选择、布局合理，安装符合要求 （2）布线合理美观	10 分	（1）元件选择、布局不合理，扣 3 分/处；元件安装不牢固，扣 3 分/处 （2）布线不合理、不美观，扣 3 分/处			

续表

项目名称				组别	
开始时间			结束时间		
考核内容	考核要求	配分	评分标准	扣分	得分
编程调试	（1）程序编制实现功能 （2）操作步骤正确 （3）试车成功	50 分	（1）输入梯形图错误，扣 2 分/处 （2）不会设置及下载，分别扣 5 分 （3）一个功能不实现，扣 10 分 （4）操作步骤错一步，扣 5 分 （5）显示运行不正常，扣 5 分/处		
安全文明工作	（1）安全用电,无人为损坏仪器、元件和设备 （2）保持环境整洁，秩序井然，操作习惯良好 （3）小组成员协作和谐,态度正确	10 分	（1）发生安全事故，扣 10 分 （2）人为损坏设备、元器件，扣 10 分 （3）现场不整洁、工作不文明，团队不协作，扣 5 分 （4）不遵守考勤制度，每次扣 2～5 分		
总成绩					

思考与练习

（1）输出高频脉冲信号时，应选哪种输出接口的 PLC？

（2）简述单段 PTO 输出的设置过程。

（3）简述多段 PTO 输出的设置过程。

（4）假设步进电动机的启动频率为 0.5kHz（A 点），经过 400 个脉冲加速后频率上升到 5kHz（B 点和 C 点），恒速转动的脉冲数为 4000 个，减速过程脉冲数为 200 个，频率降为 0.5kHz（D 点），试分配 I/O 地址、画接线图、编写并调试梯形图程序。

项目十八

锅炉的温度控制

【项目目标】

用 S7-200 PLC 实现锅炉温度控制，运用 MCGS 组态软件建立温度监控系统。

【学习目标】

（1）了解温度传感器的选用原则。
（2）掌握 EM235 模拟量输入/输出模块的用法。
（3）掌握 PID 回路指令的设置方法。
（4）熟练运用 S7-200 PLC 的编程软件 STEP7-Micro/WIN32 进行程序的下载与调试。
（5）掌握运用 MCGS 组态软件建立温度监控系统的方法。

【相关知识】

一、传感器

温度传感器是检测温度的器件，其种类最多，应用最广，发展最快。众所周知，日常使用的很多材料及电子元件特性都随温度而变化，最常用的有热电阻和热电偶两类产品。

1. 热电偶

1）热电偶的工作原理

当有两种不同的导体和半导体 A 和 B 组成一个回路，其两端相互连接，一端温度为 T，称为工作端或热端，另一端温度为 T_0，称为自由端（也称参考端）或冷端，只要两结点处的温度不同，则回路中就有电流产生并存在电动势。回路中存在的电动势称为热电动势，两种不同导体或半导体的组合称为热电偶。热电偶的热电动势 $E_{AB}(T, T_0)$ 是由接触电动势和温差电动势合成的。接触电动势是指两种不同的导体或半导体在接触处产生的电动势，此电动势与两种导体或半导体的性质及在接触点的温度有关。温差电动势是指同一导体或半导体在温度不同的两端产生电动势，此电动势只与导体或半导体的性质和两端的温度有关，而与导体的长度、截面大小、沿其长度方向的温度分布无关。无论接触电动势或温差电动势都是由于集中于接触处端点的电子数不同而产生电动势，热电偶测量的热电动势是二者的合成。当回路断开时，在断开处 a、b 之间便有一电动势差 ΔV，其极性和大小与回路中的热电动势一致。实验表明，当 ΔV 很小时，ΔV 与 ΔT 成正比关系。定义 ΔV 对 ΔT 的微分热电动势为热电动势率，又称为塞贝克系数。塞贝克系数的符号和大小取决于组成热电偶的两种导体的热电特性和结点的温度差。

2）热电偶的种类

常用热电偶可分为标准热电偶和非标准热电偶两大类。标准热电偶是指国家标准规定了其热电动势与温度的关系，并有统一的标准分度表，热电偶有与其配套的显示仪表可供选用。非标准化热电偶在使用范围或数量级上均不及标准化热电偶，一般也没有统一的分度表，主要用于某些特殊场合的测量。目前，国际电工委员会（IEC）推荐了 8 种类型的热电偶作为标准化热电偶，即 T 型、E 型、J 型、K 型、N 型、B 型、R 型和 S 型。

2. 热电阻

导体的电阻值随温度变化而改变，通过测量其阻值推算出被测物体的温度，利用此原理构成的传感器就是电阻温度传感器，这种传感器主要用于-200～500℃温度范围内的温度测量。纯金属是热电阻的主要制造材料，热电阻的材料应具有以下特性。

（1）电阻温度系数要大而且稳定，电阻值与温度之间应具有良好的线性关系。

（2）电阻率高，热容量小，反应速度快。

（3）材料的复现性和工艺性好，价格低。

（4）在测温范围内化学物理特性稳定。

目前，已利用在工业中应用最广的铂和铜制作成标准测温热电阻。铂电阻与温度之间的关系接近于线性。在测温精度要求不高，且测温范围比较小的情况下，可采用铜电阻做成热电阻材料代替铂电阻。在-50～150℃的温度范围内，铜电阻与温度呈线性关系。

二、EM235 模拟量输入/输出模块

EM235 模块是组合强功率精密线性电流互感器、意法半导体（ST）单片集成变送器 ASIC 芯片于一体的新一代交流电流隔离变送器模块，它可以直接将被测主回路交流电转换成按线性比例输出的 DC 4～20mA（通过 250Ω 电阻转换 DC 1～5V 或通过 500Ω 电阻转换 DC 2～10V）恒流环标准信号，连续输送到接收装置（计算机或显示仪表）。

1. 模拟量扩展模块接线图及模块设置

EM235 是最常用的模拟量扩展模块，它实现了 4 路模拟量输入和 1 路模拟量输出功能，其接线如图 18-1 所示。对于电压信号，按正、负极直接接入 X+和 X-；对于电流信号，将 RX 和 X+短接后接入电流输入信号的"+"端；未连接传感器的通道要将 X+和 X-短接。

EM235 的常用技术参数如表 18-1 所示。对于同一模块，只能将输入端同时设置为一种量程和格式，即相同的输入量程和分辨率。

表 18-1 EM235 的常用技术参数

模拟量输入特性	
模拟量输入点数	4
输入范围	电压（单极性）：0～10V，0～5V，0～1V，0～500mV，0～100mV，0～50mV
	电压（双极性）：±10V，±5V，±2.5V，±1V，±500mV，±250mV，±100mV，±50mV，±25mV
	电流：0～20mA
数据字格式	双极性 全量程范围：-32 000～+32 000　单极性 全量程范围：0～32 000
分辨率	12 位 A/D 转换器

续表

模拟量输出特性	
模拟量输出点数	1
信号范围	电压输出：±10V；电流输出：0～20mA
数据字格式	电压：-32 000～+32 000　电流：0～32 000
分辨率	电压：12 位；电流：11 位

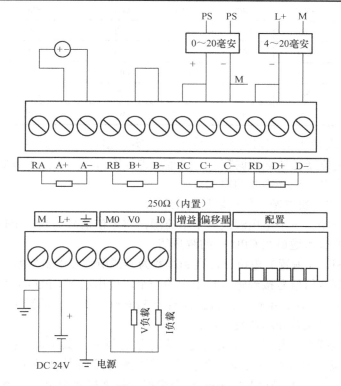

图 18-1　EM235 接线

表 18-2 所示为如何用 DIP 开关设置 EM235 模块：开关 1～6 可选择模拟量输入范围和分辨率，开关 6 选择单/双极性。ON 为接通，OFF 为断开。6 个 DIP 开关决定了所有的输入设置，也就是说开关的设置应用于整个模块。开关设置只有在重新上电后才能生效。

表 18-2　EM235 选择模拟量输入范围和分辨率的开关表

单极性						满量程输入	分辨率
SW1	SW2	SW3	SW4	SW5	SW6		
ON	OFF	OFF	ON	OFF	ON	0～50mV	12.5μV
OFF	ON	OFF	ON	OFF	ON	0～100mV	25μV
ON	OFF	OFF	OFF	ON	ON	0～500mV	125uA
OFF	ON	OFF	OFF	ON	ON	0～1V	250μV
ON	OFF	OFF	OFF	OFF	ON	0～5V	1.25mV
ON	OFF	OFF	OFF	OFF	ON	0～20mA	5μA
OFF	ON	OFF	OFF	OFF	ON	0～10V	2.5mV

续表

双极性						满量程输入	分辨率
SW1	SW2	SW3	SW4	SW5	SW6		
ON	OFF	OFF	ON	OFF	OFF	±25mV	12.5μV
OFF	ON	OFF	ON	OFF	OFF	±50mV	25μV
OFF	OFF	ON	ON	OFF	OFF	±100mV	50μV
ON	OFF	OFF	OFF	ON	OFF	±250mV	125μV
OFF	ON	OFF	OFF	ON	OFF	±500	250μV
OFF	OFF	ON	OFF	ON	OFF	±1V	500μV
ON	OFF	OFF	OFF	OFF	OFF	±2.5V	1.25mV
OFF	ON	OFF	OFF	OFF	OFF	±5V	2.5mV
OFF	OFF	ON	OFF	OFF	OFF	±10V	5mV

模拟量输入模块使用前应进行输入校准。其实，出厂前已经进行了输入校准，如果 OFFSET 和 GAIN 电位器已被重新调整，需要重新进行输入校准，其步骤如下。

（1）切断模块电源，选择需要的输入范围。
（2）接通 CPU 和模块电源，使模块稳定 15min。
（3）用一个变送器、一个电压源或一个电流源，将零值信号加到一个输入端。
（4）读取适当的输入通道在 CPU 中的测量值。
（5）调节 OFFSET（偏置）电位计，直到读数为零或所需要的数字数据值。
（6）将一个满刻度值信号接到输入端子中的一个，读出送到 CPU 的值。
（7）调节 GAIN（增益）电位计，直到读数为 32 000 或所需要的数字数据值。
（8）必要时，重复偏置和增益校准过程。

每个模拟量扩展模块，按扩展模块的先后顺序进行排序。其中，模拟量根据输入、输出不同分别排序。模拟量的数据格式为一个字长，所以地址必须从偶数字节开始，如 AIW0，AIW2，AIW4，…，AQW0，AQW2，…。每个模拟量扩展模块至少占两个通道，即使第一个模块只有一个输出 AQW0，第二个模块模拟量输出地址也应从 AQW4 开始寻址，以此类推。

2. 模拟量值和 A/D 转换值的转换

1）模拟量的标准电信号与 PLC 模拟量采样值的关系

假设模拟量的标准电信号是 A0～Am（如 4～20mA），A/D 转换后数值为 D0～Dm（如 6400～32 000），A/D 转换后的数值送给 PLC 内部的模拟量输入映像寄存器。设模拟量的标准电信号是 A，A/D 转换后的相应数值为 D，由于是线性关系，函数关系 $A=f(D)$ 可以表示为数学方程：

$$A=(D-D0)(Am-A0)/(Dm-D0)+A0$$

根据该方程式，可以方便地根据 D 值计算出 A 值。将该方程式逆变换，得出函数关系 $D=f(A)$，可以表示为数学方程：

$$D=(A-A0)(Dm-D0)/(Am-A0)+D0$$

以 S7-200 PLC 和 4～20mA 模拟量输入信号为例，经 A/D 转换后，我们得到的数值是 6400～32 000，即 A0=4，Am=20，D0=6400，Dm=32000，代入公式，得出：

$$A=(D-6400)(20-4)/(32000-6400)+4$$

假设该模拟量与 AIW0 对应，则当 AIW0 的值为 12 800 时，即 D=12 800，相应的模拟电

信号 A 是 8mA。

2）传感器对应的物理量与 PLC 模拟量采样值的关系

以温度传感器为例。温度传感器对应的物理量是温度。在一定范围内，温度传感器的温度值与 PLC 模拟量采样值的关系与上面的公式是相似的，也是线性关系。

例如，某温度传感器，-10～60℃与 4～20mA 相对应，以 T 表示温度值，AIW0 为 PLC 模拟量采样值，则温度 T 与 PLC 模拟量采样值 AIW0 的关系表示为：

$$T=(AIW0-6400)(60-(-10))/(32000-6400)-10$$

又如，某压力变送器，当压力达到满量程 5MPa 时，压力变送器的输出电流是 20mA，AIW0 的数值是 32 000。可见，每毫安对应的 A/D 值为 32 000/20，测得当压力为 0.1MPa 时，压力变送器的电流应为 4mA，对应的 A/D 值为(32 000/20)×4=6400。由此得出，AIW0 的数值转换为实际压力值 P（单位为 kPa）的计算公式为：

$$P=(AIW0-6400)(5000-100)/(32\ 000-6400)+100$$

三、PID 控制

1. PID 控制原理

模拟量闭环控制较好的方法之一是 PID 控制。PID 在工业领域的应用已经有 60 多年，现在依然被广泛应用。人们在应用的过程中积累了许多的经验，PID 的研究已经到达一个比较高的程度。

比例控制（P）是一种最简单的控制方式，其控制器的输出与输入误差信号成比例关系。其特点是具有快速反应，控制及时，但不能消除余差。

在积分控制（I）中，控制器的输出与输入误差信号的积分成正比关系。积分控制可以消除余差，但具有滞后特点，不能快速对误差进行有效的控制。

在微分控制（D）中，控制器的输出与输入误差信号的微分（即误差的变化率）成正比关系。微分控制具有超前作用，它能猜测误差变化的趋势，避免较大的误差出现，微分控制不能消除余差。

PID 控制中 P、I、D 各有自己的长处和缺点，它们一起使用的时候又互相制约，但只要合理地选择 P、I、D 的取值，就可以获得较高的控制质量。

PID 控制原则基于以下公式，将输出 $M(t)$ 表示为比例项、积分项和微分项的函数：

$$M(t)=K_c\left[e(t)+\frac{1}{T_i}\int_0^t e(t)\mathrm{d}t+T_d\frac{\mathrm{d}e(t)}{\mathrm{d}t}\right]$$

式中　$M(t)$——时间函数的回路输出；

　　　K_c——回路增益；

　　　$e(t)$——回路错误（设定值和进程变量之间的差别）；

　　　T_i——积分时间；

　　　T_d——微分时间。

为了在数字计算机中运行该控制函数，必须将连续函数量化为错误值的定期样本，并随后计算输出。在数字计算机中，既不可能也没有必要存储所有的错误项样本。因为从第一个样本开始，每次对错误采样时数字计算机都必须计算输出值，因此仅需存储前一个错误值和前一个积分项数值。由于数字计算机计算结果的重复性，可在任何采样时间对公式进行简化。简化后的公式为：

$$M_n = K_c \times (SP_n - PV_n) + K_c \times T_s/T_i(SP_n - PV_n) + MX + K_c \times T_d/T_s \times [(SP_n - PV_n) - (SP_{n-1} - PV_{n-1})]$$

为了避免给定值变化的微分作用而引起的跳变，假定给定值不变 $SP_n = SP_{n-1}$，这样可以用过程变量的变化替代偏差的变化，计算公式可改进为：

$$M_n = K_c \times (SP_n - PV_n) + K_c \times T_s/T_i(SP_n - PV_n) + MX + K_c \times T_d/T_s \times (PV_{n-1} - PV_n)$$

式中　M_n——采样时间 n 的回路输出计算值；

K_c——回路增益；

SP_n——第 n 采样时刻的给定值；

PV_n——第 n 采样时刻的过程变量的值；

T_s——采样时间间隔（重新计算输出的时间间隔）；

T_i——积分时间（控制积分项在整个输出结果中影响的大小）；

MX——第 $n-1$ 采样时刻积分项（积分项前值）；

T_d——微分时间。

积分和（MX）是所有积分项前值之和，在每次计算出新的积分项后，都要用新的积分项去更新 MX。MX 通常在第一次计算输出以前被设为 Minitial（初值）。为了下一次计算微分项值，必须保存过程变量，而不是偏差，在第一采样时刻，初始化为 $PV_n-1=PV_n$。

在许多控制系统中，只需要一两种回路控制类型：如果不想要积分动作（PID 计算中没有"I"），可以把积分时间置为无穷大"INF"。即使没有积分作用，积分项还是不为零，因为有初值 MX；如果不想要微分回路，可以把微分时间置为零；如果不想要比例回路，但需要积分或积分、微分回路，可以把增益设为 0.0，系统会在计算积分项和微分项时，把增益当作 1.0 看待。

2．S7-200 PLC 的 PID 指令及 PID 回路定义表

S7-200 CPU 提供 PID 回路指令，其格式如表 18-3 所示。

表 18-3　PID 回路指令

名　称	PID 运算
指令表格式	PID TBL,LOOP
梯形图格式	EN　PID　ENO TBL LOOP

使用方法：当 EN 端口执行条件存在的时候，就可进行 PID 运算。TBL 是回路表的起始地址。LOOP 是回路号，可以是 0~7，但不可以重复使用。

S7-200 PLC 的 PID 指令引用一个包含回路参数的回路表，如表 18-4 所示，起初的长度为 36 个字节。在增加了 PID 自动调节后，回路表现已扩展到 80 个字节。PID 指令框中输入的表格（TBL）起始地址为回路表的首地址。如果使用 PID 调节控制面板，程序与 PID 回路表的全部相互作用将由此控制面板代为完成。如果需要由操作员提供自动调节能力，程序必须提供操作员和 PID 回路表之间的相互作用，以发起和监视此自动调节进程，以及随后套用建议的调节数值。

表 18-4 回路定义表

偏移量	域	格式	类型	说明
0	PV_n 进程变量	双字—实数	入	包含进程变量，必须在 0.0～1.0 范围内
4	SP_n 设定值	双字—实数	入	包含设定值，必须在 0.0～1.0 范围内
8	M_n 输出	双字—实数	入/出	包含计算输出，在 0.0～1.0 范围内
12	K_c 增益	双字—实数	入	包含增益，此为比例常数，可为正数或负数
16	T_s 采样时间	双字—实数	入	包含采样时间，以秒为单位，必须为正数
20	T_i 积分时间或复原	双字—实数	入	包含积分时间或复原，以分钟为单位，必须为正数
24	T_d 微分时间或速率	双字—实数	入	包含微分时间或速率，以分钟为单位，必须为正数
28	MX 偏差	双字—实数	入/出	包含 0.0～1.0 之间的偏差、积分和数值
32	PV_{n-1} 以前的进程变量	双字—实数	入/出	包含最近一次执行 PID 指令时存储的进程变量的数值

3. 回路输入、输出转换和标准化

1）回路输入

在表 18-4 中，除 K_c、T_s、T_i、T_d 参数外，其他参数的值都要求在 0.0～1.0 之间，所以在执行 PID 指令之前，必须把 PV 和 SP 的值进行标准化处理，使它们的值在 0.0～1.0 之间。

以单极性为例加以说明。如温度传感器，以 T 表示温度值，AIW0 为 PLC 模拟量采样值，假设 0～100℃与 4～20mA 相对应，4～20mA 与 6400～32 000 对应，存在线性关系，则温度与 PLC 模拟量采样值的关系表示为 T=(AIW0-6400)(100-0)/(32 000-6400)+0，则 AIW0=256T+6400。假设设定温度为 T_0，SP 标准化后的值为 SP_{bz}=256T_0/(32 000-6400)=(T_0-0)/(100-0)，PV 的值是 PLC 从 EM235 直接得到的，就是 AIW0 的值，所以 PV 标准化后的值为 PV_{bz}=(AIW0-6400)/(32 000-6400)。

2）回路输出

回路输出是控制变量，如回路输出值对汽车定速控制中的调速气门进行设置。PID 运算后的回路输出是 0.0～1.0 之间的标准化实数数值。在回路输出可用于驱动模拟输出之前，回路输出必须被转换成 16 位成比例整数数值。这一过程是与将 PV 和 SP 转换成标准化数值相反的过程。第一步是利用以下公式将回路输出转换为成比例实数数值。

假设模拟量输出模块对应的 PLC 输出映像寄存器的地址为 AQW0，将 PID 运算后的回路输出值转换为 D0～Dm 间的数值并存入 AQW0 中，则模拟量输出模块自动将其转换为模拟量的标准电信号 A0～Am，用该信号去控制闭环回路中的设备。所以，在 PLC 程序中只要将回路输出 M_n 转换为 D0～Dm 间的数值并存入 AQW0 即可。由于是线性关系，M_n 与 AQW0 的关系可表示为数学方程：

$$(M_n-0)/(1-0)=(AQW0-D0)/(Dm-D0)$$

得 $AQW0 = M_n(Dm-D0)+D0$

如对于 4~20mA 的电流输出，D0=6400，Dm=32000。下列指令序列将显示如何使回路输出标准化：

```
MOVR    VD108, AC0      //将回路输出移至累加器。
*R      25600.0, AC0    //使累加器中的数值成比例。
+R      6400.0, AC0
```

然后，代表回路输出的成比例实数数值必须被转换成 16 位整数。下列指令序列将显示如何进行此转换：

```
ROUND   AC0, AC0        //将实数转换成 32 位整数。
DTI AC0, LW0            //转换成 16 位整数。
MOVW    LW0, AQW0       //写入数值模拟输出。
```

4. 采样周期的分析及 PID 参数整定

采样周期 T_s 越小，采样值就越能反映温度的变化情况。但是，T_s 太小就会增加 CPU 的运算工作量，相邻的两次采样值几乎没什么变化，PID 控制器输出的微分部分接近于 0，所以不应使采样时间太小。确定采样周期时，应保证被控量迅速变化时，能用足够多的采样点，以保证不会因采样点过稀而丢失被采集的模拟量中的重要信息。

因为本系统是温度控制系统，温度是具有延迟特性的惯性环节，所以采样时间不能太短，一般是 15~20s，本系统采样 17s。

在系统投运之前还要进行控制器的参数整定。常用的整定方法可归纳为两大类，即理论计算整定法和工程整定法。

理论计算整定法是在已知被控对象的数学模型的基础上，根据选取的质量指标，经过理论的计算（微分方程、根轨迹、频率法等），求得最佳的整定参数。这类方法比较复杂，工作量大，而且用于分析法或实验测定法求得的对象数学模型只能近似的反映过程的动态特征，整定的结果精度不是很高，因此未在工程上受到广泛应用。

对于工程整定法，工程人员无须知道对象的数学模型，无须具备理论计算所学的理论知识，就可以在控制系统中直接进行整定，因而简单、实用，在实际工程中被广泛应用。常用的工程整定法有经验整定法、临界比例度法、衰减曲线法、自整定法等。经验整定法是整定控制器参数值的，整定步骤为"先比例，再积分，最后微分"。

1）整定比例控制

将比例控制作用由小变到大，观察各次响应，直至得到反应快、超调小的响应曲线。

2）整定积分环节

若在比例控制下稳态误差不能满足要求，需加入积分控制。先将步骤 1）中选择的比例系数减小为原来的 50%~80%，再将积分时间置一个较大值，观测响应曲线。然后减小积分时间，加大积分作用，并相应调整比例系数，反复试凑，直到获得较满意的响应，确定比例和积分的参数。

3）整定微分环节

若经过步骤 2），PI 控制只能消除稳态误差，而动态过程不能令人满意，则应加入微分控制，构成 PID 控制。先置微分时间 $T_d=0$，逐渐加大 T_d，同时相应地改变比例系数和积分时间，反复试凑至获得满意的控制效果和 PID 控制参数。

【项目分析】

在锅炉的温度控制中，被控对象具有非线性、时变性、滞后性等特点，而且温度控制受到被控对象、环境和燃料等很多因素的影响，难以建立精确的数学模型，难以选择控制器的参数。PID 的优点是它不要求掌握受控对象的数学模型，具有控制系统原理简单、使用方便、稳定性好、可靠性高、控制精度高等优点，在工业控制中得到广泛的应用。

以单片机为核心的 PID 控制系统虽然成本较低，但可靠性和抗干扰性较差，其硬件设计较复杂。而以 PLC 为核心的 PID 控制系统，虽然成本较高，但 PLC 本身就有很强的抗干扰性和可靠性，因而系统的硬件设计也简单得多。西门子 S7-200 PLC 内部包含 PID 指令功能块，配上相应的模拟量输入/输出模块，可以很好地满足温度控制的要求。

【项目实施】

1. 硬件选型

S7-200 CPU226 集成 24 路输入/16 路输出共 40 个数字量 I/O 点。可连接 7 个扩展模块，具有 PID 控制器。2 个 RS485 通信/编程口，具有 PPI 通信协议、MPI 通信协议和自由方式通信能力。考虑到 PID 对运算速度要求高及将来的扩充性，选用该款 PLC。

P100 铂热电阻简称为 PT100 铂电阻，其阻值会随着温度的变化而改变。PT 后的 100 即表示它在 0℃时阻值为 100Ω，在 100℃时它的阻值约为 138.5Ω，随着温度上升它的阻值成匀速增长。该系统需要的传感器是将温度转化为电流，且水温最高是 100℃，所以选择 Pt100 铂热电阻传感器。

EM235 是最常用的模拟量扩展模块，它实现了 4 路模拟量输入和 1 路模拟量输出功能。本项目需要一个温度值的输入和一个 PID 运算输出，都是模拟量，选用一个 EM235 模块满足要求。

PID 控制器输出转化为 4~20mA 的电流信号去控制晶闸管电压调整器或触发板。改变晶闸管导通角的大小可以调节输出功率，从而调节电热丝的加热。用 MCGS 组态软件建立温度监控系统，可实现系统的实时监控。

整体设计方案如图 18-2 所示。

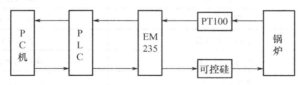

图 18-2 整体设计方案

2. 分配 I/O 地址（如表 18-5 所示）

表 18-5 I/O 分配表

部件名称	形式	I/O 点	说明	对应 MCGS 数据变量的名称
SB1	常开按钮	I0.0	自动按钮	ZDANNU
SB2	常闭按钮	I0.1	停止按钮	TZANNU
SB3	常开按钮	I0.2	手动按钮	SDANNU
ZDD	信号灯	Q0.0	自动运行指示灯	ZDD
TZD	信号灯	Q0.1	停止指示灯	TZD

续表

部件名称	形式	I/O点	说明	对应MCGS数据变量的名称
SDD	信号灯	Q0.2	手动运行指示灯	SDD
BJD	信号灯	Q0.3	温度越上限报警指示灯	BJD
JRD	信号灯	Q0.4	加热指示灯	JRD

3．画出PLC外部接线图

根据温度传感器的信息，PLC将运算结果传给EM235，EM235转化为4～20mA的电流信号，经晶闸管触发板改变晶闸管导通角的大小来调节输出功率，从而将温度控制在要求的范围内，如图18-3所示。

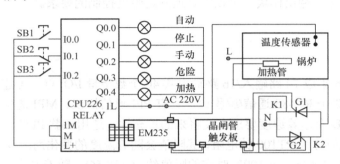

图18-3　硬件连接

4．PLC内存地址分配

PLC内存地址分配如表18-6所示。

表18-6　PLC内存地址分配

地址	名称	说明
VD100	实际温度存放	必须在0.0～100.0之间
VD104	给定值（SP_n）	必须在0.0～100.0之间
VD108	手动输出值	必须在0.0～1.0之间
VD112	增益（K_c）	比例常数，可正可负
VD116	采样时间（T_s）	单位为s，必须是正数
VD120	积分时间（T_i）	单位为min，必须是正数
VD124	微分时间（T_d）	单位为min，必须是正数
VD128	温度上限	必须在0.0～100.0之间
VD0	过程变量（PV_n）	必须在0.0～1.0之间
VD4	给定值（SP_n）	必须在0.0～1.0之间
VD8	输出值（M_n）	必须在0.0～1.0之间
VD12	增益（K_c）	比例常数，可正可负
VD16	采样时间（T_s）	单位为s，必须是正数
VD20	积分时间（T_i）	单位为min，必须是正数
VD24	微分时间（T_d）	单位为min，必须是正数
VD28	积分项前值（MX）	必须在0.0～1.0之间
VD32	过程变量前值（PV_{n-1}）	必须在0.0～1.0之间

5. 制作 MCGS 工程画面

1）建立工程

工程名为"锅炉温度控制系统"，工程存为"D:\MCGS\Work\锅炉温度控制系统.MCG"。

2）建立用户窗口

新建一个用户窗口并设为启动窗口，如图 18-4 所示。

3）制作工程画面

制作如图 18-5 所示的窗口画面。大标题字体设置为宋体、加粗、大小为一号、蓝色，其他标签字本设置为宋体、加粗、大小为四号、蓝色。

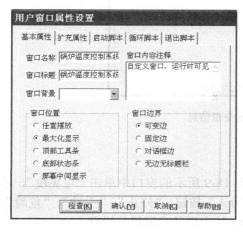

图 18-4　设置窗口属性　　　　　　　　图 18-5　工程窗口画面

双击实际水温下面的输入框，将"操作属性"页"数值输入的取值范围"的最小值改为 0，最大值改为 100，温度上限与给定水温后面输入框的设置同上。按前面的要求设定其他输入框。

6. 定义数据对象

在工作台中，单击"实时数据库"窗口标签，在窗口空白处单击一下，再单击"新增对象"按钮，新增数据对象"Data1"，双击"Data1"，按图 18-6 所示进行修改。再新增数据对象，按表 18-5 定义其他开关型变量。新增数据对象，定义为变量 VD100，如图 18-7 所示。再新增数据对象，按表 18-6 定义其他数值型变量。变量定义全部完成后如图 18-8 所示。

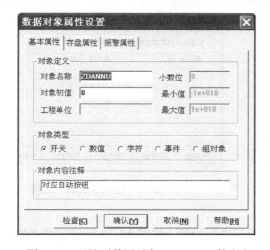
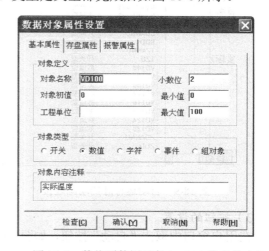

图 18-6　开关型数据对象 ZDANNU 的定义　　　图 18-7　数值型数据对象 VD100 的定义

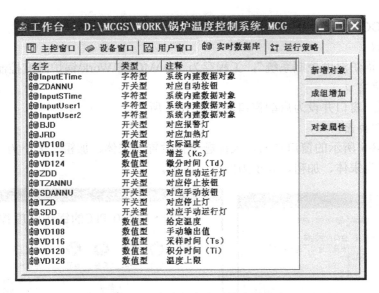

图 18-8　定义全部完成后的变量信息

7．动画连接

1）灯的设置

在用户窗口中双击"自动"标签上方的灯，在如图 18-9 所示的窗口中单击"可见度"，单击"？"，在随后出现的窗口中双击"ZDD"，单击"确认"按钮。"停止"、"手动"、"危险"、"加热"四盏灯分别对应变量 TZD、SDD、BJD、JRD，按上面的步骤进行设置。

2）输入框的设置

在用户窗口中双击"实际水温"标签下方的输入框，在如图 18-10 所示窗口中双击"？"，在随后出现的窗口中双击"VD100"，单击"确认"按钮。按表的对应关系设置其他输入框。

图 18-9　自动运行灯的动画连接

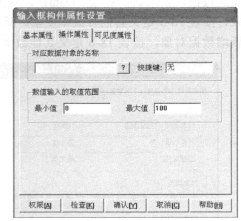

图 18-10　输入框的动画连接

3）按钮的设置

在用户窗口中双击"自动"按钮，如图 18-11 所示进行设置。按图 18-12 所示完成"停止"按钮的设置。"手动"按钮对应的变量是 SDANNU，设置与"自动"按钮相似。"手动"按钮与"自动"按钮的数据对象操作方式为按 1 松 0 时,相当于常开按钮,"停止"按钮与此相反,相当于常闭按钮。

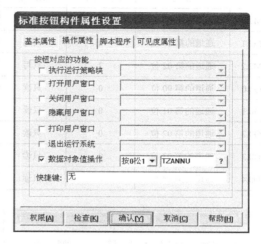

图 18-11 "自动"按钮的动画连接　　　　图 18-12 "停止"按钮的动画连接

4)设置 TZANNU 的初置

为使监控软件启动后,"停止"按钮对应的 TZANNU 初值为 1,双击"锅炉温度控制系统"用户窗口的空白处,弹出"用户窗口属性设置"窗口,选中"启动脚本"页面,在脚本程序编辑区域输入语句"TZANNU=1",单击"确认"按钮,如图 18-13 所示。

8. 设备添加及通道设置

1)设备添加

在工作台页面中,选中设备窗口,单击"设备组态",打开设备工具箱,单击"设备管理"找到"通用串口父设备",单击"增加"按钮,从"PLC 设备"中找到"西门子_S7200PPI",单击"增加"按钮,确认后添加到设备工具箱。在设备工具箱中,先后双击"通用串口父设备"、"西门子_S7200PPI",添加到设备窗口中。在设备窗口中双击"通用串口父设备 0-【通用串口父设备】"进行串口通信参数的设置,串口端口号

图 18-13 设置 TZANNU 的初置

为 COM1,波特率为 9600b/s,1~8 位数据位,0~1 位停止位,偶校验。

2)设备通道设置

在这里,要求通过 MCGS 中的按钮也能起到跟按下 PLC 所连的按钮相同的作用,也就是 MCGS 中按钮对应的数据变量的值能够传递到 PLC 中,对程序执行起作用。由于 PLC 输入映像寄存器的值只能通过 PLC 外接的按钮去改变,它们不接受 MCGS 的变量值,所以增加 M2.0、M2.1、M2.2 三个通道对应 MCGS 中的那三个按钮,按下 MCGS 中的那三个按钮可对应改变 M2.0、M2.1、M2.2 的值,从而控制程序的执行。在设备窗口中双击"设备 0-【西门子_S7200PPI】",在"基本属性"页面中单击"设置设备内部属性"后出现"|…|",单击"|…|",进入"西门子_S7200PPI 通道属性设置"窗口,增加表 18-7 中各个通道。Q0.0 的添加如图 18-14 所示,VDF100 的添加如图 18-15 所示。其他通道的设置与它们类似。

表 18-7　设备通道设置

通道	数据类型	寄存器地址	操作方式	通道	数据类型	寄存器地址	操作方式
M2.0	通道的第00位	2	只写	VDF100	32位浮点数	100	只读
M2.1	通道的第01位	2	只写	VDF104	32位浮点数	104	读写
M2.2	通道的第02位	2	只写	VDF108	32位浮点数	108	读写
Q0.0	通道的第00位	0	只读	VDF112	32位浮点数	112	读写
Q0.1	通道的第01位	0	只读	VDF116	32位浮点数	116	读写
Q0.2	通道的第02位	0	只读	VDF120	32位浮点数	120	读写
Q0.3	通道的第03位	0	只读	VDF124	32位浮点数	124	读写
Q0.4	通道的第04位	0	只读	VDF128	32位浮点数	128	读写

图 18-14　Q0.0 的添加

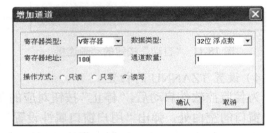

图 18-15　VDF100 的添加

3）通道连接

在设备窗口中双击"设备 0-【西门子_S7200PPI】"，进入"通道连接"页面。双击"对应数据对象"下面的空白处，根据表 18-8 所示的对应关系，输入相应的数据变量名称，或空白处单击右键选择相应的数据变量，单击"确认"按钮。这样，MCGS 的构件、变量与 PLC 的元件（通道）之间就建立了联系。

表 18-8　通道连接

通道	对应数据对象	通道	对应数据对象	通道	对应数据对象	通道	对应数据对象
M2.0	ZDANNU	Q0.1	TZD	VDF100	VD100	VDF116	VD116
M2.1	TZANNU	Q0.2	SDD	VDF104	VD104	VDF120	VD120
M2.2	SDANNU	Q0.3	BJD	VDF108	VD108	VDF124	VD124
Q0.0	ZDD	Q0.4	JRD	VDF112	VD112	VDF128	VD128

9. 制作 PID 曲线显示窗口

1）新建用户窗口

新建一用户窗口，其属性如图 18-16 所示。

2）设置曲线

在工作台页面中，双击用户窗口中的"PID 曲线"窗口，打开设备工具箱点"📈"按钮，单击"增加"按钮，在"PID 曲线"窗口中拖出一个位置、大小适当的曲线。双击该曲线，进行如图 18-17 所示的设置，其中曲线 1 颜色为红色，曲线 2 颜色为绿色。

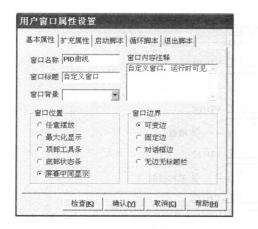

图 18-16 PID 曲线显示窗口的属性

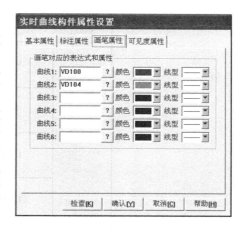

图 18-17 曲线设置

3）窗口打开设置

在工作台页面中，双击用户窗口中的"锅炉温度控制系统"窗口，双击"PID 曲线"按钮，进行如图 18-18 所示的设置。

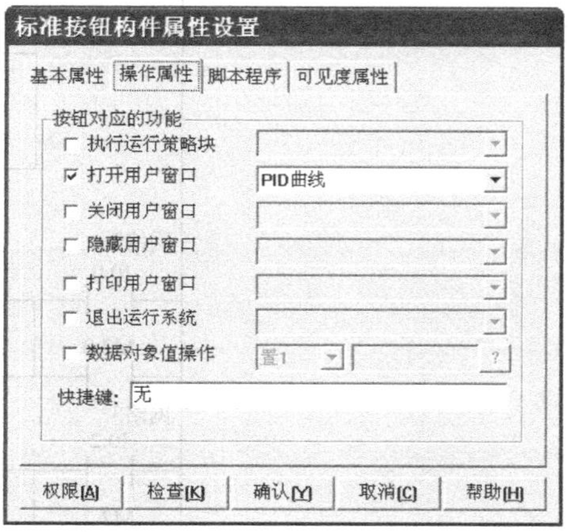

10. 设计梯形图程序

为方便用户使用，系统有自动（PID 方式）调温与手动调温两种方式。PLC 的 VD100、VD104、VD128 存储单元分别用于存放 0.0～100.0℃之间的实际温度、设定温度与温度上限，VD108 在手动方式用于设定手动输出值以控制加热设备，在自动方式用于提供积分项初值。VD0～VD32 为 PID 回路表。温控系统工作在手动调温模式下，用不到 PID 回路表，只需给定设定温度、

图 18-18 按钮设置

温度上限及手动输出值，通过 MCGS 监控软件的通道关联，由用户输入相应的值后传回 PLC 的 VD104、VD108、VD128，PLC 采集实际温度存入 VD100 再传回 MCGS 进行显示。若使温度系统工作在 PID 自动调温模式。需要对 PID 回路表赋初值或修改回路表。首先通过 MCGS 监控软件中与 VD104、VD108、VD112、VD116、VD120、VD124、VD128 关联的通道对这些 PLC 的变量赋初值，然后由 PLC 程序将上述单元的值传给回路表中相应的单元，具体安排：VD104 的值标准化后传给 VD04 单元，VD112 的值送给 VD12，VD116 的值送给 VD16，VD120 的值送给 VD20，VD124 的值送给 VD24。PID 运算执行前，PLC 将获取的实际温度一方面送给 VD100，另一方面将其标准化后送给 VD0，若是第一次执行 PID 运算，执行前还要将送给 VD0 的值送给 VD32。另外，VD108 的值也要送给 VD28 作为 MX 的初值。

通过前面的分析知道，要想使 PLC 工作于 PID 的自动运行方式，可按下 I0.0 的常开按钮或 MCGS 中的"自动"按钮，由于 MCGS 中的"自动"按钮经通道控制 PLC 内部 M2.0 的值，所以在 PLC 程序中，可让 I0.0 和 M2.0 对应，二者起相同的作用。同样的道理，在 PLC 程序中，让 I0.1 和 M2.1 对应可实现通过 PLC 按钮或 MCGS 按钮使温控系统停止工作，让 I0.2 和 M2.2 对应可实现通过 PLC 按钮或 MCGS 按钮使温控系统工作于手动方式。假设模拟量的输入/输出对应的都是 4～20mA 的电流，主程序如图 18-19 所示，中断子程序 INT_0 如图 18-20 所示。最后，可实现不管是用 PLC 所连的按钮，还是 MCGS 监控软件的按钮，都可自如地实现在自动、停止、手动三种方式之间切换。

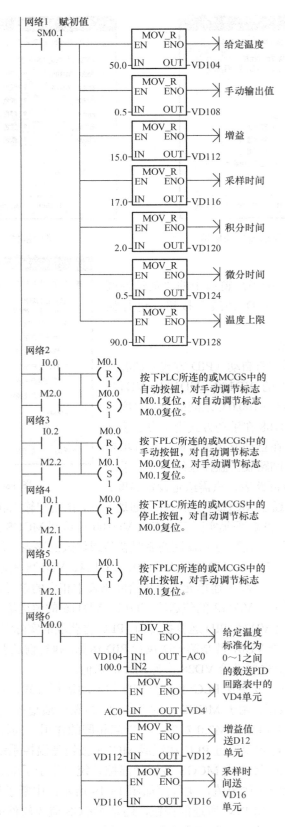

图 18-19 主程序

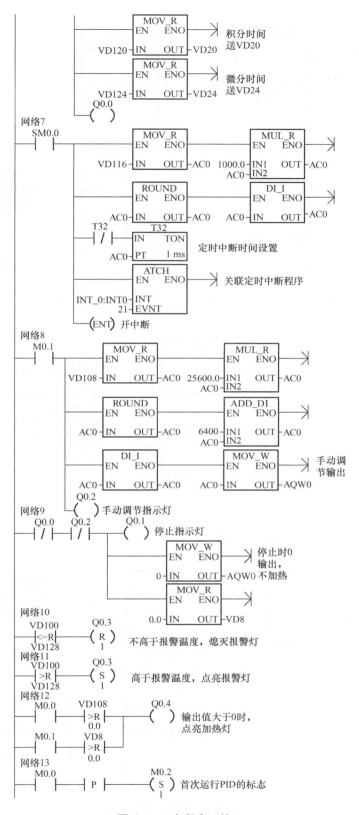

图 18-19 主程序（续）

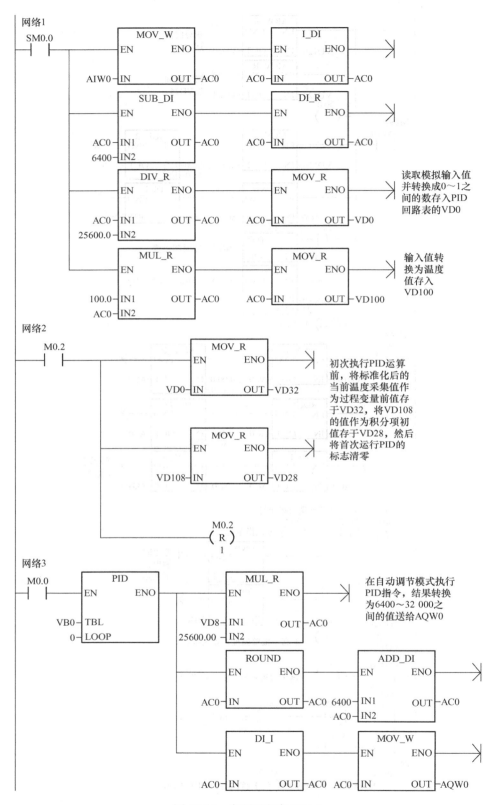

图 18-20 中断子程序 INT_0

在主程序中，网络 1 只在 PLC 开机后的第一个扫描周期执行，用于给 VD104～VD128 赋初值；在系统运行过程中，可随时通过改变 MCGS 监控软件的"锅炉温度控制系统"窗口中的输入框的值来改变 VD104～VD128 的值，其中，VD104、VD108 值用于手动方式运行，VD104、VD112、VD116、VD120、VD124 的值用于在自动方式下给 PID 回路表中相应单元赋值（通过网络 6 实现），VD128 的值用于两种情况下的报警温度；网络 7 用采样时间作为定时器 T32 的设定值并启动定时器，T32 定时时间到产生 21 号中断时执行中断子程序 INT_0，开放全局中断；网络 8 将 VD108 的值标准化后送给模拟量输出模块以控制加热设备；其他网络的含义查看程序注释中的说明，不再赘述。

在中断子程序 INT_0 中，网络 1 获取的温度输入值标准化后存入 VD0，转化为温度值后存入 VD100；网络 2 用于初次执行 PID 运算前设置过程变量前值和积分项初值；网络 3 执行 PID 指令，并将运算结果送给模拟量输出模块以控制加热设备。

11．STEP7-Micro/WIN32 运行调试

（1）在断电的情况下，按图 18-3 进行 PLC 控制线路接线。用编程电缆连接 PLC 和计算机的串行通信接口，接通计算机和 PLC 的电源。

（2）运行计算机上的 STEP7-Micro/WIN32 编程软件，单击工具条上最左边的"新建项目"图标，生成一个新的项目。

（3）执行菜单命令"PLC"/"类型"，设置 PLC 的型号。设置通信参数，建立起计算机与 PLC 的通信连接。

（4）执行菜单命令"工具"/"选项"，在"一般"对话框的"一般"选项卡中，选择 SIMATIC 指令集和"国际"助记符集，将"梯形图编辑器"设置为默认的程序编辑器。

（5）用"查看"菜单选择"梯形图"语言，用"查看"菜单选择"框架"/"指令树"可打开（或关闭）指令树窗口，找到其中的"项目 1"/"程序块"/"主程序（OB1）"，双击"主程序（OB1）"，在右边"主程序"的编辑窗口中输入图 18-18 的主程序。找到"项目 1"/"程序块"/"INT_0（INT0）"，双击"INT_0（INT0）"，在右边编辑窗口中输入图 18-19 的中断子程序。

（6）单击工具条中的"编译"或"全部编译"按钮，编译输入的程序。如果程序没有错误，将显示"0 错误"。否则，改正程序中的错误后才能下载程序。在下载用户程序之前，编程软件将首先自动执行编译操作。

（7）下载程序。计算机与 PLC 建立连接后，将 CPU 模块上的模式开关放在 RUN 位置，单击工具条中的"下载"按钮，开始下载。

（8）利用 STEP7-Micro/WIN32 调试程序。下载成功后，单击"运行"按钮，"RUN" LED 亮，用户程序开始运行。断开数字量输入的全部输入开关，CPU 模块上输入侧的 LED 全部熄灭。用接在端子 I0.0 到 I0.2 上的开关模拟输入按钮。

单击程序状态监控按钮" 🖼 "或用菜单命令"调试"/"开始程序状态监控"，在梯形图中显示出各元件的状态，梯形图中导通的触点或有电的线圈以高亮蓝背景显示。按以下步骤调试。

① 接通 I0.1 上的开关，表示停止按钮是常闭按钮。接通 I0.0 上的开关并断开，表示按下

自动调节按钮，工作于自动调节模式，观察 Q0.0、Q0.4 的 LED 是否点亮。然后结合状态表进行调试。单击状态表监控按钮"🖳"或用菜单命令"调试"/"开始状态表监控"，在状态表中输入表 18-5 及表 18-6 中列出的变量，观察程序执行中相应值的变化。

② 接通 I0.2 的开关再断开，表示按下手动调节按钮，观察 Q0.2、Q0.4 的 LED 是否点亮。观察状态表中相关变量的信息变化情况。

③ 断开 I0.1 上的开关再接通，表示按下了停止按钮，观察 Q0.1 的 LED 是否点亮、Q0.4 的 LED 是否熄灭。观察状态表中 AQW0 及 VD8 的值是否为 0。

④ 让 PLC 工作于自动方式，通过状态表监控实际温度是不是最后能稳定在设定温度附近。若效果不是很好，可进入 MCGS 进行 PID 参数的整定，那样更方便些。

（9）组态监控程序及 PLC 程序调试。

由于 MCGS 和 PLC 编程软件使用的是同一个串行端口，不能同时启动，因此关闭 STEP7-Micro/WIN32 编程软件后，启动 MCGS 组态环境软件，打开工程"锅炉温度控制系统.MCG"，执行菜单命令"文件"/"进入运行环境"，运行工程，出现"锅炉温度控制系统"窗口。先调试软件的一般功能，最后再进行 PID 参数的整定。调试步骤如下。

① 按下"自动"按钮，观察窗口中"自动"和"加热"灯是否点亮，同时观察 PLC 上 Q0.0、Q0.4 的 LED 是否点亮。自动加热有一个过程，"加热"灯过一段时间才点亮。若不亮，退回组态环境，分析原因：有可能是串行通信故障或通道设置错误甚至 PLC 程序错误，先判断是不是前两个原因，若前两个原因排除，需要退出 MCGS 软件，回到 STEP7-Micro/WIN32 编程软件，然后进行 PLC 程序的调试分析。问题解决后，进入 MCGS 运行环境再试。注意，在进行自动或手动方式转换前，PLC 所连的常闭按钮如果用开关代替的话，开关必须是闭合状态，用来表示常闭按钮的闭合状态。

② 按下"手动"按钮，观察窗口中"手动"和"加热"灯是否点亮，同时观察 PLC 上 Q0.2、Q0.4 的 LED 是否点亮。若不亮，处理过程同上。

③ 按下"停止"按钮，观察窗口中"停止"灯是否点亮，同时观察 PLC 上 Q0.1 的 LED 是否点亮。若不亮，处理过程同上。

④在自动方式下，观察窗口上显示的实际水温的变化情况。若实际水温比设定温度低很多，可让系统先工作于手动调节模式，待实际水温比设定温度低 10℃以内时，再让系统工作于自动调节方式。

⑤ 在自动方式下，按下"PID 曲线"按钮，出现一个窗口，观察窗口上 PID 调节曲线的情况。通过观察，温度最后都能稳定在设定温度上，说明系统运行正确。回到"锅炉温度控制系统"窗口改变 PID 的相关参数，采用经验整定法或其他合适的方法整定控制器的参数值。通过"PID 曲线"窗口，观察系统的运行效果，直到找到相对满意的 PID 参数。

■【评定激励】

按以下标准开展小组自评、互评，成绩填入项目评分细则表，如表 18-9 所示。

表 18-9 项目评分细则表

项目名称					组别	
开始时间			结束时间			
考核内容	考核要求	配分	评分标准		扣分	得分
电路设计	(1) I/O 分配表正确 (2) 输入/输出接线图正确	10 分	(1) 分配表每错一处，扣 1 分 (2) 输入/输出电路图每错一处，扣 1 分			
安装接线	(1) 元件选择、布局合理，安装符合要求 (2) 布线合理美观	10 分	(1) 元件选择、布局不合理，扣 1 分/处；元件安装不牢固，扣 1 分/处 (2) 布线不合理、不美观，扣 1 分/处			
制作工程画面	(1) 标签的制作符合要求 (2) 输入框的制作 (3) 按钮的制作 (4) 指示灯的绘制	10 分	设置或制作不当，扣 1 分/处			
定义数据对象及动画连接	(1) 指定数据变量的名称、类型、初始值和数值范围 (2) 确定与数据变量存盘相关的参数 (3) 按钮、指示灯及输入框的动画连接	10 分	(1) 指定数据变量的名称、类型、初始值和数值范围不合要求，扣 1 分/变量 (2) 确定与数据变量存盘相关的参数不当，扣 1 分/变量 (3) 按钮、指示灯及输入框的动画连接，扣 1 分/处			
设备窗口中添加设备	(1) 设备添加 (2) 串口通信参数的设置	10 分	(1) 设备的添加不当，扣 5 分 (2) 设备的属性设置不当，扣 1 分/处			
设备通道设置	(1) 增加通道 (2) 通道连接	10 分	设置不当，扣 2 分/处			
编程调试	(1) 程序编制实现功能 (2) 利用 Micro/WIN32 调试 PLC 程序 (3) 组态监控程序的调试及与 PLC 程序的联合调试 (4) PID 参数整定	30 分	(1) 功能不实现，扣 3 分/处 (2) 程序状态及状态表监控调试不正确，扣 3 分/处 (3) 组态监控程序的调试不正确，扣 3 分/处 (4) 不会分析结果，参数整定不正确，扣 5 分/处			
安全文明工作	(1) 安全用电，无人为损坏仪器、元件和设备 (2) 保持环境整洁，秩序井然，操作习惯良好 (3) 小组成员协作和谐，态度正确	10 分	(1) 发生安全事故，扣 10 分 (2) 人为损坏设备、元器件，扣 10 分 (3) 现场不整洁、工作不文明，团队不协作，扣 5 分 (4) 不遵守考勤制度，每次扣 2~5 分			
总成绩						

思考与练习

（1）简述常用温度传感器的特点。
（2）简述 EM235 模拟量模块的接线方法。
（3）简述模拟量值和 A/D 转换值的关系。
（4）简述 PLC 中 PID 变换的原理。

（5）简述 PLC 中 PID 回路输入、输出标准化的方法。

（6）PID 参数整定的常用方法有哪些？

（7）某水箱水位控制系统如图 18-21 所示。因水箱出水速度时高时低，所以采用变速水泵向水箱供水，以实现对水位的恒定控制。建立一个基于 PLC 的水位控制系统，采用 PID 指令进行调节。试进行 I/O 地址分配、画出 PLC 外部接线图、设计梯形图程序并用 MCGS 进行监控软件的组态，最后进行运行调试。

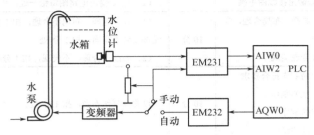

图 18-21　某水箱水位控制系统

项目十九

西门子 PLC 的网络通信

■【项目目标】

有甲、乙两个 PLC，用甲机的控制按钮控制乙机所连电动机启动和停止，并将电动机状态反馈到甲机；用乙机的控制按钮控制甲机所连电动机启动和停止，并将电动机状态反馈到乙机。

■【学习目标】

（1）理解异步串行通信的数据帧格式。
（2）理解 PPI 协议的特点。
（3）掌握串行网络连接方法。
（4）掌握配置 PPI 通信系统网络设备的方法。
（5）理解网络读/写指令的功能。
（6）掌握编写 PPI 通信系统程序的方法。
（7）熟练运用 S7-200 PLC 的编程软件 STEP7-Micro/WIN32 进行程序的下载与调试。

■【相关知识】

1. 串行通信概述

串行通信多用于 PLC 与计算机之间、多台 PLC 之间的数据传送。设备之间可通过串行通信口 RS232、RS485 进行连接。传送时，数据的各个不同位分时使用同一条传输线。串行通信按时钟可分为同步传送和异步传送两种方式。

异步传送是指允许传输线上的各个部件有各自的时钟，在各部件之间进行通信时没有统一的时间标准，相邻两个字符传送之间的停顿时间长短是不一样的，它是靠发送信息时同时发出字符的开始和结束标志信号来实现的。串行通信的数据帧格式如图 19-1 所示。在数据帧格式中也可以没有校验位。

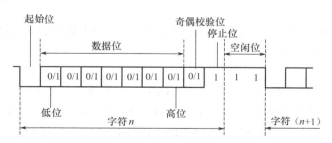

图 19-1　串行通信的数据帧格式

S7-200 PLC 的串行通信主要有两种数据格式。

1) 10 位字符数据

传送数据由 1 个起始位、8 个数据位、无校验位、一个停止位组成。传送速率一般为 9600b/s。

2) 11 位字符数据

传送数据由 1 个起始位、8 个数据位、1 个偶校验位、一个停止位组成。传送速率一般为 9600b/s 或 19 200b/s。

2．网络层次结构

西门子公司的生产金字塔由 4 级组成，由下到上依次是：过程测量与控制级、过程监控级、工厂与过程管理级、公司管理级。S7 系列的网络结构如图 19-2 所示。

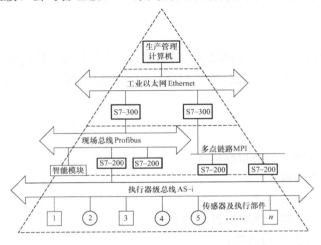

图 19-2　S7 系列的网络结构

3．通信协议

S7-200 PLC 具有强大而又灵活的通信能力，它可以实现 PPI 协议、MPI 协议、自由口通信，还可以通过 Profibus-DP 协议、AS-I 接口协议、modem 通信-PPI 或者 MODBUS 协议及 ETHERNET 与其他设备通信。

PPI 通信协议是西门子公司专为 S7-200 PLC 开发的通信协议。内置于 S7-200 CPU 中。PPI 协议物理上基于 RS485 口，通过屏蔽双绞线就可以实现 PPI 通信。PPI 协议是一种主从协议。主站设备发送要求到从站设备，从站设备响应，从站不能主动发出信息。主站靠 PPI 协议管理的共享链接来与从站通信。PPI 协议并不限制与任意一个从站通信的主站的数量，但在一个网络中，主站不能超过 32 个。PPI 协议最基本的用途是让西门子 STEP 7-Micro/WIN32 编程软件上传和下载程序、西门子人机界面与 PC 通信。

4．通信设备

1) 主站设备

主站设备简称主设备或主站。包括带有 STEP 7-Micro/WIN32 的编程设备、HMI 设备（触摸面板、文本显示或操作员面板）。

2) 从站设备

从站设备简称从设备或从站。包括 S7-200 CPU、扩展机架（如 EM277）。

如果在用户程序中使用 PPI 主站模式，S7-200 CPU 在运行模式下可以作为主站。在使用 PPI 主站模式之后，可以使用"网络读取"（NETR）或"网络写入"（NETW）从其他 S7-200 CPU 读取数据或向 S7-200 CPU 写入数据。S7-200 作为 PPI 主站时，它仍然可以作为从站响应其他主站的请求。

3）S7-200 CPU 上的通信口

S7-200 CPU 上的通信口是与 RS485 兼容的 9 针 D 型连接器，符合欧洲标准 EN 50170 中的 Profibus 标准，其引脚分配如表 19-1 所示。

表 19-1 S7-200 CPU 通信口的引脚分配

连接器	引脚号	Profibus 引脚名	Port 0/Port 1
针1 针6 针5 针9	1	屏蔽	外壳接地
	2	24V 返回	逻辑地
	3	RS485 信号 B	RS485 信号 B
	4	发送申请	RTS（TTL）
	5	5V 返回	逻辑地
	6	+5V	+5V，100Ω串联电阻
	7	+24V	+24V
	8	RS485 信号 A	RS485 信号 A
	9	未用	10 位协议选择（输入）
	连接器外壳	屏蔽	外壳接地

4）网络连接器

PPI 网络使用 Profibus 总线连接器，西门子公司提供两种 Profibus 总线连接器，如图 19-3 所示，一种是标准 Profibus 总线连接器，另一种是带编程接口的 Profibus 总线连接器。后者允许在不影响现有网络连接的情况下，再连接一个编程站或者一个 HMI 设备到网络中。若只把两台设备连在一起，可以使用 PC/PPI 电缆。若要把多个设备连到网络中，可使用网络连接器。CPU226 有两个 RS485 端口，外形为 9 针 D 型，分别定义为端口 0 和端口 1，通过 PC/PPI 电缆与其他设备、计算机、PLC 等进行连接。

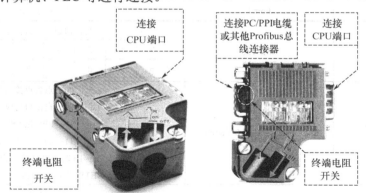

图 19-3 两种 Profibus 总线连接器

5）终端电阻

为保证网络的通信质量（传输距离、通信速率），建议采用西门子标准双绞线屏蔽电缆，并在电缆的两个末端安装终端电阻。连接电缆必须安装合适的浪涌抑制器，这样可以避免雷击浪涌。应避免将低压信号线、通信电缆与交流导线和高能量、快速开关的直流导线布置在同一线槽中。要成对使用导线，用中性线或公共线与电源线或信号线配对。串行网络连接方法如图 19-4 所示。

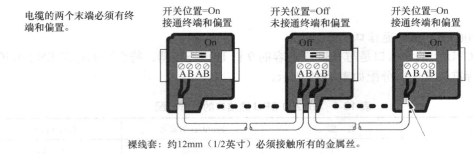

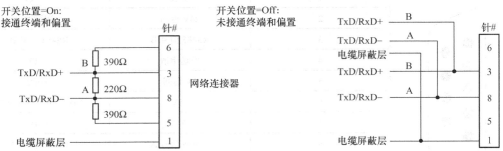

图 19-4　串行网络连接方法

具有不同参考电位的互联设备有可能导致不希望的电流流过连接电缆。这种不希望的电流有可能导致通信错误或者设备损坏。要确保通信电缆连接在一起的所有设备具有相同的参考电位，或者彼此隔离，来避免产生这种不希望的电流。

5．通信方式设置

S7-200 CPU 使用特殊寄存器 SMB30（对 Port 0）和 SMB130（对 Port 1）定义通信口的通信方式，SMB30 和 SMB130 各位的意义如表 19-2 所示。

表 19-2　SMB30 和 SMB130 各位的意义

Port 0	Port 1	意义描述	
SMB30	SMB130	自由口通信方式控制字　7 6 5 4 3 2 1 0　p p d b b b m m	
SM30.1、SM30.0（mm）	SM130.1、SM130.0（mm）	协议选择	00：点到点接口协议（PPI/从站模式） 01：自由口协议 10：PPI/主站模式 11：保留（默认是 PPI/从站模式） 注意：当选择 mm=10 时，PLC 将成为网络的一个主站，可以执行 NETR 和 NETW 指令。在 PPI 模式下忽略 2～7 位。
SM30.4、SM30.3、SM30.2（bbb）	SM130.4、SM130.3、SM130.2（bbb）	自由口波特率（b/s）	000：38 400　100：2 400 001：19 200　101：1 200 010：9 600　110：115 200 011：4 800　111：57 600
SM30.5（d）	SM130.5（d）	每个字节的数据位	0：8 位/字符 1：7 位/字符
SM30.7、SM30.6（pp）	SM130.7、SM130.6（pp）	校验选择	00：不校验　10：不校验 01：偶校验　11：奇校验

6．通信指令

当把一个 PLC 设置为主站时，它可以通过网络读/写指令与其他从站通信。从站不必做通信编程，只需准备主站所需数据让主站读/写即可，也就是说对于从站不必考虑通信编程，但需要做以下编程：按照双方的约定准备好数据放在对方指定地点等待对方去读，留一片区域让对方去写数据（主站的写数据区域），读写的过程由 PLC 的操作系统跟对方交涉，从站可根据要求从主站的写数据区域读取数据进行数据的处理工作。主站模式下的通信指令有 NETR 和 NETW。可以按这两条指令的规定手工去编写主站通信程序，当然也可以启动"网络读写向导"去自动生成。

1）NETR

NETR（网络读）指令初始化一个读的通信操作，根据指令中对"TBL"（表）的定义，通过指定的"PORT"（端口）从远程设备的通信缓冲区读数据。NETR 指令最多可以从远程站点读取 16 个字节的信息。NETR 指令格式如表 19-3 所示。

2）NETW

NETW（网络写）指令初始化一个写的通信操作，根据指令中对"TBL"（表）的定义，通过指定的"PORT"（端口）向远程设备的通信缓冲区写数据。NETW 指令最多可以向远程站点写入 16 个字节的信息。NETW 指令格式如表 19-4 所示。

表 19-3 NETR 指令格式

LAD	STL
NETR EN ENO TBL PORT	NETR TBL, PORT

表 19-4 NETW 指令格式

LAD	STL
NETW EN ENO TBL PORT	NETW TBL, PORT

3）TBL 参数的意义

NETR/NETW 指令的 TBL 参数为字节类型，可以是 VB、MB、*VD、*LD 或*AC，NETR/NETW 指令的 TBL 参数如表 19-5 所示。

表 19-5 NETR/NETW 指令的 TBL 参数

字节 偏移量	字节参数					字节 偏移量	字节参数				
	7	6	5	4	3～0		7	6	5	4	3～0
0	D	A	E	0	错误代码	6	接收/发送数据的字节数（1～16 个字节）				
1	远程站地址					7	接收/发送数据区（数据字节 0）				
2	指向远程站的数据区指针 （I、Q、M 或 V）					8	接收/发送数据区（数据字节 1）				
3						…	…				
4											
5						22	接收/发送数据区（数据字节 15）				

表 19-5 中首字节中各标志位的意义如下。

"D"——完成（操作已完成）。0：未完成；1：完成。

"A"——有效（操作已被排队）。0：无效；1：有效。

"E"——错误。0：无错误；1：错误。

TBL 参数中错误代码的意义如表 19-6 所示。

表 19-6　TBL 参数中错误代码的意义

错 误 代 码	意　　义
0000	无错误
0001	时间溢出错，远程站点不响应
0010	接收错误：奇偶校验错，响应时帧或校验和错误
0011	离线错误：相同的站地址或无效的硬件引发冲突
0100	队列溢出错：激活了超过 8 个 NETR/NETW 方框
0101	违反通信协议：没有在 SMB30 或 SMB 130 中允许 PPL，就试图执行 NETR/NETW 指令
0110	非法参数：NETR/NETW 表中包含非法或无效的值
0111	没有资源：远程站点正在忙中（上装或下装程序在处理中）
1000	第 7 层错误，违反应用协议
1001	信息错误：错误的数据地址或不正确的数据长度
1010～1111	未用（为将来的使用保留）

■【项目分析】

网络设备之间的通信是通过建立连接来实现的，不同的通信协议的连接是不同的，对于 PPI 协议，所有的设备均共用同一个连接。

S7-200 CPU 总是为 STEP7-Micro/WIN32 和 HMI 设备保留一个固定的连接资源，这样就保证在任何时候至少有一个编程站或 HMI 设备可以连接到 CPU 上。但要实现 S7-200 CPU 与编程站的 PPI 连接，还需要进行必要的通信参数设置。通过设置 PG/PC 接口参数及 STEP7-Micro/Win 的通信参数，建立 STEP7-Micro/Win 与 1 到多个 S7-200 PLC 的 PPI 通信连接。

S7-200 PLC 之间的 PPI 通信可通过 Profibus 电缆直接连接到各个 CPU 的 Port0 或 Port1 上，并使用 PC/PPI 多主电缆与装有 STEP7-Micro/WIN32 的计算机相连，组成一个使用 PPI 协议的单主站通信网络。将甲机设为主站，站地址为 2；乙机设为从站，站地址为 3；编程用的计算机的站地址为 0。

S7-200 PLC 之间的 PPI 通信只需在主站侧编写通信程序，从站侧不需要编写通信程序，但需要编写从站处理相关数据的程序。通信程序的编写既可以用网络读（NETR）和网络写（NETW）指令实现，也可以通过调用网络读/写向导指令生成的子程序来实现。

■【项目实施】

1. 分配 I/O 地址

S7-200 PLC 系列的 CPU221 有 6 路输入/4 路输出，PLC 可选 CPU221 AC/DC/RLY。甲机所连按钮 SB1、SB2，乙机所连按钮 SB3、SB4，KM1 控制甲机的电动机，KM2 控制乙机的电动机。I/O 点分配如表 19-7 所示。

表 19-7　I/O 点分配

PLC	元 件 名 称	形　　式	I/O 点	说　　明
甲 PLC	SB1	常开按钮	I0.0	启动按钮
甲 PLC	SB2	常闭按钮	I0.1	停止按钮
甲 PLC	KM1	交流接触器	Q0.0	触点容量扩大

续表

PLC	元件名称	形式	I/O点	说明
乙 PLC	SB3	常开按钮	I0.0	启动按钮
乙 PLC	SB4	常闭按钮	I0.1	停止按钮
乙 PLC	KM2	交流接触器	Q0.0	触点容量扩大

2．画出 PLC 外部接线图

画出两个 PLC 与 PC 之间的接线示意图，如图 19-5 所示。

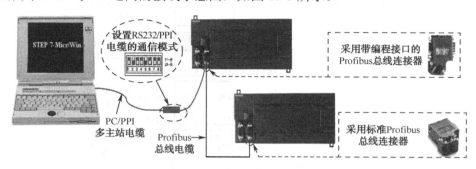

图 19-5 接线示意图

3．设计梯形图程序

首先为主站 PLC（甲机）建立网络通信数据表，如表 19-8 所示。

表 19-8 甲机网络通信数据表

对应指令	状态字节	从站地址存放单元	从站数据区首地址存放单元	要读写的数据的字节数存放单元	数据字节首地址
NETR 缓冲区	VB100	VB101	VD102	VB106	VB107
NETW 缓冲区	VB110	VB111	VD112	VB116	VB117

由于只有主站使用 NETR、NETW 指令，从站不需要，所以表 19-8 中的缓冲区是指所用到的主站的存储单元。以 NETR 缓冲区为例，在主站的 VB100 单元里存储 NETR 指令的执行情况信息，VB101 里存放的是从站的地址（对本项目来说是 3），VD102 里存放的是一个 32 位数，这个数是从站里面用于给主站提供数据的存储单元的地址，VB106 保存的是要读的数据的字节数，VB107 用于存放从站传过来的第一个字节的数据。

为了便于记忆，在本项目里，主站和从站的 VB107 都是存储从站的第一个字节数据，主站的来源于从站，用读指令；主站和从站的 VB117 都是存储主站的第一个字节数据，从站的来源于主站，用写指令。在主站侧编程时，需要将主站 VB107 设为接收缓冲区，主站的 VB117 设为发送缓冲区。主站 PLC 自带的 Q0.1 指示灯用于显示从站电动机状态，主站的按钮信息存入 V117.0，主站的电动机状态存入 V117.1；从站 PLC 自带的 Q0.1 指示灯用于显示主站电动机状态，从站的按钮信息存入 V107.0，从站的电动机状态存入 V107.1。

S7-200 PLC 之间的 PPI 通信可以在主站侧通过调用网络读（NETR）和网络写（NETW）指令实现数据的交换；从站侧不需要编写通信程序，只需向数据缓冲区提供数据或从缓冲区提取数据即可。

主站的主程序如图 19-6 所示，从站的主程序如图 19-7 所示。

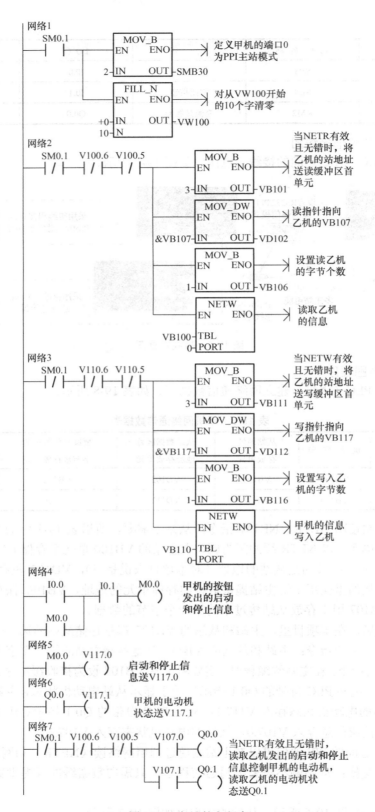

图 19-6 主站的主程序

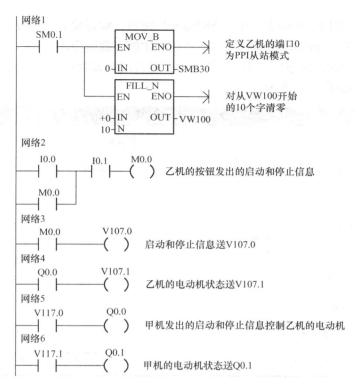

图 19-7 从站的主程序

4．运行调试

（1）设置甲机、乙机 PLC 的端口参数。

① 在断电的情况下用 PC/PPI 多主站电缆将甲机 PLC 连接到编程计算机，然后接通甲机 PLC 的电源，执行菜单命令"PLC"/"类型"，设置 PLC 的型号。执行菜单命令"查看"/"组件"/"系统块"，打开系统块设置对话框并选中通信端口选项；或者在视窗左侧的浏览条中双击"系统块"图标展开"系统块"命令集，然后双击"通信端口"命令图标，打开通信端口设置对话框。将甲机 PLC 的端口 0 的网络地址设为 2，选择波特率为 9.6kb/s，单击"确认"按钮，再将系统块参数下载到甲机 PLC。

② 在断电的情况下用 PC/PPI 多主站电缆将乙机 PLC 连接到编程计算机，然后接通乙机 PLC 的电源，执行菜单命令"PLC"/"类型"，设置 PLC 的型号。在通信端口设置对话框内将乙机 PLC 的端口 0 的网络地址设为 3，选择波特率为 9.6kb/s，单击"确认"按钮，再将系统块参数下载到乙机 PLC。

③ 在断电的情况下按图 19-5 连接好网络设备，接通甲机、乙机 PLC 的电源，并利用 STEP7-Micro/Win 的网络搜索功能搜索已连接到网络上的 S7-200 CPU。

（2）运行计算机上的 STEP7-Micro/WIN32 编程软件，单击工具条上最左边的"新建项目"图标，生成一个新的项目。

（3）执行菜单命令"工具"/"选项"，在"一般"对话框的"一般"选项卡中，选择 SIMATIC 指令集和"国际"助记符集，将"梯形图编辑器"设置为默认的程序编辑器。

（4）用"查看"菜单选择"梯形图"语言，用"查看"菜单选择"框架"/"指令树"可打开（或关闭）指令树窗口，找到其中的"项目 1"/"程序块"/"主程序（OB1）"，双击"主程序（OB1）"，在右边"主程序"的编辑窗口中输入图 19-6 所示的甲机梯形图程序。

（5）单击工具条中的"编译"或"全部编译"按钮，编译输入的程序。如果程序没有错误，将显示"0 错误"。否则，改正程序中的错误后才能下载程序。

（6）在视窗左侧的浏览条中单击"通信"图标，打开通信设置对话框，远程地址输入 2，单击"确认"按钮，如图 19-8 所示。

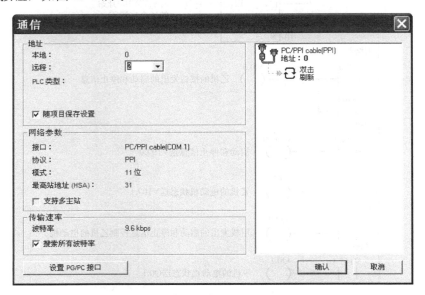

图 19-8　通信设置对话框

（7）下载主站程序。计算机与 PLC 建立连接后，将 CPU 模块上的模式开关放在 RUN 位置，单击工具条中的"下载"按钮，开始下载。下载成功后，单击运行按钮"RUN"，LED 亮，用户程序开始运行。

（8）按照同样的方法输入并下载从站 PLC 的程序，下载成功后，运行用户程序。

（9）调试程序。断开数字量输入的全部输入开关，CPU 模块上输入侧的 LED 全部熄灭。用接在端子 I0.0 到 I0.1 上的开关模拟表 19-7 中的输入元件。

按以下步骤调试。

① 在"通信"图标中设当前 PLC 为 2 号 PLC，接通 3 号 PLC 的 I0.1 的开关，表示停止按钮常闭，接通并断开 3 号 PLC 的 I0.0 的开关，表示按下了启动按钮，观察 2 号 PLC 的电动机是否运行；断开并接通 3 号 PLC 的 I0.1 的开关，表示按下了停止按钮，观察 2 号 PLC 的电动机是否停止。在这个过程当中，可以单击程序状态监控按钮"　"或用菜单命令"调试"/"开始程序状态监控"，在梯形图中显示出 2 号 PLC 的各元件的状态。也可结合状态表进行调试。单击状态表监控按钮"　"或用菜单命令"调试"/"开始状态表监控"，在状态表中输入如表 19-7 中列出的 2 号 PLC 的 I/O 点及 VB100 开始的 8 个字节单元的名称，观察程序执行中相应值的变化。

② 在"通信"图标中设当前 PLC 为 3 号 PLC，接通 2 号 PLC 的 I0.1 的开关，表示停止按钮常闭，接通并断开 2 号 PLC 的 I0.0 的开关，表示按下了启动按钮，观察 3 号 PLC 的电动机是否运行；断开并接通 2 号 PLC 的 I0.1 的开关，表示按下了停止按钮，观察 3 号 PLC 的电动机是否停止。然后按照上面的方法调试 3 号 PLC 的程序。

通过以上调试过程，查看程序执行过程是否正确。加以分析，可以找到问题语句的所在，若有问题，改正后重新下载调试。

【评定激励】

按以下标准开展小组自评、互评，成绩填入项目评分细则表，如表 19-9 所示。

表 19-9 项目评分细则表

项目名称					组别	
开始时间			结束时间			
考核内容	考核要求	配分	评分标准		扣分	得分
电路设计	(1) I/O 分配表正确 (2) 输入/输出接线图正确 (3) 主电路正确	30 分	(1) 分配表每错一处，扣 5 分 (2) 输入/输出电路图每错一处，扣 5 分 (3) 主电路错一处，扣 5 分			
安装接线	(1) 元件选择、布局合理，安装符合要求 (2) 布线合理美观	10 分	(1) 元件选择、布局不合理，扣 3 分/处；元件安装不牢固，扣 3 分/处 (2) 布线不合理、不美观，扣 3 分/处			
编程调试	(1) 程序编制实现功能 (2) 操作步骤正确 (3) 试车成功	50 分	(1) 输入梯形图错误，扣 2 分/处 (2) 不会设置及下载，分别扣 5 分 (3) 一个功能不实现，扣 10 分 (4) 操作步骤错一步，扣 5 分 (5) 显示运行不正常，扣 5 分/处			
安全文明工作	(1) 安全用电，无人为损坏仪器、元件和设备 (2) 保持环境整洁，秩序井然，操作习惯良好 (3) 小组成员协作和谐，态度正确	10 分	(1) 发生安全事故，扣 10 分 (2) 人为损坏设备、元器件，扣 10 分 (3) 现场不整洁、工作不文明，团队不协作，扣 5 分 (4) 不遵守考勤制度，每次扣 2~5 分			
总成绩						

思考与练习

（1）写出异步串行通信的数据帧格式组成。
（2）PPI 协议中对主站与从站的要求有什么不同？
（3）简述如何进行串行网络的连接。
（4）简述如何配置 PPI 通信系统网络设备。
（5）在从站程序中可以使用 NETR 与 NETW 吗？为什么？
（6）简述 TBL 参数表中各单元的意义。
（7）要求在 2 台 CPU221 之间建立 PPI 网络，并编写基本通信程序：将乙机 VB107-VB111 共 5 个字节数据对应传送到甲机 VB107-VB111 共 5 个单元；同时将甲机 VB117-VB121 共 5 个字节数据对应传送到乙机 VB117-VB121 单元。试进行 I/O 地址分配、画出 PLC 外部接线图、设计梯形图程序及运行调试。

附录 A

S7-200 的特殊存储器（SM）标志位

特殊存储器位提供大量的状态和控制功能，用来在 CPU 和用户程序之间交换信息，特殊存储器能以位、字节、字或双字的方式使用。

1. SMB0：状态位

各位的作用如表 A-1 所示，在每个扫描周期结束时，由 CPU 更新这些位。

表 A-1　特殊存储器字节 SMB0

SM 位	描　　述
SM0.0	此位始终为 1
SM0.1	首次扫描时为 1，可以用于调用初始化子程序
SM0.2	如果断电保存的数据丢失，此位在一个扫描周期中为 1。可用于错误存储器位，或用来调用特殊启动顺序功能
SM0.3	开机后进入 RUN 方式。该位将在一个扫描周期为 1。可以用于启动操作之前给设备提供预热时间
SM0.4	此位提供高低电平各 30s，周期为 1min 的时钟脉冲
SM0.5	此位提供高低电平各 0.5s，周期为 1s 的时钟脉冲
SM0.6	此位为扫描时钟，本次扫描时为 1，下次扫描时为 0，可以用作扫描计数器的输入
SM0.7	此位指示工作方式开关的位置，0 为 TERM 位置，1 为 RUN 位置。开关在 RUN 位置时，该位可以使自由端口通信模式有效，转换至 TERM 位置时，CPU 可以与编程设备正常通信

2. SMB1：状态位

SMB1 包含了各种潜在的错误提示，这些位因指令的执行被置位或复位，如表 A-2 所示。

表 A-2　特殊存储器字节 SMB1

SM 位	描　　述
SM1.0	零标志，当执行某些指令的结果为 0 时，该位置 1
SM1.1	错误标志，当执行某些指令的结果溢出或检测到非法数值时，该位置 1
SM1.2	负数标志，数学运算的结果为负时，该位置 1
SM1.3	试图除以 0 时，该位置 1
SM1.4	执行 ATT（Add ToTable）指令时超出表的范围，该位置 1
SM1.5	执行 LIFO 或 FIFO 指令时试图从空表读取数据，该位置 1
SM1.6	试图将非 BCD 数值转换成二进制数值时，该位置 1
SM1.7	ASCII 数值无法被转换成有效的十六进制数值时，该位置 1

3．SMB2：自由端口接收字符缓冲区

SMB2 为自由端口接收字符的缓冲区，在自由端口模式下从口 0 或口 1 接收的每个字符均被存于 SMB2，便于梯形图程序存取。

4．SMB3：自由端口奇偶校验错误

接收到的字符有奇偶校验错误时，SM3.0 被置 1，根据该位来丢弃错误的信息。SM3.1～SM3.7 位保留。

5．SMB4：队列溢出

SMB4 包含中断队列溢出位、中断允许标志位和发送空闲位，如表 A-3 所示。队列溢出表示中断发生的速率高于 CPU 处理的速率，或中断已经被全局中断禁止指令关闭。只能在中断程序中使用状态位 SM4.0、SM4.1 和 SM4.2，队列为空并且返回主程序时，这些状态位被复位。

表 A-3 特殊存储器字节 SMB4

SM 位	描 述	SM 位	描 述
SM4.0	通信中断队列溢出时，该位置 1	SM4.4	全局中断允许位，允许中断时该位置 1
SM4.1	输入中断队列溢出时，该位置 1	SM4.5	端口 0 发送器空闲时，该位置 1
SM4.2	定时中断队列溢出时，该位置 1	SM4.6	端口 1 发送器空闲时，该位置 1
SM4.3	在运行时发现编程有问题，该位置 1	SM4.7	发生强制时，该位置 1

6．SMB5：I/O 错误状态

SMB5 包含 I/O 系统里检测到的错误状态位，如表 A-4 所示。

表 A-4 特殊存储器字节 SMB5

SM 位	描 述
SM5.0	有 I/O 错误时，该位置 1
SM5.1	I/O 总线上连接了过多的数字量 I/O 点时，该位置 1
SM5.2	I/O 总线上连接了过多的模拟量 I/O 点时，该位置 1
SM5.3	I/O 总线上连接了过多的智能 I/O 模块时，该位置 1
SM5.4	保留
SM5.5	保留
SM5.6	保留
SM5.7	DP 标准总线出现错误时，该位置 1

7．SMB6：CPU 标识（ID）寄存器

SM6.4～SM6.7 用于识别 CPU 的类型，详细信息见系统手册。

8．SMB8～SMB21：I/O 模块标识与错误寄存器

SMB8～SMB21 以字节对的形式用于 0 至 6 号扩展模块。偶数字节是模块标识寄存器，用于标记模块的类型、I/O 类型、输入和输出的点数。奇数字节是模块错误寄存器，提供该模块 I/O 的错误，详细信息见系统手册。

9．SMW22～SMW26：扫描时间

SMW22～SMW26 中分别是以 ms 为单位的上一次扫描时间、进入 RUN 方式后的最短扫描时间和最长扫描时间。

10．SMB28 和 SMB29：模拟电位器

它们中的数字分别对应于模拟电位器 0 和模拟电位器 1 动触点的位置（只读）。在 STOP/RUN 方式下，每次扫描时更新该值。

11．SMB30 和 SMB130：自由端口控制寄存器

SMB30 和 SMB130 分别控制自由端口 0 和自由端口 1 的通信方式，用于设置通信的波特率和奇偶校验等，并提供选择自由端口方式或使用系统支持的 PPI 通信协议。详细信息见系统手册。

12．SMB31 和 SMB32：EEPROM 写控制

在用户程序的控制下，将 V 存储器中的数据写入 EEPROM，可以永久保存。先将要保存的数据的地址存入 SMW32，然后将写入命令存入 SMB31 中。

13．SMB34 和 SMB35：定时中断的时间间隔寄存器

SMB34 和 SMB35 分别定义了定时中断 0 与定时中断 1 的时间间隔，单位为 ms，可以指定为 1~255ms。若为定时中断事件分配了中断程序，CPU 将在设定的时间间隔执行中断程序。

14．SMB36~SMD62：HSC0、HSC1 和 HSC2 寄存器

SMB36~SMD62 用于监视和控制高速计数器 HSC0~HSC2，详细信息见系统手册。

15．SMB66~SMB85：PTO/PWM 寄存器

SMB66~SMB85 用于控制和监视脉冲输出（PTO）和脉宽调制（PWM）功能，详细信息见系统手册。

16．SMB86~SMB94：端口 0 接收信息控制

详细信息见系统手册。

17．SMW98：扩展总线错误计数器

当扩展总线出现校验错误时加 1，系统得电或用户写入零时清零。

18．SMB130：自由端口 1 控制寄存器

见 SMB30。

19．SMB136~SMB165：高速计数器寄存器

用于监视和控制高速计数器 HSC3~HSC5 的操作（读/写），详细信息见系统手册。

20．SMB166~SMB185：PTO0 和 PTO1 包络定义表

详细信息见系统手册。

21．SMB186~SMB194：端口 1 接收信息控制

详细信息见系统手册。

22．SMB200~SMB549：智能模块状态

SMB200~SMB549 预留给智能扩展模块（如 EM277 Profibus-DP 模块）的状态信息。SMB200~SMB249 预留给系统的第一个扩展模块（离 CPU 最近的模块）；SMB250~SMB299 预留给第二个智能模块。如果使用版本 2.2 之前的 CPU，应将智能模块放在非智能模块左边紧靠 CPU 的位置，已确保其兼容性。

参 考 文 献

[1] 廖常初. S7-200 PLC 基础教程[M]. 2 版. 北京：机械工业出版社，2009.
[2] 孙康岭. 电气控制与 PLC 应用[M]. 北京：化学工业出版社，2009.
[3] 阳胜峰. 西门子 PLC 与变频器、触摸屏综合应用教程[M]. 2 版. 北京：中国电力出版社，2013.
[4] 胡健. 西门子 S7-200 PLC 与工业网络应用技术[M]. 北京：化学工业出版社，2010.
[5] 中华人民共和国国家标准电气制图[M]. 北京：中国标准出版社，1986.

参考文献

[1] 李方园. S7-200 PLC 基础教程[M]. 2版. 北京: 机械工业出版社, 2009.
[2] 廖常初. 西门子变频器 PLC 应用[M]. 北京: 化学工业出版社, 2008.
[3] 胡健生. 电工与 PLC 实训教程: 机械电气与可编程控制[M]. 2版. 北京: 科学出版社, 2014.
[4] 阳胜峰. 西门子 S7-200 PLC 工程应用实例[M]. 北京: 中国电力出版社, 2012.
[5] 广大方. 机电设备的安装与电气控制[M]. 北京: 中国劳动出版社, 1996.